新时代
技术
新未来

5G Device
Technology

Evolution and Enhancements

5G终端技术
演进与增强

OPPO研究院　组编

左志松　徐伟杰　贺传峰　崔胜江　李海涛　胡奕　胡荣贻　编著

清華大学出版社
北 京

内 容 简 介

本书由 OPPO 研究院部分标准研究人员编写，是一本关于 3GPP NR（New Radio）标准的终端方面增强技术的书籍，包含终端节能增强、终端覆盖增强、紧凑型终端及终端未来演进几个方向的内容。从 5G 终端增强的需求、方案的评估到候选技术的筛选取舍和标准的制订，整个过程在这里都有详细的介绍。作为 5G 终端增强方面的专业书，本书可以给 5G 产品研发人员、研究人员及通信专业的高校师生作为参考。

图书在版编目 (CIP) 数据

5G 终端技术演进与增强 / OPPO 研究院组编 . —北京：清华大学出版社，2024.2
（新时代·技术新未来）
ISBN 978-7-302-63956-5

Ⅰ. ① 5… Ⅱ. ① O… Ⅲ. ①第五代移动通信系统－终端设备－测试技术 Ⅳ. ① TN929.53

中国国家版本馆 CIP 数据核字 (2023) 第 117111 号

责任编辑：刘　洋
封面设计：徐　超
版式设计：方加青
责任校对：王荣静
责任印制：丛怀宇

出版发行：清华大学出版社
　　　　　网　　　址：https://www.tup.com.cn，https://www.wqxuetang.com
　　　　　地　　　址：北京清华大学学研大厦 A 座　　　邮　　编：100084
　　　　　社 总 机：010-83470000　　　　　　　　　邮　　购：010-62786544
　　　　　投稿与读者服务：010-62776969，c-service@tup.tsinghua.edu.cn
　　　　　质 量 反 馈：010-62772015，zhiliang@tup.tsinghua.edu.cn
印 装 者：大厂回族自治县彩虹印刷有限公司
经　　销：全国新华书店
开　　本：185mm×260mm　　印　　张：14.25　　字　　数：282 千字
版　　次：2024 年 2 月第 1 版　　印　　次：2024 年 2 月第 1 次印刷
定　　价：99.00 元

产品编号：096070-01

前　言

　　移动通信系统的演进到了 5G，代表通信技术上的变革。在第一代移动通信技术中，网络采用了模拟信号技术支持语音业务。第二代移动通信技术的主要特征是数字信号，但仍然用于语音业务。从第三代移动通信技术开始在数字信号技术的基础上支撑 IP 数据业务并不断扩大能力维度。

　　移动通信的终端在这个技术变革进程中也发生了巨大的改变。第一代和第二代的移动通信终端主要支持"打电话"的业务，所发生的改进也主要体现在尺寸和质量上。第三代的移动通信终端开始能够提供宽带视频通话、彩信，继而支持一定能力的 IP 数据通信。这时，移动通信终端已经有一定的智能化形态。智能手机形态的终端在 4G 时代得到很大发展，终端的人机交互方式革新，丰富的移动互联网智能应用推动智能手机的普及，也充分发挥了 4G 更强的数据业务的能力。智能手机如今渗透到人们日常的衣食住行中去，这与 4G 通信技术和智能应用之间的相互促进密不可分。5G 技术则从更多的能力维度出发，扩大对各种垂直行业和相关应用场景的支持，以激励着终端的发展。5G 的终端的用途已经开始从人与人之间的通信，到人与物和物与物的通信中来。除此之外，5G 技术更新作为科技进步的一个重要标志，还获得了各大洲地缘政治层面的关注，可以看出 5G 技术进步更深层次的影响和意义。作为一本标准的技术性书籍，本书只讨论技术层面的问题。

　　回到 5G 的技术内涵，我们还是聚焦 5G 技术对移动通信终端的核心影响，5G 技术又对终端引入了哪些创新和增强，5G 终端将来的发展又如何等问题。本书的着力点还是在这些技术性的话题之上。

　　本书的大部分篇幅用在介绍 5G 基础版本之后的终端增强部分。5G 终端的增强或者说改进，很大程度上源于新的需求不断驱动，也包括 5G 终端部署初期所反馈的需求的驱动。5G 第一个标准版本的制定，是基于早期的研究报告的场景需求。但不可避免地，人为构想的应用场景的定义并不能面面俱到，也需要通过实践不断地检验。5G 终端的增强，就是在这个过程中持续不断地弥补终端的短板。一些增强已经标准化到 5G 的 R16

和 R17 版本中。R18 的研究也刚刚在 3GPP 启动。

本书讲解的技术基于 3GPP NR（New Radio）标准，但这只是补充。3GPP 标准有一系列的标准文档，主要的作用是定义产品规范。本书除了总结这些终端相关的规范之外，还会介绍规范背后技术方案的选择和考虑。通过一定的讨论和分析，让读者了解到 5G 终端增强技术的全貌。移动通信的标准往往侧重于必要的接口定义，比较抽象甚至是枯燥的。本书通过一定的讲解，可以帮助读者对此有更深层次的理解。总之，本书撰写的特色就是有结果，也有分析。由于具备这个特色，本书可以给 5G 产品研发人员、研究人员及通信专业的高校师生作为参考。

本书共 5 章，第 1 ~ 4 章分别对应 5G 标准上终端增强的 4 个项目，包括 5G R16 终端节能技术、5G R17 终端节能技术、紧凑型 5G 终端演进技术和 5G 终端覆盖增强。这些技术已经标准化，不久将在新一代 5G 终端产品中让用户体验到。第 5 章讲述了零功耗的终端技术演进，探讨未来终端。

关于 5G 标准的基础、核心部分的介绍，相关的 3GPP 标准是 NR R15 版本中定义的。这些背景技术的细节，可以在丛书的第一本《5G 技术核心与增强：从 R15 到 R16》的第 2 ~ 14 章中找到。

本书的作者是移动通信技术领域的标准专家，他们为 5G、4G 甚至 3G 的国际标准化做出过贡献。当大家在使用 5G 终端、体验 5G 网络服务的时候，其中有一部分标准规范和接口是来自于他们的设计。也许这才是标准和技术研究工作者能从中体会到的最大的满足和回馈吧。

本书的出版还要特别感谢邵帅这位同在 OPPO 标准研究部的同事。他是 OPPO 资深标准工程师，曾获得美国俄亥俄州立大学电子工程学博士学位和中国香港城市大学电子工程学学士学位。他拥有 15 年无线通信及消费电子研究工作经验。

本书第 2 章及之后描述的技术的研究和标准化的过程正处在世界新冠病毒肆虐时期。所有的相关国际标准化讨论都是在网上以电话会议和邮件的形式完成的。能够顺利结项并即将产品化，实属不易。标准技术还能够在第一时间成书，也非常难得。在疫情期间，还要感谢清华大学出版社持续的大力支持和高效工作，使本书能尽早与读者见面。

本书是基于作者的主观视角和有限学识对标准化讨论过程和结果的理解，观点难免有欠周全之处，敬请读者谅解，并提出宝贵意见。

作　者

目　录

绪论　5G 终端增强概述

第 1 章　5G R16 终端节能技术

第 2 章　5G R17 终端节能技术

第 3 章　紧凑型 5G 终端演进技术

第 4 章　5G 终端覆盖增强

第 5 章　零功耗的终端技术演进

绪论

5G 终端增强概述

移动通信经历了四个时代并已经迈进了第五代。每一代移动通信系统都基于新的技术发展和应用需求得以推动。随着技术的进步，移动通信制式通过换代的方式更新演进。无线移动通信技术的飞速发展，让其融入社会生活的方方面面。新型移动智能终端深刻地改变了人们的沟通、交流和生活方式。但通信的新需求仍然不断涌现，通信技术还在不断创新和持续演进，这种演进的形式也包括一代技术内的增强。

第五代移动通信系统（5G）在 2018 年发布标准，标志着移动通信技术正式进入 5G 时代。2020 年全球迎来了第五代移动通信（5G）第一个版本 NR（New Radio）R15（第15 版本）的大规模商用网络的部署。5G 给人的总体印象是大带宽、低时延、广连接，可实现万物互联。5G 的终端似乎无所不能，包罗万象。在 5G 终端的更快、更高、更强的能力下，终端这个体系还要做哪些改进，下面给出一个整体的介绍。

5G 终端现状与增强动机

4G 技术的演进主要面向移动互联网的需求。而 5G 技术面向更广泛的场景需求：移动互联网和物联网作为两大主要驱动力。5G 技术标准的设计主要考虑了三大应用场景，分别是增强移动宽带（enhanced Mobile Broadband，eMBB）、高可靠低时延（Ultra-Reliable and Low Latency Communications，URLLC）和大规模物联网（massive Machine Type Communications，mMTC）。为了支持这些多样化的性能指标，5G 终端实现了全面的设计。下面分别针对这些场景，描述 5G 的应用和终端的增强需要。

1. eMBB 场景

在 eMBB 场景中，5G 终端主要面向移动互联网、超高清视频、虚拟现实（Virtual

Reality，VR）、增强现实（Augmented Reality，AR）、远程教育、远程办公、远程医疗、无线家庭娱乐等类型的个人通信场景。这类的终端主要有智能手机、虚拟现实眼镜等高度智能化的终端。5G 技术为这些终端提供了良好的无线移动通信支持。

然而，5G 终端追求多方面的性能上的极致，导致终端在一些方面的用户体验不够完美。以 5G 智能手机为例，最大的用户体验盲点在终端的功耗上。从部署中的第一代 5G 网络中的终端统计来看，普遍出现 5G 终端的平均功耗较高的问题。在产品的通信模块中的实测发现，5G 终端的通信模块在日常普通使用的过程中比 4G 终端的通信模块耗电高出近 30%。一个简单的现象就是同一款智能手机，5G 版本会比 4G 版本的待机时间短，尽管 5G 手机的高速数据业务体验更好。再以虚拟现实眼镜为例，采用 5G 通信模块的眼镜也面临电池续航压力。终端的设计不得不在电池质量和通信性能上做取舍。

5G 终端的覆盖体验也是一个值得关注的点。早期的 5G 网络部署覆盖率不高，用户在使用智能手机的时候，5G 连接时断时续，用户难以一直体验极速的数据服务。当用户经常性地在 5G 信号和 4G 信号之间切换时，整体的体验就会下降，实际上这一点也是终端耗电增加的部分原因。当然，5G 网络的整体覆盖增强，反过来还可以解决运营商的部署成本问题，运营商可以更低的运营成本，让 5G 网络更快地达到全面覆盖。覆盖的增强在终端和网络方面是双赢的改进。

2. URLLC 和 mMTC 场景

这两个场景在广义上都是面向移动物联网的。移动物联网的形态包括工业互联网、车联网、智能电网、智慧城市等，主要用在不同于个人通信的垂直行业。应用场景中的终端形态包括智能手表、智能手环、摄像头、无人机、机器人、车载船载等终端形态。面向物联网的移动终端的形态也更加丰富多样，这些场景的终端发展前景也更加广阔。

物联网终端对功耗更加敏感。一部分的物联网终端要求很长的待机时间，如智能电网的电表类的终端往往要求终端能够支撑数年的时间，普通的可穿戴设备也要求有一周以上的待机时间。而在 5G 的早期部署标准版本中，通信模块的功耗难以达到这个水平。实际上只有部分功耗不太敏感的场景，如工业互联网的核心控制器，比较适合采用基础版的 5G 技术，而功耗敏感的部分则难以应用。终端功耗问题对 5G 在物联网中的普遍使用造成一定局限。

多数物联网的终端在能力的需求上并不高，如工业物联网的摄像头，其要求的上行平均数据速率在 2Mbps 左右，而下行平均数据速率甚至低于 1Mbps，5G 早期版本的数据吞吐量等性能对于这些类型的终端来说实际上是过剩的。降低终端的能力，可以优化终端的成本，也可以简化终端的体积，这些都利于数量庞大的物联网终端的部署。终端的能力指标过高，也会影响到功耗，所以性能适当地缩减还可以帮助终端节能。

物联网的部署场景限制条件很多。以智能电网场景为例，智能电表需要部署在建筑物的角落。这些情况下要支持深度覆盖，因而对覆盖的增强也有着比较迫切的要求。

5G 终端的增强与演进

针对更丰富的应用场景和使用中用户体验的痛点，5G 的终端在 R16/R17 的演进版本中做了持续的增强演进。

5G NR R16 和 R17 持续标准化了 5G 终端节能技术。NR 的节能增强首先全面完善了终端在频率自适应、时域自适应、天线数自适应、DRX 自适应等多个维度的节电，其还在高层引入了终端优选的期待配置参数上报和 RRM 测量上的节能功能。R17 引入了基于节能信号的寻呼过程节能、额外 TRS 的配置和指示，以及通过 DCI 指示的 PDCCH 检测的自适应技术，这些节能技术都可以帮助终端提高在单位时间内接收数据时的能量利用率。

紧凑型 5G 终端演进在物理层对带宽降低、天线减少、半双工 5G 终端等方面进行了标准化的支持。高层引入了紧凑型 5G 终端的 eDRX 和测量放松等节能处理，这些增强都利于实现终端较低的复杂度和功耗。对原来标准要求的必选能力的缩减，很好地满足物联网、工业自动化、可穿戴设备等场景下 5G 终端的普及应用。

终端的覆盖增强主要在各种上行信道。标准化增强的点主要在上行重复增强、上行多时隙 TB、上行数据和控制多时隙联合信道估计，以及 Msg 3 的重复增强，这样，5G 网络的上下行各个信道的覆盖达到相对均衡。

当然，有的读者可能会有疑问，5G 的这些"增强"终端技术有很多部分是在做"减法"。终端的节能是让终端慢下来，耗电更低。而紧凑型的终端是更加简化的硬件设计，处理能力也更低。这些技术如何能够成为增强技术呢？要知道，5G 的设计场景比前代的移动通信技术要丰富得多，充分引入了众多的垂直行业场景。要为这些场景提供多样化的终端，5G NR R15 的设计是不充分的。R15 的设计着重强调了终端的高能力而没有考虑节能等优化设计。5G 终端的增强，就是要使终端能够更加灵活、更加全面。另外，终端节能的设计可以帮助终端减少无数据时的能量消耗，在达成同样的数据率水平的同时延长待机时间。所有的这些演进技术，无疑都是让终端变"强"了。而 3GPP 在这些 5G 终端技术相关的标准化的立项中，都是以增强（Enhancement）来命名的。

在这些已经标准化的增强基础上，新型的终端演进也在研究之中。从垂直行业的需求来看，5G 的增强已经可以支撑多数的应用场景，但仍有些应用场景的特殊需求可以通过进一步增强的终端得到更好满足。这样的终端可以进一步地做到非常低的功耗、灵活的设备尺寸、简单的硬件。使用能量采集和反向散射的零功耗通信终端由于出色的极低功耗、极小尺寸、极低成本等优良性能，有望成为新形态的物联网终端，从而解决未满足的物联网通信需求。本书的最后梳理了零功耗通信的潜在应用场景，进一步讨论了使能零功耗通信的关键技术。本书对相关的零功耗通信的频段、系统部署模式及与传统通信系统的共存都有系统性分析。最后，本书对零功耗通信的标准化各个方面如无线供能、数据传输、轻量化协议及网络架构等内容也进行了探讨和分析。

第1章

5G R16 终端节能技术

1.1 5G 终端节能技术的需求和评估

5G 的 NR R15 为基础版本。在演进的 NR R16 的标准制定过程中，采用比较全面的方法分析了各种候选的节能技术，对这些候选技术评估和综合之后，NR R16 标准采用了具有较高节能增益的技术进行增强。

1.1.1 5G 终端节能技术需求

5G 的 NR 标准保障了极高的网络系统数据率，以满足 ITU 的 IMT-2020 的 5G 数据吞吐量最小性能的要求[1]。同时，终端侧的能量消耗也是一个 IMT-2020 重要的性能要求指标。从 R16 开始，NR 标准开始专门立项致力于终端的节能优化。

IMT-2020 的节能需求表述为两个方面：一方面是在有数据传输时高能效地进行传输；另一方面要求在有数据传输时能迅速转入极低耗电状态。终端的节能通过在多种不同功耗的状态之间转换进行实现，而这些转换可以通过网络的指示完成。当有数据服务时，终端需要被网络侧迅速"唤醒"且匹配合理的资源高能效地传输完数据；当没有数据服务时，终端又要及时地进入低功耗状态。

终端收发数据的能耗一般受几个因素影响：终端的处理带宽、终端收发的载波数量、终端的激活 RF 链路、终端的收发时间等。根据 LTE 的路测数据，RRC_CONNECTED 模式下的终端功耗占据了终端所有功耗的大部分。RRC_CONNECTED 模式下数据传输中，终端的收发处理的上述几个能耗因素，需要和当前的数据业务模型相匹配。时域上和频域上所用的资源要去匹配其所接收的 PDCCH/PDSCH 及所传输的 PUCCH/PUSCH 需要的资源。匹配的过程动态化，即每子帧变化，就能更好地达到节能的效果。RRM 测量消耗了终端较多的能量，在终端开机期间的 RRC_CONNECTED/IDLE/INACTIVE 状态下都需要进行 RRM 测量，减少不必要的测量对节能也起着重要作用。当终端进入高效传输模式时，及时的预先测量也能提高传输效率，减少转换节能状态和收发数据的时间。

终端在提高传输能效的同时，仍然需要保持较低的数据时延和较高的吞吐量性能，采用的节能技术不能明显降低网络的性能指标。

1.1.2 节能候选技术

NR 的终端候选节能技术包含几组终端进行节能的机制。NR 的第一个标准化版本中提供了一些支持的基础技术，即 BWP、载波聚合、DRX 机制等。NR 的终端节能增强进一步完善了基础技术在节能上的扩展。NR 的节能候选技术分为以下几大类 [6-8]。最终所选择的节能技术从中筛选。

1. 终端频率自适应

载波内，终端通过 BWP 的调整来完成频率自适应的功能，调整的依据是数据业务量。如第 4 章中的 BWP 功能的描述，在 NR 中更窄的 BWP 意味着更小带宽收发的射频处理，功耗也会相应降低，窄的 BWP 也减少了基带的处理能耗。在多个载波之间，终端支持快速的 SCell 的激活和去激活也会降低在 CA/DC 操作下的能耗。

频率自适应过程中，终端也需要相应地调整测量类的 RS。在终端一个时刻只能处理一个 BWP 的前提下，辅助的 RS 能够帮助终端尽快切换到不同的 BWP。如图 1-1 所示，如果切换到更大的 BWP 之前在目标 BWP 的带宽内进行测量，就可以让基站为终端进行更有效的调度，选用更合适的 MCS，以及占用更合理的频率位置。同时，终端不需要在测量稳定之前进入更大带宽的 BWP。

增强的物理层信令还需要使得终端能够迅速切换 BWP，进一步优化中，BWP 还可以和 DRX 配置之间建立关联关系 [4, 5]。

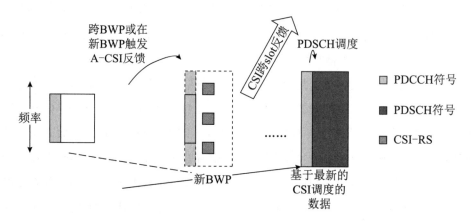

图 1-1 通过 BWP 调整完成节能

以上这些测量增强等技术，在基础的 BWP 机制上没有被充分地支持。在节能增强中，要考虑在 BWP 切换机制上关联必要的增强功能。

在多载波的操作环境下，以载波为颗粒度的节能优化考虑一些快速切换的候选技术。NR 载波最多可以有 15 个辅载波，大量的辅载波在没有数据的时候需要关掉控制信道、数据信道和测量信号的接收以实现节能。如图 1-2 所示，终端在数据不活跃时，只打开一个主载波的下行，其他载波进入睡眠状态（如激活所谓睡眠 BWP），而且，主载波的下行也可以根据实时业务切换到窄带的 BWP 上。

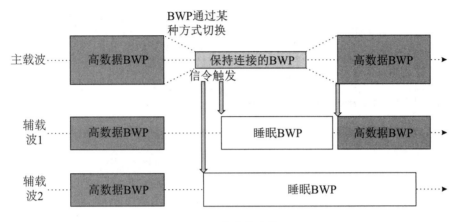

图 1-2　变化载波数

基础的 NR 载波聚合技术已经支持动态的 BWP 切换，但是基础的 NR 载波聚合技术没有相应的快速切换辅小区（载波）睡眠的机制。

2. 时间自适应的跨时隙调度

在时间上终端可以通过调整控制和数据处理的顺序获得降低功耗的效果，通过顺序化的控制和数据处理，不必要的射频和基带处理功耗被省掉。其射频功耗自适应过程如图 1-3 所示。

为什么会有这样的差别呢？原因来自 NR 和 LTE 都支持本 Slot 调度。在 NR 中，如果 PDSCH/PUSCH 配置的时域调度表中含有 $K_0=0$ 的项，终端必须在每个调度 PDCCH 监控机会结束后准备上下行的数据。由于盲检出 PDCCH 的调度信息需要时间，终端不得不在 PDCCH 之后缓存几个符号的全 BWP 带宽上的下行信号。因此每个 PDCCH 监控机会都会带来射频上的功率损耗，即使没有数据调度。除了图 1-3 所示的射频能耗外，缓存 BWP 上的信号也有能耗的处理。

根据实际网络的数据统计，绝大多数情况下终端只在其中一小部分的时隙中控制信道调度和数据传输，为这一小部分数据传输终端则会无谓地消耗较多的控制信道检测和缓存时所需要的功耗。

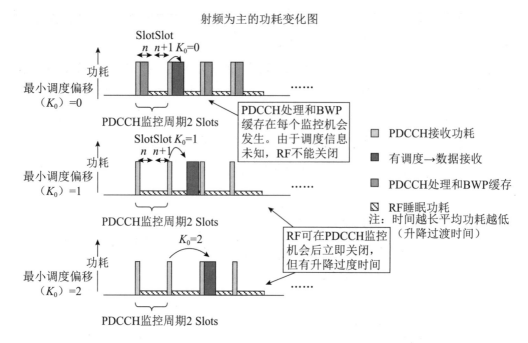

图 1-3　跨时隙调度射频功耗自适应过程示意图

　　跨时隙调度的优势在于终端可以在 PDCCH 符号之后关闭射频部分，进入功耗比较低的休眠状态。由于射频等硬件的开关有过渡时间，功耗的降低程度往往和低功耗的时间相关。但是 1 个 Slot 的低功耗时间段可以保证有足够的功率节省。由于和具体的硬件实现相关，在某些设计中，即使只保证 PDCCH 和 PDSCH 之间间隔数个符号的本 Slot 调度也是有节能效果的。如果将调度 PDCCH 和 PDSCH 之间偏移增加到 1 个 Slot 以上，终端还可以直接将基带硬件处理时钟、电压等参数降低，这样还可以进入更低的维持功耗状态，以适应更低的数据业务到达率的场景。在基带硬件调参的方式下，PDCCH 和 PUSCH 之间的偏移也必须相应地配置成更大的 Slot 数。

　　由于 PDCCH 的控制信息不仅触发数据部分，还触发下行测量 RS 及 SRS 发送，因此在相应的下行测量 RS 和 SRS 的所在时隙也需要有相应的偏移以保障终端进入低功耗状态。

3. 天线数自适应

　　多天线的接收和发射都会影响功耗。对于终端侧而言，接收天线的数量只能半静态配置，而发射的天线数量可以根据基站的指示信息动态确定。因此终端天线数的自适应节约功耗更需要调节在接收侧的天线数确定的方式。

　　终端的接收天线的自适应过程主要体现在控制信道接收的自适应调整和数据信道接收的自适应调整。对于控制信道接收，终端的接收天线数和 PDCCH 的聚合等级数有一定的相关性。聚合等级数由基站侧的调度自适应来确定，NR 的基础版本，对终端的接收天线有一个基本的假定。在 2.5GHz 频率以上，终端配置 4 个接收天线。如果终端允许自适应确定接收天线数，基站需要相应地改变 PDCCH 的资源。根据 PDCCH 仿真评估的分析，聚合等级数和接收天线数大致相关。当终端被指示为从 4 天线接收转为 2 天线接收时，需要加倍的 PDCCH CCE 资源。因此控制信道的 RX（接收天线）数是通过一定程度下行无线资源的消耗来实现的。

终端在接收数据时，所需的 RX 数量和当前信道 RANK 相关。当 RANK 很低的时候用单天线或双天线接收的性能与 4 天线接收单层信号没有太大区别，但减少的天线数可带来一定的节能效果。

NR 的基础版本下行 MIMO 最大层数是 RRC 配置在每个 cell 上的，不能动态指定MIMO 层数，而快速地确定 MIMO 的层数有助于终端迅速切换数据部分的接收天线数以达到如图 1-4 所示的动态切换效果。

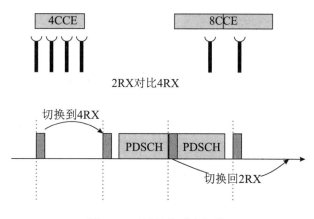

图 1-4　天线的自适应切换

4. DRX 自适应

NR 和 LTE 都支持配置 DRX 机制，在连接态下配置的 DRX 称为 C-DRX。本书如果不特别说明，我们都把 C-DRX 记为 DRX。一个普通的 DRX 是基于计时器控制开关的。纯粹的 DRX 的使用很简单，但是缺乏一种和实时数据到达相匹配的机制。因此，有必要考虑一种指示方式，让终端在 DRX 周期开始之前知道本周期有下行的数据到达。在收到唤醒指示的情况下，终端才进入 DRX ON 并开始检测 PDCCH。指示的方式可以通过专有的唤醒信号或者信道来完成。在 DRX ON 期间，还可以通过节能唤醒信号让终端提前结束 DRX ON，如图 1-5 所示。需要说明的是，NR 的基础版本已经支持基于 MAC CE 的睡眠信号。

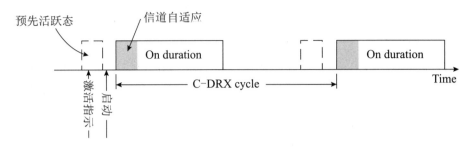

图 1-5 DRX 自适应切换

终端收到唤醒信号或者唤醒信道的指示之后,有一定的准备时间来启动 DRX ON。在这个准备时间终端可以完成初始的测量。传统的 DRX 往往有信道更新不及时的问题,因为在 DRX OFF 期间,原有的信道测量会变得不可靠。对 NR 而言,Beam 的预跟踪也是信道测量中的一部分。在准备时间中,可以配置一些测量信号。这个准备时间的定义也可以延伸到 DRX ON 开始的几个 Slot。

5. 自适应减少 PDCCH 监控

在终端的节能方案中,多数都与减少不必要 PDCCH 监控对应的能耗有关,那么更直接的节能技术就是减少 PDCCH 监控本身。关于 PDCCH 的监控的讨论早在 NR 的初期研究中就进行过。从 LTE 的实测来看,待机时的 PDCCH 监控占去了每天通信功耗的大部分。因为终端在每一个 Slot 都会进行 PDCCH 检测和缓存,而多数的 Slot 实际只有很少的数据或者完全没有数据。

除了 DRX 自适应外,可以通过以下方式减少 PDCCH 监控:

- PDCCH 忽略,即让终端动态地中断一段时间的 PDCCH 监控;
- 配置多个 CORESET/ 搜索空间,终端快速地切换配置;
- 物理层信令指示盲检次数。

6. 用户辅助信息上报

在所有的候选技术中,在何种参数下终端能够节能,部分取决于不同的终端产品的实现。在更匹配特定终端实现的参数配置下,这个终端可以实现更佳的节能效果。用户的辅助信息上报就是终端把推荐的参数上报给基站。基站参考这些参数进行配置以达成终端节能的目的。这些信息包括终端推荐的处理时序(K_0/K_2)、BWP 配置信息、MIMO 层数配置、DRX 配置、控制信道参数等。

7. 节能唤醒信号 / 信道

节能唤醒信号 / 信道的候选多数基于基础的 NR 设计,其中包括使用 PDCCH 信道结构,扩展 TRS、CSI-RS 类 RS、SSS 类和 DMRS 信号,以及数据信道类的信道结构,也有新引入的方案——序列指示。

所有的这些信号都可以触发终端节能，但是需要进一步考虑信号的资源效率、复用容量、终端检测复杂度、其他信道的兼容和复用，以及检测性能。

对于检测性能，需要有多个维度的考虑。对于唤醒信号，一般要求 0.1% 的漏检率和 1% 的虚警率。唤醒信号和后继的 DRX 启动相关，一旦发生漏检，终端在紧接的 DRX ON 上不会检测控制信道，这样的连续丢失数据是应该避免的。虚警只会导致少量的功耗升高，因此性能要求相对较低。

除了对检测性能的考虑，终端的检测处理行为也需要特别考虑。如果终端在配置的节能唤醒信号的资源上没有检测到唤醒信号，可以允许终端唤醒 DRX，这样也会降低漏检的影响。

8. 节能辅助 RS

辅助的 RS 主要是为了更好地同步、信道和波束跟踪、信道状态测量和无线资源管理测量。相对于已有的测量 RS，节能辅助 RS 有助于更高效和快速地使终端执行节能过程。也就是说辅助的 RS 会针对性地配置在执行节能过程之前。

9. 物理层节能过程

前述的终端节能技术需要结合相应的终端侧的节能过程。多种终端节能技术可以整合在一个节能过程中。典型的方式是，通过节能唤醒信号触发不同的 DRX 的自适应。在启动 DRX 之前，关联的节能唤醒信号的辅助 RS 可以帮助终端迅速测量信道、跟踪波束，完成一些预处理工作。

节能唤醒信号还可以触发 BWP 切换、MIMO 层自适应、不同频率位置预测量、终端的低功耗处理模式。

10. 高层节能过程

高层主要考虑 NR 现有高层过程机制下的节能增强。高层的节能过程和前述物理层的节能技术在通信协议上都有对应关系。

基础的 NR DRX 周期不支持 10.24s 的配置，R16 考虑延长到 10.24s。基础的 NR Paging 机制由于支持一个资源上寻呼多个终端，带来一定虚警率，Paging 虚警率也有待增强。

在不同的 RRC 态（RRC_CONNECTED/RRC_IDLE/RRC_INACTIVE）之间的有效切换也有助于终端节能。

DRX 的机制在基础的 NR 中主要定义在高层的 MAC 层，需要结合物理层的节能唤醒信号，结合主要通过驱动 MAC 层的 drx-onDurationTimer，并且，节能唤醒信号需要和 DRX 周期之间定义时间偏移关系来保证终端处理时间。

MIMO 层数 / 天线数自适应，降低 PDCCH 检测，CA/DC 的节能和辅助信息上报也需要定义相应的高层过程。

11. RRM 测量节能

在不同的 RRC 态下测量的特性可能不一样，因此减少不必要的测量也可以帮助节能。在终端处于静止不动或者很低速度移动的状态下，信道的变化相对较慢，因此减小单位时间内测量的频次对性能影响较小。

基站配置相应 RRM 的操作来达到终端节能的目的，基站需要一些类型的信息来决定相应的配置。这些信息基站可以直接获得：对多普勒频移的估计，配置的小区类型如宏小区或微小区。基站可以借助终端上报辅助信息：移动性管理信息，终端发送 RS 的信道测量和终端对 RS 的测量上报。通过对这些信息的综合和门限判断，基站可以配置必要的测量以有效地让终端控制能耗。

1.1.3 节能技术的评估方法

NR 标准的终端节能技术的评估方法建立在一套终端能耗的模型之上 [2]。

终端能耗的模型考虑了所有的通信处理能耗因素。为了便于比较，终端能耗模型基于一定的参数假定，对应 FR1，评估基准的子载波间隔是 30kHz，1 个载波，载波占用带宽为 100MHz。双工模式为 TDD，上行最大传输功率为 23dBm。

对应 FR2，评估基准的子载波间隔是 120kHz，1 个载波，载波占用带宽为 100MHz。双工模式为 TDD。

功耗模型一般考虑 Slot 为单位的平均功耗，对于终端处于不同的状态或处理不同的信号时，给定的终端的功耗值见表 1-1。

表 1-1 终端处理状态与功耗模型

功耗状态	状态特性	相对功率取值	
		FR1	FR2（不同于FR1 的取值）
深度睡眠	最低的功耗状态，一般保持此状态的时间应该长于进入和离开该状态的时间，此状态下可以不必保持精确的定时跟踪	1（可选：0.5）	
轻度睡眠	较低的过渡功耗状态，一般保持此状态的时间应该长于进入和离开该状态的时间	20	
微睡眠	进入和离开此状态的时间通常认为很短，不在模型之内计算	45	

功 耗 状 态	状 态 特 性	相对功率取值	
		FR1	FR2（不同于 FR1 的取值）
仅检测 PDCCH	无 PDSCH 数据接收和本 Slot 调度，包含了 PDCCH 解码及进入睡眠过程功耗	100	175
SSB 或 CSI-RS 处理	SSB 用于精细时频同步和 RSRP 测量，CSI-RS 包含 TRS	100	175
PDCCH + PDSCH	同时具有 "PDCCH + PDSCH" 的接收	300	350
UL	上行的长 PUCCH 或者 PUSCH 发送	250 (0 dBm) 700 (23 dBm)	350

三种睡眠方式在转换时间内有一定的功耗，相应的功耗定义和时间见表 1-2。

表 1-2　功耗状态转换时间

睡 眠 方 式	转换功耗（相对功耗 X 毫秒）	总转换时间（毫秒）
深度睡眠	450	20
轻度睡眠	100	6
微睡眠	0	0

为了在参考的 NR 配置的基础上评估不同的配置下终端功耗的变化，还定义了在参考 NR 配置基础之上的功耗缩放模型，具体描述如下。

接收 BWP 为 X MHz 带宽的功耗缩放值 $= 0.4 + 0.6 (X - 20) / 80$。$X = 10, 20, 40, 80$ 和 100。其他参数线性取值包括：

- 下行 CA：2CC 的功耗缩放值 $= 1.7 \times 1CC$。4CC 的功耗缩放值 $= 3.4 \times 1CC$。
- CA (UL)2CC 的功耗缩放值 $= 1.2 \times 1CC$，发射功率为 23dBm。
- 接收天线：2RX 的功耗缩放值 $= 0.7 \times 4RX$，适用于 FR1。1RX 的功耗缩放值 $= 0.7 \times 2RX$，适用于 FR2。
- TX（发射）天线（仅限 FR1）：2TX 的功耗缩放值 $= 1.4 \times 1TX$ 功耗（0dBm）。$1.2 \times 1TX$ 功耗（23dBm）。
- PDCCH-only：跨时隙调度的功耗缩放值 $= 0.7 \times$ 本时隙调度。
- SSB 接收时 1 个 SSB 为两个 SSB 功率的 0.75 倍。
- 仅有 PDSCH 的 Slot 的功率：FR1 下 280，FR2 下 325。
- 短 PUCCH：短 PUCCH 的功耗缩放值 $= 0.3 \times$ 上行功率。

● SRS：SRS 的功耗缩放值 = 0.3 × 上行功率。

终端节能技术的评估建立在功耗模型的基础上。候选的技术通过功耗模型建模，分析计算出不同候选技术的节能效果。链路仿真和系统仿真也用到评估中来作为评估的性能指标。系统仿真的数据到达模型还可以为功耗分析产生必要的功耗分布。采用的数据业务到达类型主要分为表 1-3 中的三种。

表 1-3　数据业务到达类型

类　　型	FTP	Instant messaging	VoIP
模　　型	FTP model 3	FTP model 3	LTE VoIP. AMR 12.2 kbps
包 大 小	0.5 Mbytes	0.1 Mbytes	
平均到达间隔时间	200 ms	2 s	
DRX 设置	周期 = 160 ms Inactivity 定时器 = 100 ms	周期 = 320 ms Inactivity 定时器 = 80 ms	周期 = 40 ms Inactivity 定时器 = 10 ms

基于数据到达模型计算出不同类型的 Slot，可以获得对应 Slot 的功耗，最后可以统计出终端的功耗。

1.1.4　评估结果与选择的技术

根据上述模型，多方进行了仿真计算平台的校准，各种候选技术得以评估。节能增益是一项技术的主要评估目标，在使用节能技术的情况下和基准的 NR 技术相比，终端节能技术会带来一定的性能损失，主要体现在终端体验吞吐量（UPT）上。除此之外，数据端到端的延时也会有所损失。评估的目的是确认终端在节约能耗的情况下带来性能损失是否明显。

前述终端的各种节能技术都被进行了评估[2]。

1. 节能技术评估结果

在终端的各种节能技术的频域自适应方面，对 BWP 切换自适应评估观察到 16% ～ 45% 的节能增益。对 SCell 自适应运行的增益达到了 12% ～ 57.5% 的节能增益，同时数据时延增加了 0.1% ～ 2.6%。

在时域自适应方面，对跨 Slot 调度的评估观察到多至 2% ～ 28% 的节能增益。然而，用户体验吞吐量会下降 0.3% ～ 25%。用户体验吞吐量往往和跨 Slot 调度的偏移相关，偏移越大，体验吞吐量越小。对于本 Slot 调度，通过增加控制和数据间隔的符号也能带来一定增益。较少的统计样本显示节能增益在 15% 左右，然而带间隔的本 Slot 调度带来的资源碎片化等问题会带来高达 93% 的资源开销，多 Slot 调度也会带来小于 2% 的节能。

在空间域上，动态 MIMO 层数或天线数的自适应可以带来 3% ~ 30% 的节能增益。评估中观察到 4% 的时延增加。半静态的天线自适应可以带来 6% ~ 30% 的节能，但是有比较明显的时延和吞吐量的损失。另外，为了补偿较少的收发天线数，基站侧需要在传输同样的信息时给终端配置更多的控制和数据资源。

DRX 域上的自适应的评估显示有 8% ~ 50% 的增益，这些增益是基于评估假设中的基准 DRX 配置的，时延增加了 2% ~ 13%。然而，由于不够优化的设计，NR 的基础技术的 DRX 配置在仿真评估中给定的业务模型下反而会提高 37% ~ 47% 能耗。

动态 PDCCH 检测自适应增加了 5% ~ 85% 的节能增益。时延和吞吐量的损失分别在 0 ~ 115% 和 5% ~ 43%。

在评估中节能唤醒信号主要用于触发终端的 DRX 自适应。在部分的评估中节能唤醒信号还用于触发 BWP 的切换和 PDCCH 监控的切换。

由于实际网络配置和终端实现上的差别，用户辅助节能信息的上报在评估中没有直接体现，但基于高层过程的分析结果仍然认为其对终端节能有很大的帮助。

时域自适应和放松标准的 RRM 测量，RRC CONNECTED 态下的测量节能增益可达 7.4% ~ 26.6%。在 RRC IDLE/INACTIVE 态下的测量节能增益可达 0.89% ~ 19.7%。

频域内自适应和放松标准的 RRM 测量，RRC CONNECTED 态下的测量节能增益可达 1.8% ~ 21.3%。在 RRC IDLE/INACTIVE 态下的测量节能增益可达 4.7% ~ 7.1%。

额外的 RRM 测量资源的配置的评估也显示提供可达 19% ~ 38% 的测量节能。

在高层寻呼过程的节能分析中，支持上至 10.24 sDRX 周期也能带来终端的节能效果。针对 RRC IDLE/INACTIVE 态下的一些增强的规则也可以节能。

2. NR 标准引入的终端节能技术增强

根据评估和分析的结果，3GPP 综合考虑选择了几种终端节能增强技术用以增强 NR 的基础版本[3]。

频域自适应技术的基础是 BWP 技术框架，BWP 在设计时本身已经考虑了节能方面的因素。NR 的节能的增强评估综合在 BWP 基础上使用了一些优化的配置，引入了 BWP 切换时的测量导频帮助更高效地切换 BWP，但评估中没有证明需要专门为 BWP 增加这些测量导频才能达到节能增益。要达到测量的优化需要另外进行相应的测量配置和上报，而不是和 BWP 切换机制进行绑定。BWP 框架本身的增强，如基于 DCI 的 BWP 切换时延缩短，也尚未被证明为必要的技术。

同样作为频域自适应，辅载波（SCell，在后面标准化中称辅小区）自适应显示了一定的增益，并且性能代价很小。辅载波的节能自适应作为 NR 载波聚合增强的一部分。

在时域自适应上，本 Slot 调度也没必要对基础 NR 技术进行修改适应，而且，本

Slot 调度降低了系统的资源利用率。对于跨 Slot 调度，由于多个终端可以被调度在不同的 Slot 间隔使用，基站的资源利用率不会下降。

在空域自适应上，RX 自适应虽然有增益，但因为 NR 的协议接口中不直接定义天线数而是定义 MIMO 层数，因此增强只考虑 MIMO 层数。

RRM 的测量标准考虑对入网性能的影响，只扩展基础 NR 版本的测量间隔和相应的触发条件。

最终 NR 的终端节能技术引入了节能唤醒信号触发 DRX 自适应、跨 Slot 调度、基于 BWP 的 MIMO 层数配置、辅小区（载波）（SCell）休眠、终端辅助信息上报，以及 RRM 测量放松[3]。

触发 DRX 自适应的节能唤醒信号由专门的信道定义，主要用于唤醒信号下一个 DRX ON 周期的 PDCCH 检测。节能唤醒信号的定义基于 PDCCH 的信道结构，重用了 DCI 格式、搜索空间和控制资源集合等概念。信号的检测需要通过解调和 Polar 编解码，由于跨 Slot 调度切换的时间粒度要求高于 DRX 自适应的时间粒度，因此跨 Slot 调度的触发不在唤醒信号中传输。节能唤醒信号所触发的 DRX 自适应在高层执行相应的过程，包括 MAC 的实体过程。

跨 Slot 调度的触发由 PDCCH 调度 DCI 里面增加的触发域来实现。PDCCH 的触发可以达到动态跨 Slot 和非跨 Slot 调度的转换，以保证迅速适应即时的、不同的数据业务时延和节能的需求。

NR 的基础技术仅支持基于 cell 级别的数据 MIMO 层数配置。引入新的基于 BWP 层的 MIMO 层数配置，可以保障终端在切换到某一 BWP 时，接收较少层数的数据。在终端实现侧，则可以用较少的接收天线数接收该 BWP。

高层引入标准化机制使得终端上报转移出 RRC_CONNECTED 态的终端优选的期待参数。

高层还引入机制使得终端可以上报期待的 C-DRX, BWP 和 SCell 配置，对这些配置而言，不同的配置值与终端侧的状态和终端硬件实现相关。不同终端的上报，可以更好地让基站配置合理的节能参数。

高层引入 RRM 测量放松主要限于 RRC_IDLE/INACTIVE 态，参数包括更长的测量间隔、较少的测量小区、较少的测量载波。测量放松的触发条件时终端处在非小区边缘、固定位置或者低移动性状态。高层定义相应的一些条件和阈值来判断这些终端状态。

辅小区（载波）增强的方案在载波聚合增强的框架中引入，主要是触发辅小区（载波）休眠。辅小区（载波）休眠可在 DRX 周期前，也就是非激活时间，通过节能唤醒信号触发；辅小区（载波）休眠也可通过激活时间中的 PDCCH 特定域来触发。

下面将逐一介绍 NR R16 中具体采纳和标准化的节能技术。

1.2 节能唤醒信号设计及其对 DRX 的影响

1.2.1 节能唤醒信号的技术原理

由前面的分析可知，由于终端处于连接态的能耗占 NR 终端能耗的绝大部分，因此 R16 节能唤醒信号也用于终端处于 RRC 连接状态时的节能。

传统的终端节能机制主要为 DRX。当配置 DRX 时，终端在 DRX OnDuration 检测 PDCCH，若 DRX OnDuration 期间收到数据调度，则终端基于 DRX 定时器的控制持续检测 PDCCH 直至数据传输完毕；若终端在 DRX OnDuration 未收到数据调度，则终端进入 DRX（非连续接收）以实现节能。可见，DRX 是一种以 DRX 周期为时间粒度的节能控制机制，因此不能实现最优化功耗控制。比如即使终端没有数据调度，终端在周期性启动 DRX OnDuration 定时器运行期间也要检测 PDCCH，因此依然存在功率浪费的情况。

为了实现终端进一步的节能，NR 节能增强引入了节能唤醒信号。标准化的节能唤醒信号与 DRX 机制结合使用，其具体的技术原理是，终端在 DRX OnDuration 之前接收节能唤醒信号的指示。如图 1-6 所示，当终端在一个 DRX 周期有数据传输时，节能唤醒信号"唤醒"终端，以在 DRX OnDuration 期间检测 PDCCH；当终端在一个 DRX 周期没有数据传输时，节能唤醒信号不"唤醒"终端，终端在 DRX OnDuration 期间不需要检测 PDCCH。相比现有 DRX 机制，在终端没有数据传输时，终端可省略 DRX OnDuration 期间 PDCCH 检测，从而实现节能。终端在 DRX OnDuration 之前的时间称为非激活时间；终端在 DRX OnDuration 的时间称为激活时间。

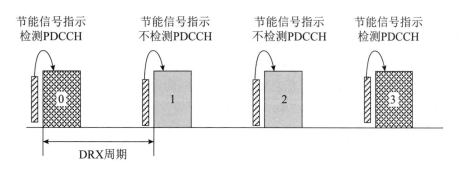

图 1-6 节能唤醒信号控制 DRX

此外，当终端工作于载波聚合模式或双连接模式时，由于终端业务负载量随着时间波动，终端传输数据所使用的载波数目的需求也是变化的。然而，目前终端只能通过 RRC 配置 / 重配置或 MAC CE 激活载波或去激活载波的方式来改变传输数据的载波数目，由于 RRC 配置 / 重配置或 MAC CE 的方式所需的生效时间较长，通常不能及时地匹配终端的业务需求的变化，因此导致的结果是：要么是激活的载波数目较少，在终端需要传输数据时再激活更多的辅载波，从而导致数据传输时延增大；要么激活的载波数目较多，在终端传输数据较少时不能及时去激活载波导致功耗的浪费。

为了使频率域快速地调节以实现终端的节能，3GPP 讨论引入辅小区（载波）休眠功能。所谓的辅小区（载波）休眠功能是指当终端没有数据传输时，终端的部分辅小区（载波）还可以保持"激活"状态，但终端将在这些载波上切换至休眠 BWP，终端在休眠 BWP 上不需要检测 PDCCH，也不需要接收 PDSCH。载波休眠和休眠 BWP 的切换机制在第 1.5 节有完整的描述。

节能唤醒信号可指示辅小区（载波）休眠，而且，节能唤醒信号实现了动态的发送，其生效时延相比在 LTE 中的 RRC 配置 / 重配置或 MAC CE 的方式时延可缩减，因此实现了终端功耗的及时精确地控制。

1.2.2 R16 采用的节能唤醒信号

节能唤醒信号可以采用序列的形式，也可以采用 PDCCH。采用序列的形式作为节能唤醒信号时，终端可以使用相关检测的方式接收节能唤醒信号，且序列信号的接收对同步的要求一般较低，不需要终端在接收节能唤醒信号之前预先同步，因此从终端产品实现和节能效果上来看，序列的形式有明显的优势。相比序列的形式，采用 PDCCH 的形式作为节能唤醒信号，从信号接收、检测等方面更加复杂，首先，PDCCH 的解调涉及信道估计、信道均衡及 Polar 译码等操作；其次，可能存在多个 PDCCH 检测时刻，每一个 PDCCH 检测时刻终端需要检测多个 PDCCH candidate 及多个聚合等级 AL；最后，在检测 PDCCH 之前，要求终端实现足够的时频同步精度，因此终端需要提前接收同步信号块 SSB 实现同步。

另外，采用序列的形式也有其缺点，序列可承载的信息比特较少，例如 1bit 信息需要两种不同的序列来承载，N bit 信息需要 2^N 个不同的序列来分别承载。因此，当节能唤醒信号需要承载的信息比特较多时，终端需要检测更多的序列，而 PDCCH DCI 则可以承载较多的信息比特。从标准化角度而言，序列形式需要更多的标准化工作，包括序列的选取，不同终端、不同小区、不同的信息比特的序列如何设计等；而 PDCCH 则有较成熟的设计，标准化影响较小。

3GPP 权衡上述因素，最终选择了以 PDCCH 结构作为节能唤醒信号。

1. 节能唤醒信号的 DCI 格式

如前一节所述，节能唤醒信号用于指示终端是否唤醒以接收 PDCCH，以及指示终端辅小区（载波）休眠操作。唤醒指示需要 1bit，若比特取值为 "1"，表示终端需要醒来接收 PDCCH；若比特取值为 "0"，表示终端不需要醒来接收 PDCCH。NR 终端最多可配置 15 个辅小区（载波）。若对每个辅小区（载波）采用 1bit 指示，则最多需要 15bit，开销较大。因此，节能唤醒信号中采用了辅小区（载波）分组的方法，将辅小区（载波）分成最多 5 组，每一组对应一个指示比特。若该比特取值为 "1"，则对应的所有辅小区（载波）应工作于非休眠 BWP，即若辅小区（载波）在节能唤醒信号指示之前，若处于非休眠 BWP，则该辅小区（载波）保持工作在非休眠 BWP；若处于休眠 BWP，则该辅小区（载波）需要切换至非休眠 BWP。类似地，若该比特取值为 "0"，则对应的所有辅小区（载波）应工作于休眠 BWP。需要说明的是，如第 1.5 节所述，在激活时间内还有其他 DCI 格式触发辅小区（载波）的休眠。节能唤醒信号的辅助小区（载波）分组与激活时间内的辅助小区（载波）分组是独立配置的。

因此，在节能唤醒信号中，单个用户所需的比特数目最多为 6 个。其中包括 1 个唤醒指示比特和最多 5 个辅小区休眠指示比特。接下来，需要解决用户的节能指示比特在 DCI 中如何承载的问题。显然，一条 DCI 若仅允许携带单用户的节能指示比特，则传输效率较低，首先 DCI 自身需要 24bit 的 CRC 校验位；其次在比特数目小于 12bit 时，Polar 编码的效率较低。因此，应允许节能唤醒信号携带多个用户的指示比特以提升资源使用效率。如图 1-7 所示，网络通知每一个用户的节能指示比特在 DCI 中的起始位置，而单用户的比特数目可通过配置的辅小区（载波）分组数目隐式得到［唤醒指示比特一定出现，辅小区（载波）休眠指示比特数目可以为 0］。进一步地，网络还会通知终端 DCI 的总比特数目及加扰 PDCCH 的 PS-RNTI。节能唤醒信号采用的 DCI 格式为 2_6。

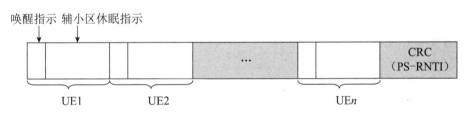

图 1-7　节能唤醒信号承载多用户节能指示信息

2. 节能唤醒信号的检测位置

与其他 PDCCH 一样，作为节能唤醒信号的 PDCCH 也是在配置的 PDCCH 搜索空间中检测的。为了支持节能唤醒信号的多波束传输，节能唤醒信号 PDCCH 最多可以支持 3 个 PDCCH CORESET，并且 PDCCH CORESET 沿用 R15 PDCCH 的 MAC CE 更新机制。为了减少和控制终端功耗，节能唤醒信号 PDCCH 使用的聚合等级及每一个聚合等级所对应的 PDCCH 候选位置数量均是可配的。

3GPP 对于节能唤醒信号的检测位置的确定进行了较为详细的讨论。首先涉及的问题是节能唤醒信号检测的起始位置，由于节能唤醒信号位于 DRX OnDuration 之前，因此节能唤醒信号检测的起始位置可由一个相对于 DRX OnDuration 起始位置的时间偏移 PS-offset 得到，然而在标准讨论中，有以下两种方式获得 PS-offset：

方式 1：时间偏移 PS-offset 采用显式信令配置。

方式 2：时间偏移 PS-offset 由 PDCCH 搜索空间的配置得到。

方式 1 是网络直接配置一个时间偏移 PS-offset；方式 2 是网络不需要显式配置，而是通过配置 PDCCH 搜索空间来隐式获得时间偏移 PS-offset。例如在配置 PDCCH 搜索空间后，可以将在 DRX ON 之前且距离 DRX ON 最近的 PDCCH 检测位置作为 PDCCH 的检测位置，或者将 PDCCH 搜索空间的周期配置为与 DRX 的周期相同，并设置合理的 PDCCH 搜索空间的时间偏移，使得 PDCCH 检测位置位于 DRX ON 之前。两种方式均可以得到合适的 PDCCH 检测位置，然而方式 2 由于现有协议支持的 PDCCH 周期与 DRX 周期的数值范围不匹配，最终从易于标准化的角度，选择了方式 1，即采用显式信令配置时间偏移 PS-offset。

在确定了 PDCCH 检测位置的起点之后，还需要进一步确定 PDCCH 检测的终点。PDCCH 检测的终点是由终端的设备能力所确定的。终端在 DRX ON 之前的最小时间间隔内需要执行设备唤醒及唤醒后的初始化等操作，因此，在 DRX ON 之前的最小时间间隔内终端不需要检测节能唤醒信号。处理速度较快的终端，可以使用较短的最小时间间隔，见表 1-4 中值 1；而处理速度较慢的终端，需要使用较长的最小时间间隔，见表 1-4 中值 2。

表 1-4　最小时间间隔

子载波间隔（kHz）	最小时间间隔（slots）	
	值 1	值 2
15	1	3
30	1	6
60	1	12
120	2	24

因此，节能唤醒信号以网络配置的 PS-offset 指示的时间位置为起点，在该起点后一个完整的 PDCCH 搜索空间周期内（有 PDCCH 搜索空间的参数"duration"定义）检测节能唤醒信号，并且所检测的节能唤醒信号的位置在最小时间间隔所对应的时间段之前。如图 1-8 所示，终端检测虚线框所标示的节能唤醒信号的检测位置。

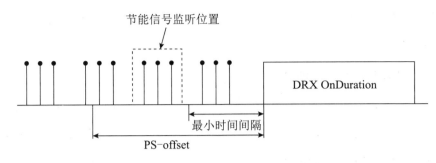

图 1-8　节能唤醒信号的检测位置

3. 是否应用于 short DRX

标准化讨论过程中一个重要的问题是节能唤醒信号是否既可应用于 long DRX，又可应用于 short DRX，还是仅能应用于其中一种。long DRX 具有较长的 DRX 周期，一般也可配置较长的 DRX OnDuration，因此节能唤醒信号应用于 long DRX 可产生更明显的节能增益。此外，long DRX 有规律的周期性，有利于将具有相同周期的多个用户的节能唤醒信号复用在同一个 DCI 中，从而有效节省节能唤醒信号的开销。因此，节能唤醒信号可应用于 long DRX。

然而，各公司对于节能唤醒信号是否应用于 short DRX 产生了较大分歧。支持 short DRX 的公司认为，short DRX 也可配置有较大的 DRX 周期，因此在这些情况下节能唤醒信号可带来进一步的节能增益。反对 short DRX 的公司认为，short DRX 一般周期较短，本身已经可实现较好的节能，进一步使用节能唤醒信号带来的增量节能效果不明显，并且 short DRX 基于随机到达的数据调度触发，因此 short DRX 在时间上并不总是周期性出现的，导致多个用户的节能唤醒信号很难复用。

最终，经过反复讨论，3GPP 决定 R16 仅支持节能唤醒信号应用于 long DRX。该结论达成的主要驱动来自物理层设计节能唤醒信号的考虑，并不是高层配置的原因。

4. DRX 激活时间期间是否检测

节能唤醒信号周期性配置于 DRX OnDuration 之前，因此一般情况下终端在 DRX 激活时间之外检测节能唤醒信号。但也存在一些特殊情况，如在 DRX 周期内有持续的数据调度，因此即使 DRX OnDuration 定时器超时，但终端可能已经启动了 DRX-inactivity 定时器，且随着数据的持续调度，在下一个 DRX ON 之前的节能唤醒信号检测的时间位置 DRX-inactivity 定时器依然在运行，即终端还处于 DRX 激活时间。此时，需要规定终端是否在激活时间期间还需要检测节能唤醒信号。

考虑到终端在 DRX active 期间还可能有数据传输，此时 DRX-inactivity 定时器已经可以有效控制终端是否需要继续检测 PDCCH。因此进一步采用节能唤醒信号进行

PDCCH 检测控制的必要性不大。因此，最终 3GPP 确定终端不需要在 DRX 激活时间期间检测节能唤醒信号。

5. 节能唤醒信号的检测与响应

基于节能唤醒信号的配置，终端接收和检测节能唤醒信号，当终端检测到节能唤醒信号时，终端基于节能唤醒信号中终端对应的比特的指示确定是否唤醒并检测 PDCCH 的操作。例如，终端检测到唤醒指示的比特取值为 "1"，则终端的底层向高层发送启动 DRX OnDuration Timer 的指示，终端 MAC 层收到指示后启动 DRX OnDuration Timer，终端在 timer 运行期间检测 PDCCH；终端检测到唤醒指示的比特取值为 "0"，则终端的底层向高层发送不启动 DRX OnDuration Timer 的指示，终端 MAC 层收到指示后不启动 DRX OnDuration Timer，进而终端不检测 PDCCH。

但也存在一些情况，让终端不检测节能唤醒信号，这些情况在下一节有具体的定义。此时，终端物理层应反馈给 MAC 层回退到传统的 DRX 方式，即正常启动 DRX OnDuration Timer 以进行 PDCCH 检测。

还有一些异常情况会导致终端检测不到信号。例如，由于信道的突然恶化，控制信道的误块率等原因导致终端漏检节能唤醒信号；或者由于网络瞬时负载过大没有多余的 PDCCH 资源从而不能发送节能唤醒信号。这些情况下，终端是否启动 DRX OnDuration Timer 以进行 PDCCH 检测是由高层信令配置确定的，具体的配置见 1.2.3 节。

1.2.3 节能唤醒信号对 DRX 的作用

节能唤醒信号的主要作用是指示终端是否唤醒，在随后的 DRX 周期正常启动 DRX OnDuration Timer，从而使得终端可以检测 PDCCH[13]。也就是说，节能唤醒信号主要影响 DRX OnDuration Timer 的启动状态。除了 DRX OnDuration Timer，节能唤醒信号对其他的定时器的操作都没有影响。因此，节能唤醒信号必须与 DRX 结合使用，只有配置了 DRX 功能的终端才能配置唤醒信号。

在标准化讨论初期，对于使用节能唤醒信号唤醒终端的方法有以下两种 [14]。

方法 1：终端根据是否收到节能唤醒信号来决定是否唤醒，即如果终端在 DRX OnDuration Timer 启动时刻之前收到了节能唤醒信号，则终端在随后的 DRX 周期正常启动 DRX OnDuration Timer；反之，终端在随后的 DRX 周期不启动 DRX OnDuration Timer。

方法 2：终端根据收到的节能唤醒信号中的显式指示来决定是否唤醒，即如果终端在 DRX OnDuration Timer 启动时刻之前收到了节能唤醒信号并且该节能唤醒信号指示终端唤醒，则终端在随后的 DRX 周期正常启动 DRX OnDuration Timer；如果终端在 DRX OnDuration Timer 启动时刻之前收到了节能唤醒信号并且该节能唤醒信号指示终端不唤醒，终端在随后的 DRX 周期不启动 DRX OnDuration Timer。

由于节能唤醒信号是基于 PDCCH 设计的，存在一定的漏检概率，在终端漏检节能唤醒信号的情况下，方法 1 可能会导致终端进一步漏检随后网络发送的调度信令。也就是说，如果网络给终端发送了节能唤醒信号但终端没有检测到该节能唤醒信号，此时终端的行为是在随后的 DRX 周期不启动 DRX OnDuration Timer，即终端在 DRX 持续期间不检测 PDCCH。那么，网络在该 DRX 持续期间调度了终端，终端是收不到网络发送的指示调度的 PDCCH 的，从而影响了调度性能。此外，从节省 PDCCH 资源开销的角度考虑，节能唤醒信号可以基于单个终端发送，也可以基于终端分组发送，对于基于终端分组发送节能唤醒信号的情况，位于同一个分组的不同终端的唤醒需求有可能是不同的，而方法 1 无法实现针对同一个分组多个终端网络唤醒其中一部分终端同时不唤醒其他终端的功能。考虑到上述两方面的原因，最终采纳了方法 2。

与本节后面列出的节能唤醒信号不能进行检测的几种情况不同，如果终端进行了检测但是没有检测到节能唤醒信号，终端的"缺省"行为是由高层配置的。其处理方式为：如果终端在 DRX OnDuration Timer 启动时刻之前没有检测到节能唤醒信号，则终端在随后的 DRX 周期是否启动 DRX OnDuration Timer 的行为由网络配置。如果网络没有配置终端行为，则针对这种情况，终端的默认行为是在随后的 DRX 周期不启动 DRX OnDuration Timer。

如 1.2.2 节描述，在时域上，终端在位于 DRX OnDuration Timer 启动时刻之前的一段时间内检测节能唤醒信号。在高层配置上，网络给终端节能唤醒信号配置了一个相对于 DRX OnDuration Timer 启动时刻的最大时间偏移。同时，终端根据自己的处理能力向网络上报其对于节能唤醒信号的检测时刻相对于 DRX OnDuration Timer 启动时刻的最小时间偏移。根据这样的配置，终端就可以在距离 DRX OnDuration Timer 启动时刻之前的最大时间偏移和最小时间偏移之间的时间内检测节能唤醒信号，如图 1-9 所示。在频域上，节能唤醒信号基于 MAC 实体进行配置，且作用于对应的 MAC 实体。并且，终端只能被配置在 PCell 和 PSCell 上检测节能唤醒信号。

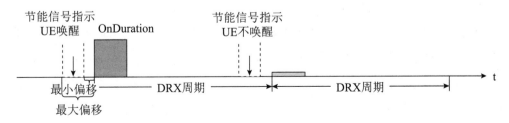

图 1-9　节能唤醒信号对 DRX 周期的作用示意图

此外，规定了以下几种终端不检测节能唤醒信号的场景。

- 节能唤醒信号的检测时机处于 DRX 激活期。
- 节能唤醒信号的检测时机处于测量间隔期。
- 节能唤醒信号的检测时机处于 BWP 切换期。

如果终端没有检测节能唤醒信号，则终端在随后的 DRX 周期正常启动 DRX OnDuration Timer。

在 NR R15 标准中，对于配置了 DRX 功能的终端，只在 DRX 激活期发送周期 / 半持续 SRS 和周期 / 半持续 CSI 上报，以达到终端节电的目的。终端发送 SRS 是便于网络对终端进行上行信号估计和实现上行频选性调度。终端向网络上报 CSI 一方面是便于网络对终端进行下行频选性调度；另一方面是网络对波束管理的需求。在 R15 标准中，对于配置了 DRX 功能的终端，由于终端会周期性地启动 DRX OnDuration Timer 从而进入 DRX 激活期，这样网络可以通过配置合适的 CSI 上报周期使得终端能够在每个 DRX 周期都可以向网络上报周期 CSI。在引入节能唤醒信号后，如果终端在持续相当长一段时间内都没有上下行业务的需求，则网络有可能在这段时间都不唤醒该终端，从而使终端长时间处于 DRX 非激活期。如果终端在这段时间一直不上报 CSI，则可能导致网络不能很好地监测终端的波束质量，严重时会导致终端波束失败。考虑到终端节电需求和网络波束管理需求的折中，在节能唤醒信号导致终端本该启动但没有启动 DRX OnDuration Timer 的期间，终端是否上报周期 CSI 的行为可以由网络配置决定。

| 1.3 跨 Slot 调度技术 |

1.3.1 跨 Slot 调度的技术原理

跨 Slot 调度是一种时域自适应，在广义上与 DRX 自适应同属于一大类。所不同的是，跨 Slot 调度将调度 PDCCH 和被调度的 PDSCH/PUSCH，在时域上用一个偏移隔离开，可以在终端处理上规避重叠的时间。NR 的基础技术支持 PDCCH 和被调度的 PDSCH/PUSCH 配置以 Slot 为单位的偏移 K_0/K_2。

当被调度的 PDSCH/PUSCH 和调度 PDCCH 在同一个 Slot 中时，即为本 Slot 调度。对本 Slot 调度会导致接收方的控制信道和数据信道解调上的时间重叠。如图 1-10 所示，由于接收方在解调控制信道时，并不知道这一次是否有被调度到的数据。因此，需要控制信道后面几个符号存储整个 BWP 带宽的信号或者样点。只有解码出了 PDCCH 中自己的 PDSCH 调度信息，才能对 PDSCH 在 BWP 中占据的 RB 进行解调。

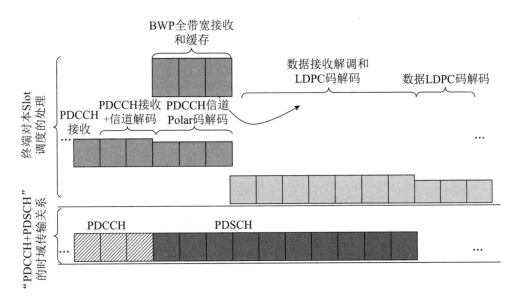

图 1-10　本 Slot 调度的功耗比例和时间分布示意图

当被调度的 PDSCH/PUSCH 和调度 PDCCH 在不同的 Slot 中时，则是跨 Slot 调度。跨 Slot 调度很好地规避了接收方的控制信道和数据信道解调上的时间重叠。如图 1-10 所示，因为偏移足够长，解调控制信道时间内不需要接收数据。因此，终端不必缓冲存储整个 BWP 带宽的信号或者样点。在控制和数据信道的间隔时间内，终端可以极大地简化处理，还可以关断射频模块达到微睡眠或者轻度睡眠的能耗状态。

在更极端的 PDCCH 和 PDSCH 频域复用的配置时，从 Slot 里第一个符号开始终端就需要缓存整个 BWP，此时不必要的功耗将更多。

对于典型的数据服务，只有一少部分 Slot 会发生调度。实测的网络中，PDCCH 连续发生调度的 Slot 只占总子帧数的 20% 左右。对于本 Slot 调度，即使 Slot 里面没有数据调度，终端也必须在控制信道的时域位置后做一些 BWP 缓存的后处理。所以，从统计上看本 Slot 调度对终端的平均功耗有较大的影响。

但是相比较于图 1-10，在图 1-11 所示的跨 Slot 调度的情况下，不必要的后处理功耗将会被优化掉。

尽管对于不同的终端硬件实现，后处理的占用时间可能会不同。但是，终端和芯片公司普遍认为近一个 Slot 的间隔足够完成。如图 1-11 所示，处理同样的数据量，跨 Slot 方式可以关闭 RF 及避免缓存，还会带来一个 Slot 的额外时延。

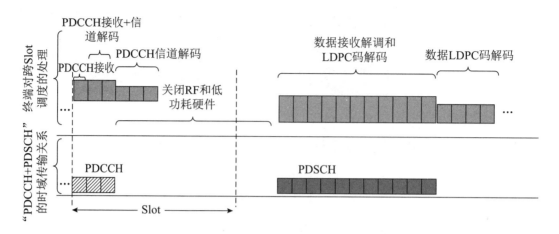

图 1-11 跨 Slot 调度 $K_0=1$ 的功耗比例和时间分布示意图

然而，Slot 偏移数大于 1 时，终端还可以进一步优化能耗。在关断射频的时刻，终端也可以降低硬件处理的时钟频率及电平，由此带来更低的能耗。在图 1-12 中，演示了 $K_0=2$ 的优化处理，但是此时的编解码速度明显放慢，占用的处理时间也会变长。典型基带数字处理电路的功耗和电压的平方成正比，但处理的时间和电压成反比，因此同样的信道解码码长的处理累积功耗会降低。降低功耗的设计和节能幅度同样与具体的硬件产品实现相关，但在不同的终端实现上仍然普遍支持更长的处理时间达成更低功耗。

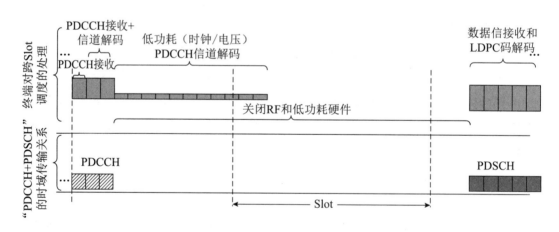

图 1-12 跨 Slot 调度 $K_0=2$ 的功耗比例和时间分布示意图

图 1-12 主要描述了下行数据调度的节能优化。对于上行数据，跨 Slot 调度节能的考虑有所不同，主要的考虑有两个因素。和 LTE 类似，NR 的控制信道搜索空间可以独立传输上行调度 DCI 和下行调度 DCI。终端在检测控制信道完成前并不知道有调度 DCI 及调度的类型。终端对控制 DCI 的检测部分的功耗优化处理是统一的。因为第 1.1.2 节中提到可以通过调参的方式降低 DCI 解码速度，所以 K_2 需要相应地增加。而且，对于上

行跨 Slot 调度，检测出控制信道后对 PUSCH 的传输块的准备过程可以单独地进行节能处理。降低上行数据的准备速度也可以优化上行数据处理模块的功耗。

基于这些原因，K_2 需要被配置成大于 1 的值，且需与 K_0 分别配置。

终端的辅助上报优选的期待跨 Slot K_0/K_2 参数也可以帮助基站去调取合适的 Slot 偏移。

1.3.2　灵活调度机制用于跨 Slot 调度

NR 的基础技术支持 PDCCH 和被调度的 PDSCH/PUSCH 配置以 Slot 为单位的偏移 K_0/K_2。具体偏移体现在数据信道的 TDRA（时域资源调度）表中[20]，见表 1-5。PDSCH 和 PUSCH 都有时域资源的表项配置。其中出于资源的灵活使用考虑，每一项 TDRA 都配置有数据映射方式 Mapping Type、时隙偏移 K_0/K_2、时隙内开始符号 S 和符号个数 L，其中，K_0/K_2 决定了是否跨时调度。TDRA 可以配置多达 16 项的表项，这些参数都是独立的。调度 DCI 中，表项的 Index 就可以指示本次调度用到的时域资源调度参数，也就是数据所在的 Slot 相对控制 DCI 所在 Slot 之后偏移，以及在 Slot 里面开始和结束的符号。通过配置偏移值大于 1 个 Slot 的 TDRA 项就达到了节能处理的目的。

表 1-5　TDRA 参量

Index	PDSCH mapping type	K_0	S	L
Index	PUSCH mapping type	K_2	S	L

由于配置非常灵活，NR 的基础技术可以给终端配置多种 TDRA 项，既包含本 Slot 调度，也包含跨 Slot 调度。此时，终端在解出 DCI 之前并不知道本次调度是跨 Slot 调度的，而终端必须在每个检测 DCI 机会为本 Slot 调度做缓存 BWP 的准备。因此 NR 的跨 Slot 增强技术针对性地引入了动态的 DCI 指示用户关闭或恢复所有 Slot 偏移小于某一门限值的 TDRA 项。如图 1-13 所示，这里的最小门限，即最小 K_0 值为 1。

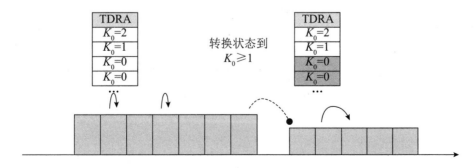

图 1-13　跨 Slot 调度不同的状态切换

仍然，对于基础的 NR 技术可以通过半静态的方法设置 PDSCH 的全部时域资源分配的 $K_0 > 1$ 来达到终端进入跨时隙的处理。在这种方式下，终端将半静态地进入更长的数据时延模式，这不能很好地响应变化很快的数据服务。基础的 NR 由于没有对节能专项增强，这种节能的方式归于终端的实现。也就是说，此时即使基站配置项的所有 K 值都大于 1，也不是所有的终端都能确保节能。

1.3.3 动态指示跨 Slot 调度的处理

NR 跨 Slot 调度的增强主要引入了动态指示跨 Slot 调度的系列处理机制，TDRA 表项的配置仍然基于 NR 的基础技术。通过动态指示，去使能（禁用）K_0/K_2 小于预配置值的表项，这种指示的方法兼容了 NR 基础版本的数据资源时域分配的框架。非回退的 DCI 上行调度 format 0_1 和下行调度 format 1_1 各增加了一个比特域用于指示跨 Slot 调度的适用最小 K_0/K_2 值。最小 K_0/K_2 不同于 TDRA 中指示的 K_0/K_2。在本书表达式中，最小 K_0/K_2 往往记作 $\min K_0/\min K_2$。

DCI 的指示为联合指示，即指示一个根据配置确定最小 K_0 和 K_2 的组合。因为最小 K_2 包含的 PUSCH 数据准备时间是有别于最小 K_0 的，因此二者不必相同。当前适用的最小 K_0/K_2 值不只适用于专用搜索空间 format0_1 和 format1_1，也适用于专用搜索空间的其他 DCI format。对于公共搜索空间类型 0/0A/1/2 且配置缺省 TDRA 表，波束恢复搜索空间等 DCI，不适用最小 K_0/K_2 值，而是按照本 Slot 调度的要求解码控制信道。

动态的指示方式使得在每个 Slot 都能指示切换最小 K_0/K_2 值。当终端的数据到达率较高时，基站可以立即为终端指定一个较小的最小 K_0/K_2 值，或者不做限制而允许本 Slot 调度。当基站发现终端的数据不活跃时，终端被切换到一个较大的最小 K_0/K_2 值 [12]。

如图 1-14 展示了动态跨 Slot 调度切换的过程。

仍以调度 PDSCH 为例，图 1-14 中的终端配置为：跨 Slot 指示状态为 1，最小 K_0 配为 1；跨 Slot 指示状态为 0，最小 K_0 配为 0。

可以看出，在每个 Slot 都能指示跨 Slot 调度转换。然而，DCI 中指示的跨 Slot 调度状态并不是立即生效，而是经过时延 x。第 1.3.4 节会详细讲解 x 的确定方法。

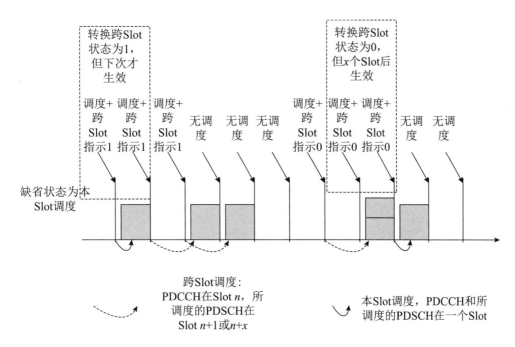

图 1-14　动态地变化跨 Slot 调度状态

1.3.4　跨 Slot 调度的作用时间机制

动态的 DCI 指示仍然会带来微小的时延。终端侧在最小 K 值较大时，控制信道的处理速度变慢，因此需要一定时间解出 DCI 里面的最小 K 值指示更新。新指示的跨 Slot 调度最小 K 值的生效时间一般不小于一个 Slot。另一个因素是终端原有假定的最小 K 值，是终端对控制信道解码的上限值。终端的射频、硬件电路也需要这个时间来调低或者调高处理能力。新指示的更新时间原则上为在常量值和之前配置的最小 K 值取最大。

由于 NR 支持的 SCS 越大，Slot 长度越小，而控制信道的绝对处理时间并不会因为 SCS 变化而明显减小，因此最小的更新时间常量值随着 SCS 改变而改变。

最小 K_0/K_2 值和 TDRA 表都是配置被调度载波的 PDSCH/PUSCH 参数的。PDSCH/PUSCH 参数是按照 BWP 配置的。跨 Slot 调度用于不同 SCS 间隔的载波聚合时，需要将被调度载波激活 BWP 的 K 值转换为调度载波激活 BWP 上的 K 值。其新指示更新时间的转换需要根据调度和被调度载波的 SCS 系数 u 进行。

转换的计算如下 [20]：

$$\max(\text{ceiling}(\min K_{0,\text{scheduled}} \cdot 2^{\mu_{\text{scheduling}}}/2^{\mu_{\text{scheduled}}}), Z) \tag{1.1}$$

其中：$\min K_{0,\text{scheduled}}$ 为被调度载波当前激活 BWP 的原最小 K_0；$\mu_{\text{scheduling}}$ 为 PDCCH 的 SCS 系数；$\mu_{\text{scheduled}}$ 为被调度 PDSCH/PUSCH 所在 BWP 的 SCS 系数。表 1-6 中的常数

Z 适用于调度 PDCCH 为 Slot 中的前三个符号。如果调度 PDCCH 为 Slot 中前三个符号之后，表 1-6 中 Z 取值加一。

表 1-6　最小常数 Z

μ	Z
0	1
1	1
2	2
3	2

通过时延的确认机制，基站和终端可以保持对适用最小 K_0/K_2 值的同步。由于应用时延只体现在 PDCCH，因此只基于 K_0 计算。跨载波调度和跨 Slot 指示的生效时延，被调度载波最小 $K_0=2$，如图 1-15 所示。

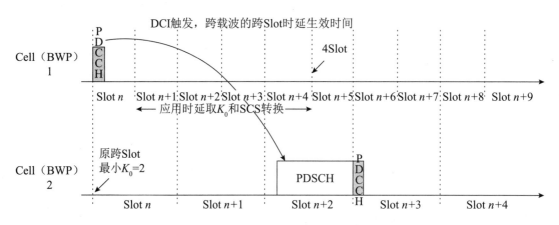

图 1-15　跨载波调度和跨 Slot 指示的生效时延，被调度载波最小 $K_0=2$

1.3.5　跨 Slot 调度的错误处理

尽管有了跨 Slot 更新的时延确认，但由于基站和终端的收发处理，终端不可避免地因收到不正确的 DCI 时域调度指示而丢弃 DCI。网络中控制信道的误块率控制在 1% 的水平，动态信令的丢失会导致不正确指示。一种典型的情况就是基站在更新跨 Slot 时延指示时，第一次的更新指示终端没有正确地收到，基站在后面的 Slot 继续发调度 DCI，而 DCI 里面的跨 Slot 指示域将继续保持指示。因此，终端理解的跨 Slot 更新时间会晚于基站的更新时间。由于存在各种基站和终端理解不一致的情况，有必要对其引入错误处理机制。主要的机制有以下两种。

第一种是当收到的 DCI 调度中的 PDSCH/PUSCH 的 K_0/K_2 值小于当前跨 Slot 调度适

用的最小 K_0/K_2 值时，终端可以不对数据进行处理。此时终端可能处于射频关断状态，无法按照指定的时间响应。引入这样的处理机制，也可以帮助基站通过终端的响应来判断是否发生了不一致 [21]。

在前面的典型例子中，如果发生连续的多次控制信道丢失或者调度 Slot 间隔较长，终端可能会在一定时间内收到相反的跨 Slot 指示。第二种错误处理主要针对这种情况，定义终端可以不对跨 Slot 更新时延内的再次更新做出响应 [21]。

1.3.6　跨 Slot 调度对上下行测量的影响

跨 Slot 调度节能是基于不同信号的收发间隔的。除了 PDCCH/PDSCH/PUSCH 外，一些测量带来的信号收发也需要考虑。非周期的下行测量 RS 和上行 SRS 都是由下行控制 DCI 触发的。终端在确保 PDSCH 的偏移时，也需要保证可能非周期触发的下行测量 RS 也在偏移之后。所触发的 SRS 发送不能早于 PUSCH。

NR 的基础版本对下行测量做了一些限制，即 CSI-RS 的偏移是由其资源配置的非周期触发偏移所决定的。但是当测量的 DCI 触发状态中不包括 QCL-typeD 时，CSI 的触发偏移固定为 0，这会导致终端无法进行节能处理。增强的跨 Slot 调度也对 CSI-RS 偏移做了限制，如果配置了最小 K_0/K_2，还是根据配置触发偏移，而不是本 Slot。

对于非周期 SRS，本身没有 QCL-typeD 限制。因此，NR 的跨 Slot 节能没有进一步限制触发偏移值。NR 标准在 SRS 上没有增强，而是由基站去合理配置。当基站给非周期 SRS 配置一个过小的偏移值，而 K_2 配置较大时，上行的节能处理会受限于 SRS 处理。

1.3.7　BWP 切换与跨 Slot 调度

因为跨 Slot 调度的最小 K_0/K_2 和 TDRA 表都是配置在 BWP 上的，BWP 发生的切换所生效的最小 K_0/K_2 也需要根据配置变化。

BWP 作为比较基础的配置，不论是 RRC 半静态配置还是动态触发切换的方式生效了新的 BWP，都会导致最小 K_0/K_2 和 TDRA 表的更新。

一个 BWP 在没有初始的最小 K_0/K_2 指示前，比如初始接入后配置进入的第一个 BWP 时，需要确定一组值，目前的方式是取配置的最小序列的一组。

同时跨 BWP 调度和跨 Slot 指示带来的问题如图 1-16 所示。如果终端收到的 DCI 既有 BWP 切换指示，又有最小 K_0/K_2 指示，则需要同时考虑两类因素。

（1）原来的 BWP 上的最小 K_0/K_2 状态如何保持，新的 BWP 的 SCS 系数不同的时候需要相应的转换。而且对这个状态也应该满足一定的时延，且需考虑 BWP 的 SCS 系数转换。

（2）新的 BWP 上的最小 K_0/K_2 配置组合独立于原 BWP。DCI 中发送的最小 K_0/K_2 指示，应该根据新 BWP 上的配置上对应指示。

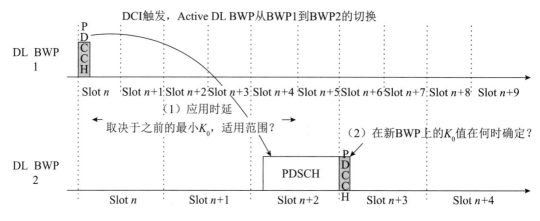

图 1-16　同时跨 BWP 调度和跨 Slot 指示带来的问题

对于这两类因素，需要适当地转换处理。对于因素（1），NR 跨 Slot 调度利用了 DL（UL）BWP 转换的时延，中间不能有新的 DL（UL）接收（发送）。由 DCI 触发的 BWP 转换可知，这是为了规避 BWP 参数的不确定时期的处理。NR 跨 Slot 调度只定义了触发 BWP 切换的 DCI 调度需要满足其调度数据的偏移时间不小于现有的基于原 BWP 的 SCS 和最小 K 值计算的偏移时间，也就是满足：

下行调度中的时域资源分配的 $K_0 \geqslant \text{ceiling}(\min K_{0,\text{scheduling}} \cdot 2^{\mu_{\text{scheduled}}}/2^{\mu_{\text{scheduling}}})$。其中：$\min K_{0,\text{scheduling}}$ 为调度 BWP 所指定的原最小 K_0；$\mu_{\text{scheduling}}$ 为 PDCCH 的 SCS 系数；$\mu_{\text{scheduled}}$ 为被调度 PDSCH 的 SCS 系数。

上行调度中的时域资源分配的 $K_2 \geqslant \text{ceiling}(\min K_{2,\text{scheduling}} \cdot 2^{\mu_{\text{scheduled}}}/2^{\mu_{\text{scheduling}}})$。其中：$\min K_{2,\text{scheduling}}$ 为调度 BWP 所指定的原最小 K_2；$\mu_{\text{scheduling}}$ 为 PDCCH 的 SCS 系数；$\mu_{\text{scheduled}}$ 为被调度 PUSCH 的 SCS 系数。

对于因素（2），NR 跨 Slot 调度规定了新的 K_0（K_2）值基于新 BWP 的配置和 SCS，在被调度的 PDSCH（PUSCH）之后开始。这同样利用了 BWP 切换时间内不需要收发的特征，具体可参考第 4 章。

如图 1-17 所示，标准引入约束条件解决问题（1）和问题（2）。

一种比较少见的情况是当 DCI 指示跨 Slot 调度之后，另外有一个 DCI 指示了调度载波上的 BWP 转换并改变了 SCS。此时定义的应用时延仅仅基于 K 值确定是不够的。NR 跨 Slot 调度等同于以时间单位定义应用时延，所以其处理可以涵盖这种情况。

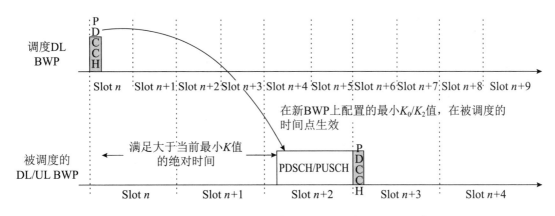

图 1-17　同时跨 BWP 调度和跨 Slot 指示所满足的时间要求

| 1.4　多天线层数限制 |

1.4.1　发射侧和接收侧天线数量影响能耗

不论是发射侧还是接收侧的天线数量减小，都可以降低装置的能耗。如图 1-18 所示，发射侧的 RF 和天线面板有对应关系，减少一组天线则减少了对应 RF 的功率消耗。对发射侧而言，RF 包含功放，功耗的比重比较大。对于接收侧，RF 链路的关断也有节能作用，

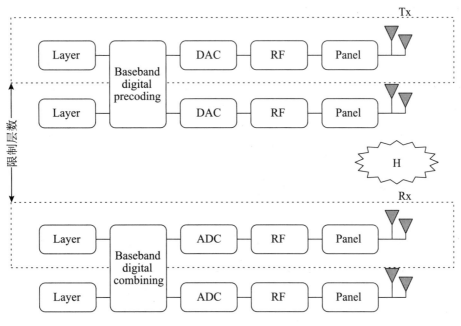

图 1-18　限制 MIMO 层数框图

在设备硬件运转的情况下,关闭一路 RF,并不意味着完全不需要耗能。需要进入 RF 和相应的电路以维持电平。这些不活跃的链路也可以天线自适应打开。节能评估方法已经考虑到以上因素。

另外,前面的分析表明,这是以一定的性能和无线资源利用率为代价的。基站的调度会充分考虑性能的需要,在必要的时候才允许终端减小天线数。

基于这些考虑,NR 节能技术是基于基站的 MIMO 层数限制来控制终端节能的。从终端侧的 MIMO 收发层数限制完全可以减小终端的控制和数据收发能耗。从图 1-18 中可以看到,让收发层数减少使得一些组的天线不需要映射数据。尽管层数不等于天线数(NR 技术的框架允许一个层映射到多个天线),但由于映射的关系相对固定,改变层数的节能效果和直接改变天线数没有区别。

NR 的 MIMO 层数是配置给数据部分的,控制信道并没有直接的天线 / 层数配置,但是控制信道的接收层数在实现中可以根据关联的数据层数调整 [9]。

NR 的基础版本主要支持半静态的 MIMO 层数配置。下行最大 MIMO 层数通过参数 PDSCH-ServingCellConfig 配置到 Cell。NR 的基础版本对下行最大 MIMO 层数的改变只能通过高层的重配完成。由于重配的开销大、周期长,因此重配无法让终端自适应节能。NR 的节能增强则利用 BWP 的框架,引入最大的 MIMO 层数配置到 BWP,BWP 的动态切换达成 NR MIMO 层数自适应节能。

1.4.2 下行 MIMO 层数限制

如上所述,下行 MIMO 层数限制需要延伸到 BWP 的配置框架,解决的方式是配置在每个 BWP 上的 PDSCH-Config 中增加 maxMIMO-Layers-r16 参数。如果每个 BWP 配置不同的 MIMO 最大层数,则节能 BWP 配置较少的最大层数,而性能 BWP 配置较多的最大层数。通过 BWP 的切换得到层数的变化,其中,DCI 触发的 BWP 切换可以达成动态的层数切换。

上述每个 BWP 最大层数的限制会带来和每个 Cell(载波)的最大层数的兼容问题。

一方面,当配置了 BWP 最大层数时,不能超过 Cell 上的最大层数。在没有配置 BWP 最大层数时,需要以 Cell 上的最大层数为准。另一方面,Cell 配置的最大层数会影响到多载波下 TBS 有限缓存比特数(DL-SCH TBS_{LBRM})[19] 的系数的计算。基础的 NR 版本下,每个载波的系数由 Cell 最大层数和 4 的最小值进行计算。为了保持有限缓存比特数计算的兼容,NR 节能增强技术规定了在 BWP 全部配置了最大层数的情况下,其中一个 BWP 的最大层数要等于 Cell 的最大层数。

1.4.3　上行 MIMO 层数限制

对于上行 MIMO 层数限制，NR 的基础版本支持在基于 CodeBook 的上行传输上限制每个 BWP 的最大 RANK，这等效于对 MIMO layer 的限制，这样本来就能够达到对终端发射节能的控制。

对于基于 Non-Codebook 的上行传输，基站仍可以通过在 BWP 上配置的 SRS 资源及端口的配置间接限制上行传输的层数，因此 NR 的基础版本上行 MIMO 也不需要再做增强。

1.5　辅小区（载波）休眠

1.5.1　载波聚合下的多载波节能

当载波聚合时，辅小区（载波）的动态开闭是频域上自适应的一种形式。NR 支持多达 16 个聚合的载波（Carrier Aggregation）。同时收发多个载波的能耗较高，而终端数据并不是在所有 Slot 都需要在多个载波收发。打开的载波上，没有数据也需要按照搜索空间的周期检测配置进行 PDCCH 检测。和单载波的情况一样，这里仅 PDCCH 检测就占用了较多的能耗。在终端节能的可行性研究阶段，评估显示辅小区（载波）的动态休眠可以降低至少 12% 的能耗。

原则上，载波聚合模式中，只需要有一个载波处于活跃状态即可，这个载波作为锚点载波来触发其他载波的休眠和非休眠，载波聚合的主载波很适合作为这样的锚点。主载波上因为有系统广播消息，也无法支持即时的休眠方式，因此，多载波节能技术可通过在 NR 多载波技术的框架上引入辅小区（载波）休眠的方式来支持[10-11]。

由于数据到达的动态特性，辅小区（载波）的启用和休眠需要快速指示，NR 的载波聚合下引入了动态的信令支持这一特性。主载波上传输的下行控制 DCI 可以一次性触发多个辅小区（载波）的休眠和退出休眠。在评估过程中发现，动态的触发比定时器触发的休眠方式节能增益更高，而且动态触发对数据的时延影响更小。动态触发辅小区（载波）休眠和退出休眠如图 1-19 所示。

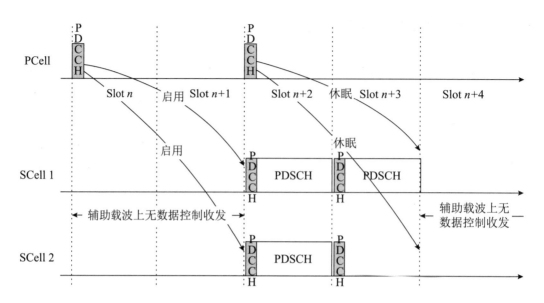

图 1-19　动态触发辅小区（载波）休眠和退出休眠

1.5.2　辅小区（载波）节能机制

在 LTE 中，有辅载波休眠态的方式支持节能，休眠态的方式定义为一种 RRC 状态。进入和离开休眠态的时间较长，而且状态转换较复杂，NR 考虑支持动态切换载波的休眠。有以下两种供讨论的子方式。

第一种方式是动态 PDCCH 直接指示。这种方式下，通过主载波 PDCCH 直接指示某一个或者一组辅小区（载波）关掉 PDCCH 检测来关闭主要的上下行数据传输。PDCCH 关闭辅载波的 PDCCH 检测还需要定义相应的时延生效机制，这种机制在跨 Slot 调度指示中也有引入。

第二种方式是基于 BWP 的切换来完成的。NR 的基础版本根据终端能力可以给每个载波配置多达 4 个 BWP。其中一个 BWP 配置成休眠 BWP，即 BWP 上不配置 PDCCH 检测。辅小区（载波）在切换到休眠 BWP 上时，整个载波进入休眠。BWP 的框架和特性可以重用于辅小区（载波）休眠指示。

以上两种方式中，后者的复杂度较小，也不需要太多的新机制引入讨论，因此 NR 节能增强选用了 BWP 切换的方式进行辅小区（载波）休眠。节能休眠仅需定义在一个下行 BWP 上，下行 BWP 上没有 PDCCH 检测，相应的上行的 PUSCH 传输也会停止。

休眠指示可以与节能唤醒信号相结合发送，也可以在一般的控制信道中发送。和唤醒信号结合是为了在 DRX 激活时间之前确认辅小区（载波）的休眠状态，免去每次 DRX 激活开始时辅小区（载波）不必要地打开。在 DRX 激活时间内，主载波的普通的

DCI 可以随时唤醒或者休眠辅小区（载波）。

激活时间内，普通 DCI 触发的辅小区（载波）休眠的转换时间重用跨载波下行 BWP 切换的时间点。

休眠的 BWP 仍可以配置周期的 CSI 测量资源，控制和数据的中断不影响测量。当辅小区（载波）退出休眠时，新的 BWP 上的调度 MCS 选择可以依据休眠 BWP 测量，如图 1-20 所示。

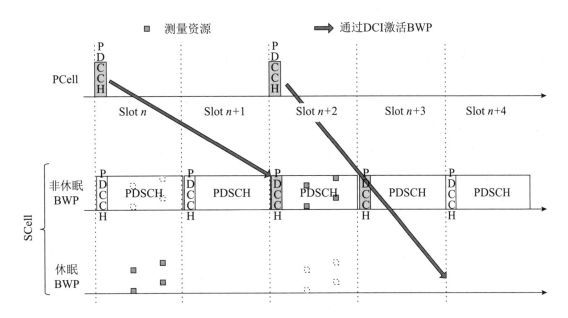

图 1-20　基于 BWP 机制的载波休眠切换

由于重用了 BWP 切换机制，BWP-InactivityTimer 超时后，已经进入休眠的 BWP 的辅小区（载波）会回退到 default BWP。NR 不排除 default BWP 配置成休眠 BWP 的情况，如果 default BWP 配置成休眠 BWP，会导致 BWP-InactivityTimer 超时触发辅小区（载波）休眠。

1.5.3　激活时间外的辅小区（载波）休眠触发

激活时间外的辅小区（载波）休眠触发通过节能唤醒信号 DCI 格式 2_6 中的专用比特来指示。由于节能唤醒信号可为多终端指示等，每个终端的休眠指示限制在 5 个比特及以下，每个比特用于指示一组辅小区（载波）的休眠或者非休眠。从终端射频设计的能耗上看，同一频段的载频的开关可以关联。一个频段内载频同时打开收发与独立打开的功耗差别较小，载波分组由基站配置决定。

终端在一个辅小区（载波）上只能配置一个休眠 BWP，当终端被指示退出休眠

BWP 时，需要选择是哪一个非休眠 BWP。配置第一 non-dormant BWP 成为必要，和 SCell 的分组类似，non-dormant BWP 对激活时间外和激活时间内分别配置以保证一定的灵活性。为了让终端侧和基站减少不必要的 BWP 切换，NR 规定了终端在当前激活是休眠 BWP 且收到退出休眠指示的情况下才会切换到第一 non-dormant BWP。终端在当前激活的是某一非休眠 BWP，在收到退出休眠指示时只需要保持当前的 BWP 即可。

激活时间外的休眠触发是一次性的。如果节能唤醒信号丢失，但是终端的配置行为是仍然唤醒，此时终端只是简单地重新进入上次激活的 BWP。

1.5.4　激活时间内的辅小区（载波）休眠触发

激活时间内的辅小区（载波）休眠触发通过普通的 PDCCH 指示，指示又分成以下两种可由基站配置的方式。

第一种方式为普通的主载波调度 DCI 中增加专用比特，由于 PDCCH 调度 DCI 已经有较大负荷，休眠指示域也限制在 5 个比特及以下，每个比特用于指示一组辅小区（载波）的休眠或者非休眠。基站可以同样利用同一频段的载频的开关相关联的特性进行辅小区（载波）分组的配置以达到高效使用休眠信令的目的。专用域增加在 DCI 格式 0_1 和 1_1 两个格式下。这种方式的特点是主载波上的调度 DCI 可以随时发起休眠指示，但是，即使在不需要改变辅小区（载波）休眠情况下，主载波的调度 DCI 仍然需要传输这个比特域，这就带来了不必要的开销，此时可以考虑采用第二种方式。

第二种方式为重定义调度 DCI 中的域，将该 DCI 专门用作辅小区（载波）休眠指示。DCI 格式 1_1 的频率资源指示域为全 0 或者全 1 时，表示该 DCI 的以下域用于指示 15 个辅小区（载波）的休眠。

- 传输块 1 的调制和编码等级数 MCS。
- 传输块 1 的新数据指示符。
- 传输块 1 的冗余版本指示。
- HARQ process 号。
- Antenna port(s)。
- DMRS 序列初始化值 。

第二种方式不调度数据，但仍需要占用整个 DCI 格式。在载波数比较少时，开销会较大。NR 的 HARQ-ACK 是根据对调度数据的解码进行反馈，调度数据的第一种方式自然可实现基站和终端的通信握手，这样可使两侧同步。不调度数据的第二种方式则需要有另一种方式支持握手，因此对于第二种方式而言，NR 引入基于 PDCCH 的 HARQ-ACK 反馈定时。在不同的 SCS 系数下，采用固定的定时关系。

和激活时间外类似，基站配置第一 non-dormant BWP 给终端。不考虑 bwp-InactivityTimer 超时的情况，在激活时间内终端只有在当前激活是休眠 BWP 且收到退出休眠指示的情况下才会切换到第一 non-dormant BWP。终端在当前激活是某一非休眠 BWP，在收到退出休眠指示时只需要保持当前的 BWP 即可。

在激活时间内，第一种方式和第二种方式可以根据场景的需求由基站灵活配置。

在激活时间内，休眠 BWP 的触发方法和 NR 的基础版本 DCI 触发 BWP 切换的方法高度重合。这会出现一个兼容问题，即 DCI 触发 BWP 的 ID 等于休眠 BWP ID 的处理，NR 不排除这种配置和指示。如果 DCI 触发的切换的 BWP ID 为休眠 BWP，由于后继没有下行数据和 HARQ-ACK 反馈而使得切换不可靠。

| 1.6　RRM 测量增强 |

1.6.1　非连接态终端的节能需求

处于非连接态终端的需要基于网络的配置对服务小区及其他邻小区进行 RRM 测量，以支持移动性操作，例如小区重选等。在 NR R15 中，出于终端节能的考虑，当终端在服务小区的信道质量较好时，终端可以不启动针对同频频点及同等优先级或低优先级的异频 / 异技术频点的 RRM 测量 [15]，同时针对高优先级的异频 / 异技术频点的 RRM 测量可以增大测量间隔。具体如下：

- 当终端在服务小区上的 RSRP 高于配置 SIntraSearchP（一种高层配置门限参数）且终端在服务小区上的 RSRQ 高于 SIntraSearchQ 时，终端可以不启动针对同频频点邻小区的 RRM 测量。
- 当终端在服务小区上的 RSRP 高于 SnonIntraSearchP 且终端在服务小区上的 RSRQ 高于 SnonIntraSearchQ 时，终端可以不启动针对异频和异系统低优先级和同等优先级频点邻小区的 RRM 测量。同时，对于异频和异系统的高优先级频点，终端可以启动放松的 RRM 测量，参考文献 [16] 中给出了该场景下针对每个高优先级频点的 RRM 测量间隔要求 T_{higher}_priority_search $= (60 \times N_{layers})$s。其中：N_{layers} 为网络广播的高优先级频点个数。

对于需要执行邻小区 RRM 测量的终端，有必要引入一套针对邻小区的 RRM 测量放松机制，以进一步满足终端省电的需求。

1.6.2　非连接态终端 RRM 测量放松的判断准则

针对非连接终端的 RRM 测量引入了两套测量放松准则，分别是"终端不位于小区边缘"准则和"低移动性"准则。这两套准则都是以终端在服务小区上的"小区级"测量结果来进行衡量的。下面分别介绍这两种准则。

1."终端不位于小区边缘"准则

针对该准则，网络会配置一个 RSRP 门限，另外还可以配置一个 RSRQ 门限。当终端在服务小区上的 RSRP 大于该 RSRP 门限，并且在网络配置了 RSRQ 门限的情况下，终端在服务小区上的 RSRQ 大于该 RSRQ 门限时，则认为该终端满足"终端不位于小区边缘"准则。

网络配置用于"终端不位于小区边缘"准则的 RSRP 门限需小于 SIntraSearchP 和 SnonIntraSearchP。如果网络同时配置了"终端不位于小区边缘"准则的 RSRQ 门限，则该用于"终端不位于小区边缘"准则的 RSRQ 门限需小于 SIntraSearchQ 和 SnonIntraSearchQ。

2."低移动性"准则

针对该准则，网络会配置 RSRP 变化的评估时长 TSearchDeltaP 和 RSRP 变化值门限 SSearchDeltaP，当一段时间 TSearchDeltaP 内终端在服务小区上的 RSRP 变化量小于 SSearchDeltaP 时，则认为该终端满足"低移动性"准则，如图 1-21 所示。

终端在完成小区选择 / 重选之后，需要在至少一段时间 TSearchDeltaP 内执行正常的 RRM 测量。

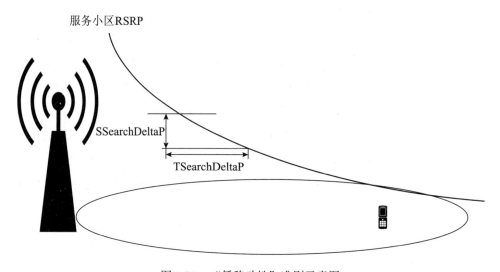

图 1-21　"低移动性"准则示意图

网络通过系统广播的方式通知终端启动 RRM 测量放松的功能，在配置 RRM 测量放松功能的情况下，网络需要配置至少一个 RRM 测量放松判断准则。针对不同的配置，终端使用的 RRM 测量放松准则可能出现以下四种情况。

情况 1：网络只配置了"终端不位于小区边缘"准则，当终端满足"终端不位于小区边缘"准则时，终端针对邻小区启动放松的 RRM 测量。

情况 2：网络只配置了"低移动性"准则，当终端满足"低移动性"准则时，终端针对邻小区执行放松的 RRM 测量。

情况 3：网络同时配置了"终端不位于小区边缘"准则和"低移动性"准则，并且网络指示这 2 个准则的使用条件为"或"，当终端满足这 2 个准则中的其中任意一个准则时，终端针对邻小区启动放松的 RRM 测量。

情况 4：网络同时配置了"终端不位于小区边缘"准则和"低移动性"准则，并且网络指示这 2 个准则的使用条件为"和"，当终端同时满足这 2 个准则时，终端针对邻小区启动放松的 RRM 测量。

由于针对高优先级频点的 RRM 测量通常不受终端移动性的影响，而是为了负荷均衡。在 NR R15 版本标准中，终端始终要执行对高优先级频点的 RRM 测量。在 R16 版本引入 RRM 测量放松之后，网络可以通过广播消息指示是否可以对高优先级频点的 RRM 测量在 R15 支持的最大测量间隔基础上做进一步的放松。

为了便于网络优化，可以为一些终端配置测量记录。处于 RRC 连接态的终端在收到记录测量配置消息后启动定时器 T330，当终端进入 RRC 空闲态或者 RRC 非激活态后，在 T330 运行过程中会记录 RRM 测量结果。在引入非连接态的 RRM 测量放松后，终端在 T330 运行期间是否可以执行放松的 RRM 测量是需要考虑的一个问题。考虑到网络通常会根据收集到的来自多个终端的测量记录来实现网络优化，并且终端是在满足 RRM 测量放松准则的情况下才会执行放松的 RRM 测量，放松的 RRM 测量对测量性能通常不会造成太大的影响。因此，标准化讨论最终确定在 T330 运行期间终端仍然可以执行放松的 RRM 测量。

1.6.3　非连接态终端的 RRM 测量放松的方法

对于同等优先级或低优先级频点的不同的 RRM 测量，放松准则分别定义了 RRM 测量放松的方法，具体如下 [17]。

- 当终端满足"低移动性"准则时，终端在执行对邻小区的 RRM 测量时使用更长的测量间隔，使用一个固定的缩放因子来增大测量间隔。
- 当终端满足"终端不位于小区边缘"准则时，终端在执行对邻小区的 RRM 测量时使用更长的测量间隔，使用一个固定的缩放因子来增大测量间隔。

- 当终端同时满足"低移动性"准则和"终端不位于小区边缘"准则时，终端对同频频点、异频频点及异技术频点的测量间隔都增大为 1 小时。

此外，在不同的信道条件下，终端对于高优先级频点和同等优先级或低优先级频点的 RRM 测量放松在以下一些场景下需要区别对待。

场景 1：终端在服务小区上的 RSRP 大于 SnonIntraSearchP，并且终端在服务小区上的 RSRQ 大于 SnonIntraSearchQ。

- 如果网络没有配置"低移动性"准则或者网络配置了"低移动性"准则，但终端不满足该"低移动性"准则，则终端对于高优先级频点按照 R15 的方法执行放松的 RRM 测量。
- 如果网络配置了"低移动性"准则并且终端满足该"低移动性"准则，则终端针对高优先级频点的 RRM 测量间隔增大到 1 小时。

场景 2：终端在服务小区上的 RSRP 小于或等于 SnonIntraSearchP，或者终端在服务小区上的 RSRQ 小于或等于 SnonIntraSearchQ。

- 当终端满足网络配置的 RRM 测量放松准则时，终端对于高优先级频点使用与低优先级和同等优先级频点相同的测量放宽要求。

| 1.7 终端侧辅助节能信息上报 |

1.7.1 终端辅助节能信息上报的过程

为了更好地辅助网络为终端配置合适的参数，以达到终端节能的目的，网络可以为终端配置节能相关的终端辅助信息上报。NR R16 标准中引入了 6 种类型的与节能相关的终端辅助信息 [18]。

- 以节能为目的的终端期待的 DRX 参数配置。
- 以节能为目的的终端期待的最大聚合带宽。
- 以节能为目的的终端期待的最大辅载波个数。
- 以节能为目的的终端期待的最大 MIMO 层数。
- 以节能为目的的终端期待的跨时隙调度的最小调度偏移值。
- RRC 状态转换。

终端辅助信息上报的信令流程如图 1-22 所示。

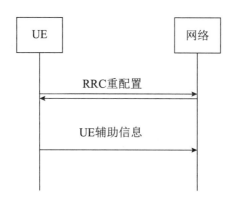

图 1-22　终端辅助信息上报的信令流程

对于每种类型的终端辅助信息，终端首先要通过能力上报告知网络自己具备上报这种类型的终端辅助信息的能力，然后网络通过 RRC 重配置消息给终端配置针对这种类型的终端辅助信息上报功能。不同类型的终端辅助信息上报功能是由网络分别配置的，对于每种类型的终端辅助信息，只有当网络给终端配置了针对这种类型的终端辅助信息上报功能时，终端才能够向网络上报这种类型的终端辅助信息。

为了避免终端频繁地进行终端辅助信息上报，对于每种类型的终端辅助信息上报，网络会针对该类型的终端辅助信息上报配置一个禁止定时器。终端每次上报该类型的终端辅助信息后，都会启动这个禁止定时器，在该禁止定时器运行过程中，终端是不能上报该类型的终端辅助信息的，只有当该禁止定时器没有运行，并且满足该类型的终端辅助信息的上报触发条件时，终端才可以上报该类型的终端辅助信息。对于每种类型的终端辅助信息，其禁止定时器可以支持的最大时长为 30 s。

为了节省上报的信令开销，对于每种类型的终端辅助信息上报，支持增量的上报方式，即对于某种类型的终端辅助信息，如果终端当前对于该特性的期待配置与终端最近一次针对该特性上报的期待配置相比没有变化，则终端本次可以选择不上报针对该类型的终端辅助信息。从网络侧的角度，当网络接收到终端针对某种特性的终端辅助信息上报，则网络会一直维护该上报信息，直到其收到终端下一次针对该特性的终端辅助信息的上报。

当终端将针对某种特性的终端辅助信息上报给网络时，终端会将该特性中所有终端有期待配置的参数包含在针对该特性的终端辅助信息中，而对于那些终端没有期待配置的参数则不包含在该终端辅助信息中。如果终端针对某种特性的终端辅助信息中的所有参数都没有期待的配置，则终端可以通过上报一个针对该特性的空的辅助信息 IE（针对该特性的辅助信息 IE 中不包含任何一个参数）告知网络其对于该特性的辅助信息中的所有参数都没有期待的配置。

对于 MR-DC 场景，用于节能的终端辅助信息是基于 CG 进行配置的。对于 MCG 和

SCG，只有在网络给终端配置了针对该 CG 的终端辅助节能信息上报时，终端才可以向网络上报针对该 CG 的辅助节能信息。网络可以通过 MCG 侧的 SRB1 或者通过 SCG 侧的 SRB3 给终端配置针对 NR SCG 的辅助节能信息上报功能。终端可以通过 MCG 侧的 SRB1 或者通过 SCG 侧的 SRB3 向网络上报针对 NR SCG 的辅助节能信息。

1.7.2　终端辅助节能信息上报的内容

如第 1.7.1 节所述，目前标准中支持 6 种类型的节能相关的终端辅助信息，下面分别针对每种类型的终端辅助信息中包含的内容进行介绍。

1. 以节能为目的的终端期待的 DRX 参数配置

终端期待的 DRX 参数配置的辅助信息 IE 中包含的参数有：终端期待的 drx-InactivityTimer、终端期待的 DRX long cycle、终端期待的 DRX short cycle、终端期待的 drx-ShortCycleTimer，这 4 个参数都是可选参数。如前所述，当终端针对某个参数没有任何期待的配置时，终端可以在上报期待的 DRX 配置的辅助信息时不包含该参数。

对于每个参数，终端可以上报该参数可支持的值域内的任何值。在网络为终端进行 DRX 配置时，如果网络给终端配置了 DRX short cycle，则对于 DRX long cycle 和 DRX short cycle 配置需满足 DRX long cycle 取值为 DRX short cycle 的整数倍。同理，在终端向网络上报期待的 DRX 参数配置时，如果终端同时上报了期待的 DRX long cycle 和期待的 DRX short cycle，则需满足终端上报的期待的 DRX long cycle 取值为期待的 DRX short cycle 取值的整数倍。

2. 以节能为目的的终端期待的最大聚合带宽

终端可以针对 FR1 和 FR2 分别上报期待的上行最大聚合带宽和下行最大聚合带宽。对于某个 FR，只有在网络为终端在这个 FR 上配置了服务小区时，终端才可以针对该 FR 上报期待的最大聚合带宽。

3. 以节能为目的的终端期待的最大辅载波个数

终端可以分别上报期待的上行辅载波个数和下行辅载波个数。在 MR-DC 中，终端可以通过上报期待的最大辅载波个数为 0 并且对于 FR1 和 FR2 期待的最大聚合带宽都为 0 来向网络隐式地指示该终端期待释放 NR SCG。

4. 以节能为目的的终端期待的最大 MIMO 层数

终端可以针对 FR1 和 FR2 分别上报期待的上行最大 MIMO 层数和下行最大 MIMO 层数。出于节能的考虑，终端可以上报期待的最小 MIMO 层数为 1。

5. 以节能为目的的终端期待的跨时隙调度的最小调度偏移值

终端期待的跨时隙调度的最小调度偏移值的辅助信息 IE 中包含的参数有：终端期待的最小 K_0 值和终端期待的最小 K_2 值。其中，终端期待的最小 K_0 值和终端期待的最小 K_2 值可以针对不同的子载波间隔分别上报，这两个参数都是可选参数。如前所述，当终端针对某个参数没有任何期待的配置时，终端可以在上报期待的跨时隙调度的最小调度偏移值的辅助信息时不包含该参数。

6. RRC 状态转换

如果终端在未来一段时间都不期待有下行数据接收和上行数据发送，则终端可以向网络上报期望离开 RRC 连接态。同时，终端可以进一步地向网络指示期望转换至 RRC 空闲态还是 RRC 非激活态。

如果终端想要取消之前向网络上报过的期望离开 RRC 连接态，比如，终端有新的上行数据到达，终端会向网络上报期望留在 RRC 连接态的需求。在这种情况下，终端是否可以向网络上报期望留在 RRC 连接态还取决于网络配置。

｜ 1.8　小　　结 ｜

5G 的 NR 标准的终端节能技术包括 NR R15 的基础版本节能和 R16 的节能增强。NR 的基础版本的 BWP 设计、灵活调度、DRX 配置等功能提供了一定的终端节能基础。NR 的节能增强在这些基础上全面完善了终端在频率自适应、时域自适应、天线数自适应、DRX 自适应、终端优选的期待配置参数上报，以及 RRM 测量上的节能功能的优化。

参 考 文 献

[1] M.2410-0 (11/2017), Minimum requirements related to technical performance for IMT-2020 radio interface(s), ITU.

[2] TR38.840 v16.0.0, Study on User Equipment (UE) power saving in NR.

[3] RP-191607, New WID: UE Power Saving in NR, CATT, 3GPP RAN#84, Newport Beach, USA, June 3rd-6th, 2019.

[4] R1-1813447, UE Adaptation to the Traffic and UE Power Consumption Characteristics, Qualcomm Incorporated, 3GPP RAN1#95, Spokane, Washington, USA, November 12th-16th, 2018 .

[5] R1-1900911, UE Adaptation to the Traffic and UE Power Consumption Characteristics, Qualcomm Incorporated, 3GPP RAN1 Ad-Hoc Meeting 1901, Taipei, Taiwan, 21st-25th January, 2019.

[6] R1-1901572, Power saving schemes, Huawei, HiSilicon, 3GPP RAN1#96, Athens, Greece, February 25th-

March 1st, 2019.

[7] R1-1903016, Potential Techniques for UE Power Saving, Qualcomm Incorporated, 3GPP RAN1#96, Athens, Greece, February 25th-March 1st, 2019.

[8] R1-1903411, Summary of UE Power Saving Schemes, CATT, 3GPP RAN1#96, Athens, Greece, February 25th-March 1st, 2019.

[9] R1-1908507, UE adaptation to maximum number of MIMO layers, Samsung, 3GPP RAN1#98, Prague, CZ, August 26th-30th, 2019.

[10] R1-1912786, Reduced latency Scell management for NR CA, Ericsson, 3GPP RAN1#99, Reno, USA, November 18-22, 2019.

[11] R1-1912980, SCell dormancy and fast SCell activation, Qualcomm Incorporated, 3GPP RAN1#99, Reno, USA, November 18-22, 2019.

[12] R1-2002763, Summary#2 for Procedure of Cross-Slot Scheduling Power Saving Techniques, MediaTek, 3GPP RAN1#100bis, e-Meeting, April 20th-30th, 2020.

[13] TS38.321 v16.0.0, Medium Access Control (MAC) protocol specification.

[14] R2-1905603, Impacts of PDCCH-based wake up signaling, OPPO, 3GPP RAN2#106, Rcno, USA, 13rd-17th May, 2019.

[15] 3GPP TS 38.304 v15.6.0, User Equipment (UE) procedures in Idle mode and RRC Inactive state.

[16] 3GPP TS 38.133 v15.9.0, Requirements for support of radio resource management.

[17] R4-2005331, Reply LS on RRM relaxation in power saving, 3GPP RAN4#94ebis, 20-30 Apr, 2020.

[18] R2-2004943, CR for 38.331 for Power Savings, MediaTek Inc., 3GPP RAN2#110e, 1st- 12th June 2020.

[19] 3GPP TS 38.212 v16.1.0, Multiplexing and channel coding.

[20] 3GPP TS 38.214 v16.1.0, Physical layer procedures for data.

[21] 3GPP TS 38.213 v16.1.0, Physical layer procedures for control.

第 2 章

5G R17 终端节能技术

NR R16 终端节能增强的标准化主要侧重于终端处于 RRC 连接态时。NR 在 R17 引入了当终端处于 RRC IDLE 和 RRC INACTIVE 状态时的节能技术，如寻呼节能指示和 TRS 指示。在 R16 基础上，R17 还引入了针对终端处于 RRC 连接态时的动态指示的下行控制信道检测自适应。

| 2.1 Paging 指示 |

2.1.1 寻呼过程的节能

为了减少终端的耗电，LTE 和 NR 系统中都有 DRX（Discontinuous Reception）机制，使得终端在没有数据接收的情况下，可以不必一直开启接收机，而是进入一种非连续接收的状态，从而达到节能的目的。在 NR 技术的演进中，对 UE 节电提出了更高的要求。例如，对于现有的 DRX 机制，在每个 OnDuration 期间，UE 需要不断检测 PDCCH 来判断基站是否调度发给自己的数据传输。但是对于大部分 UE 来说，可能在很长一段时间没有接收数据传输的需要，但是仍然需要保持定期的唤醒来监听可能的下行传输，对于这类情况，终端节电有进一步优化的空间。

在 R16 标准中，引入了节能信号，以实现 RRC_CONNECTED 状态的终端的进一步节能。节能信号与 DRX 机制结合使用，终端在 OnDuration 之前接收节能信号的指示。当终端在即将到来的 OnDuration 有数据传输时，网络通过节能信号"唤醒"终端，以在 OnDuration 期间监听 PDCCH；否则，网络通过节能信号指示终端继续"休眠"，终端在到来的 OnDuration 期间不需要监听 PDCCH。相比现有 DRX 机制，在终端没有数据传输时，可省略 OnDuration 期间 PDCCH 的监听，从而实现节能。

在 R17 标准中，成立了终端节能增强项目[1]，进一步标准化了 RRC_IDLE 和 RRC_INACTIVE 状态的终端的节能。RRC_IDLE 和 RRC_INACTIVE 状态的终端的耗电主要来源于周期性的非连续接收寻呼，其中包括在寻呼时机到达之前进行时频同步恢复和自动增益控制 AGC (Automatic Gain Control)，以及在寻呼时机期间检测寻呼 PDCCH 的耗电。为了减少接收寻呼过程中的耗电，R17 标准引入了针对寻呼接收的节能信号，称为 PEI（Paging Early Indication），用于在终端的寻呼时机到达之前指示终端是否需要在寻呼时机接收寻呼。在 2.1.2 节和 2.1.3 节将详细介绍 PEI 的功能、信号设计和寻呼节能过程。

2.1.2　寻呼分组设计

从某种意义上讲，现有的 NR 系统是支持寻呼分组的。如同 LTE 系统，每个 UE 都是根据自己的 UE ID 和 DRX 周期来计算寻呼帧（Paging Frame，PF）和寻呼时机（Paging Occasion，PO），这样带来的效果是每一个寻呼时机只和一些特定 UE 关联，而并非被所有 UE 共享。这种内在的基于寻呼时机的分组机制可以减少不同 PO 之间的寻呼虚警率（终端收到的寻呼不是针对该终端的寻呼），因为终端只需要监听自己所在的 PO。

R17 终端节能课题的一个目标是在现有基于 PO 分组的基础上进一步降低监听同一个 PO 的不同 UE 之间的寻呼虚警率，即在一个 PO 内引入子组（subgrouping），只有部分子组的 UE 被寻呼时，其他子组的 UE 可以不必醒来去接收寻呼，以达到终端节能的目的。

在该课题的研究初期，RAN2 关于如何进行分组的讨论比较发散，涵盖了以下方案[2-10]。

方案 1：基于 UE ID 的分组。

与基于 UE ID 计算 PO 的方式类似。该方案将映射到同一个 PO 中的 UE 通过 UE ID 进一步分配到不同的分组中。例如，系统消息广播每个 PO 中的最大分组数，通过 UE ID 对最大分组数进行取模等相关操作就可以获得 UE 在 PO 上所属的分组信息。

方案 2：基于寻呼概率的分组。

基于寻呼概率的分组方案，是将映射到同一个 PO 中的多个 UE 基于寻呼概率的大小或概率分布进一步分配到不同的分组中，例如可以将低寻呼概率的 UE 和高寻呼概率的 UE 划分到不同的分组中，以减少高寻呼概率的 UE 的相对频繁的寻呼对低寻呼概率的 UE 的影响，尽可能降低低寻呼概率的 UE 的功耗。其中，寻呼概率指的是终端被寻呼到的概率，一般需要终端和核心网通过协商来确定。类似的方案已经在 eMTC 和 NB-IoT 网络中针对基于分组的唤醒信号（grouping wake up signal，GWUS）中应用。

方案 3：基于终端功耗特征的分组。

该方案使用终端的功耗敏感度（例如插电终端对低功耗的需求较低）特性将映射到同一个 PO 中的多个 UE 进一步划分到不同的分组中，例如可以将低功耗灵敏度的 UE 和高功耗灵敏度的 UE 划分到不同的分组中，以降低低功耗灵敏度的 UE 和高功耗灵敏度的 UE 之间的寻呼虚警率。为了达到应用该特性的目的，终端首先需要将功耗灵敏度特性上报给核心网，之后核心网在发送寻呼消息时需要将该特性携带给基站供基站计算分组信息。

方案 4：基于 UE 版本的分组。

该方案使用 UE 版本信息决定寻呼分组。R15 和 R16 的 UE 不支持寻呼分组，而R17 及以上版本的 UE 可以支持寻呼分组。当只寻呼 R15 和 R16 的 UE 时，基站不需要针对该 PO 指示任何分组信息，这样 R17 支持分组的 UE 就可以避免醒来接收寻呼，因此可以降低这部分 UE 的寻呼虚警率，以及改善节能性能。

方案 5：基于 RRC 状态的分组。

在该方案中，RRC_IDLE 和 RRC_INACTIVE 状态的 UE 被划分到不同分组中。由于 RRC_IDLE 状态的 UE 只监听核心网发起的寻呼，而 RRC_INACTIVE 状态的 UE 需要同时监听核心网发起的寻呼和接入网发起的寻呼，因此，如果 RRC_IDLE 状态的 UE能够提前知道某个 PO 上只有接入网发起的寻呼，这些 UE 就可以避免醒来接收寻呼，达到节能的效果。

方案 6：考虑移动性的分组。

考虑到一些静止状态的终端（例如工业无线传感器）或者长时间保持相对固定位置的终端长时间处于同一个小区，可以将其与移动的终端划分到不同的分组中。具体如何使用不同的分组可以有进一步的不同方案。例如，可以使用终端特有的 RNTI 来针对静止终端发送和监听寻呼消息，这样可以不影响其他移动 UE 的寻呼监听，降低其寻呼虚警率。或者，核心网将终端的移动性指示信息携带到寻呼消息中，基站根据移动性信息来寻呼 UE。

方案 7：网络分配的分组。

与上述所有确定分组的方式不同，网络分配的分组方案中，终端直接从网络处获取分组信息。终端不需要关心该分组信息是基于什么特性来确定的，具体分配的策略取决于网络。

经过 RAN2 几次标准会议的充分讨论，上述各方案的优劣势也逐渐清晰。相比起来，方案 1 实现起来最简单，达到了随机分组的效果，尽管没有将一些终端特性考虑进来，但无论如何通过进一步分组还是可以降低寻呼虚警率的。方案 2 有现有的 LTE 系统可以作为标准化参考，但是对于 eMBB 终端来说，由于其业务的多样性，很难刻画出一个稳定的寻呼概率特征。尽管有些 RedCap 终端（例如工业无线传感器）可以有一些特定的寻呼概率，但这种方案也只能改善这些 RedCap 终端的节能性能，而无法普惠到其他终端。对于方案 3，RAN2 普遍认为，终端的功耗特性和寻呼接收是独立的、不相关联的，因此引入功耗特性相关的分组并不能直观地改善寻呼接收节能性能。方案 4 并没有引入新的方案，只是确认了分组方案只适用于 R17 及以上版本的 UE。方案 5 只考虑两个分组，且只能降低 RRC_IDLE 状态 UE 的寻呼虚警率，对 RRC_INACTIVE 状态的 UE 节能没有帮助。方案 6 使用专用 RNTI 的方式会造成更大的信令开销，同时会消耗更多的 RNTI 资源。寻呼消息中指示终端移动性信息的方式也易导致静止终端由于错过第一次寻呼尝试而停止监听发送给移动终端的寻呼消息。方案 7 的优势是透明，即终端不需要知道寻呼分组信息是如何确定的，因此省去了终端计算分组信息的操作。它的另一个优势是灵活，即网络如何确定分组是网络侧的实现，对于掌握丰富终端特性的网络，则可以通过更细粒度的分组来优化寻呼节能性能。

RAN2 首先在 113 次会议中决定支持基于 UE ID 分组的方案，并在随后的 113bis 次会议中决定同时支持网络分配分组的方案。针对网络分配分组方案，由哪个网络实体来分配分组也引发了很多讨论。如果由基站来分配分组，则可以减少对核心网的影响，但是不同基站（尤其是不同厂商的基站）可能使用不同的分组策略，这样会造成不同小区间 UE 分组在使用上的混乱。原因在于，RRC_IDLE 和 RRC_INACTIVE 状态的 UE 可能随时发生小区重选，而基站并不一定知晓，这样反而会增加 UE 的寻呼虚警率。如果由核心网来分配分组，则可以保证在寻呼区域内分组策略是统一的，但这样做的代价是引入对核心网的影响。最终，3GPP 决定采用了核心网分配分组的方案，并且针对 RRC_IDLE 和 RRC_INACTIVE 状态不进行区分，即使用相同的寻呼分组。

如前所述，对于基于 UE ID 分组的方案，UE 在计算分组 ID 时需要知道当前小区所支持的最大分组数，参数 Nsg-UEID 将由接入网确定并通过系统消息广播，并且不同小区广播的值可以不同。对于核心网分配分组的方案，为了简化协议设计，3GPP 做出了一些实现上的假设，即注册区域内的所有小区将支持相同的核心网分配分组数，也就是说，UE 直接将核心网分配的分组 ID 拿来使用，而无须再进行计算操作。在终端能力方面，RAN2 是假设针对两个方案引入分别的能力指示，具体的，基于 UE ID 分组的能力通过 AS UE 能力信令来上报给接入网，而核心网分配分组的能力则通过 NAS 信令上报给核心网。在网络实现方面，一个小区可以同时支持基于 UE ID 分组和核心网分配分组两个方案，也可以只支持其中一个，当然也可以不支持任何一个方案，即如何支持取决于网络实现。

2.1.3　寻呼节能信号的设计

在 RAN1#103 会议中 [11]，对寻呼节能信号的性能进行了评估，确定了 NR 空闲态（IDLE）和非激活态（INACTIVE）支持在寻呼时机（Paging Occasion, PO）前进行寻呼的提前指示（Paging Early Indication, PEI）。PEI 的作用是在 PO 之前指示终端在该 PO 上监听寻呼。当终端没有被寻呼时，通过 PEI 可以避免不必要的寻呼接收，降低终端功耗。

PEI 的设计可以基于 PDCCH 信道（DCI）或基于序列（SSS、TRS/CSI-RS），两类物理层设计方案均能够提供相应的节能增益，并且可以通过相关处理实现与现存信道 / 信号共存。在决定采用哪一种物理层设计方案上，3Gpp 经过了多次会议的激烈讨论，最终于 RAN#93 会议上 [12]，决定采用基于 PDCCH 信道的 PEI 设计方案。对于 PEI 的设计，具体细节可以分为以下几个方面。

1. 终端接收 PEI 的行为

PEI 的作用是指示终端进行监听寻呼。基于此，有两种考虑的模式：一种是当接收到 PEI 的时候，终端进行 PO 的监听，称为终端行为 A；另一种是未接收到 PEI 的时候，终端进行 PO 的监听，称为终端行为 B。两种终端行为的优缺点见表 2-1。

表 2-1　不同终端行为的对比

终 端 行 为	优　　点	缺　　点
行为 A	当寻呼概率较低时，PEI 的资源开销相对较低	如果发生 PEI 的漏检： · 需要对 PEI、寻呼 DCI、寻呼 PDSCH 等进行重传，会造成额外的资源开销； · 导致网络与该 PEI 关联的终端组消耗更多的能量； · 导致消息的丢失，增加消息传递的时延 当寻呼概率较高时，PEI 的资源开销相对较高
行为 B	当寻呼概率较高时，PEI 的资源开销相对较低 在资源冲突和 PEI 漏检的情况下，不会影响寻呼消息的传递	当寻呼概率较低时，PEI 的资源开销相对较高

在终端接收 PEI 的行为上，考虑到终端行为 A 和终端行为 B 在不同寻呼概率上的表现，也有公司提出可以同时支持两种终端行为。最终考虑到实际上多数场景的寻呼概率是相对较低的，同时在 Rel-16 中，对于唤醒信号的接收，已经假设了类似终端行为 A 的处理，没有必要再定义一种新的终端行为。最终在 RAN#93 会议上，确定了仅支持终端行为 A，即当终端组或终端子组需要寻呼时，PEI 指示终端监听 PO；如果没有检测到 PO 关联的 PEI，终端不需要对 PO 进行监听。

2. 终端子组的寻呼指示

对于 NR 系统中处于空闲态和非激活态的终端，根据 RAN1#103 会议的评估结果，当终端组寻呼概率为 10% 时，如果在 PO 前需要 1 个 SSB 进行同步处理，通过 PEI 携带终端子组的寻呼指示能够提供 10.6% ~ 19.1% 的节能增益；如果在 PO 前需要 2 个 SSB 进行同步处理，通过 PEI 携带终端子组的寻呼指示能够提供 16.0% ~ 36.0% 的节能增益；如果在 PO 前需要 3 个 SSB 进行同步处理，通过 PEI 携带终端子组的寻呼指示能够提供 14.3% ~ 46.0% 的节能增益。另外，当子组的个数大于 8 时，能够获得的节能增益趋于饱和，即进一步划分更多的子组并不能够额外显著提升节能增益。且考虑到更多的子组需要更大的系统开销（即需要更多的比特进行指示），最终确定支持的最大子组数为 8，对于终端子组的寻呼指示仅通过 PEI 携带。具体的，基于比特映射的方式进行指示，即在 DCI 中的每一个比特指示一个终端子组。

3. PEI 的监听时机

PEI 的监听时机（PEI Occasion, PEI-O）是多个 PDCCH 监听时机的集合。具体的：

- 没有配置 nrofPDCCH-MonitoringOccasionPerSSB-InPO 时，PEI 的监听时机是 S 个连续 PDCCH 监听时机的集合。
  - 其中，S 是根据 SIB1 中 SSB-PositionsInBurst 确定的实际传输 SSB 的个数；
  - 在 PEI 的监听时机中，第 K 个 PEI PDCCH 监听时机的 QCL 与 PO 中寻呼的第 K 个 PDCCH 监听时机相同（QCL 的参考为 SSB）。
- 非授权频谱中，PEI 的监听时机是 $(S \times X)$ 个连续 PDCCH 监听时机的集合。
  - 其中，S 是根据 SIB1 中 SSB-PositionsInBurst 确定的实际传输 SSB 的个数；如果配置了 nrofPDCCH-MonitoringOccasionPerSSB-InPO 时，则 X 取该配置值，否则 $X=1$；
  - PEI 监听时机中的第 $(x \times S + K)$ 个 PDCCH 监听时机与传输的第 K 个 SSB 对应，其中 $x=0,1,\cdots,X-1$；$K=1,2,\cdots,S$；
  - 如果 $X > 1$，当终端在 PEI 监听时机中检测到一个 PEI 时，终端不需要继续监听与该 PEI 监听时机相关联之后的监听时机。

4. PEI 与 PO 的映射

网络可以为每个 PF 配置多个 PO，如果每个 PEI 对应一个 PO，将会有大量独立的 PEI，这将增加 PEI 的开销。另外，这些 PO 对应的 PEI 可能会发生时域上的重叠。在 Rel-15/16 中，一个 WUS 可以关联一个或多个 PO。在进行 PEI 设计时，为了减少 PEI 开销，避免 PEI 重叠，最终确定了与 WUS 相似的映射机制，即一个 PEI 可以关联一个或多个

PO。具体设计如下：

- 支持一个 PEI 关联 POnumPerPEI 个 PO。
  - PEI 关联的 POnumPerPEI 个 PO 可以在一个或多个 PF 中，一个 PEI 关联的 PF 的最大个数为 2。
  - POnumPerPEI 为 $N \cdot N_s$ 的因子，其中 N 为一个寻呼周期中的寻呼帧数，N_s 为一个寻呼帧数中 PO 的个数。POnumPerPEI 可以通过 SIB 进行配置，取值范围为 $\{1,2,4,8\}$。

5. PEI-O 位置的确定

在进行 PEI 的设计时，对如何确定 PEI 监听时机的位置提出了以下 3 种不同的解决方案。其中方案 1 和方案 3 是基于 PO 进行确定的，方案 2 是基于 SSB 进行确定的。

方案 1：通过两级偏移确定 PEI-O 的位置。首先基于目标 PO 所在的寻呼帧（Paging Frame, PF），通过帧级别的偏移值确定一个参考帧。进一步，基于参考帧的起点和一个二级偏移确定 PEI-O 中第一个 PDCCH 监听时机的位置，如图 2-1 所示。

- 进一步给出帧级别偏移的单位和取值范围；
- 进一步给出确定第一个 PDCCH 监听时机的二级偏移的单位和取值范围（例如考虑 firstPDCCH-MonitoringOccasionOfPO 确定第一个 PDCCH 监听时机与参考帧起点的偏移）。

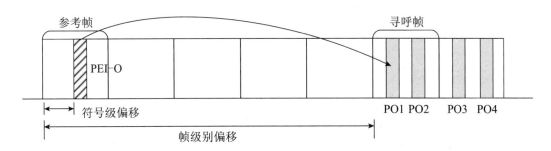

图 2-1　方案 1 示意图

方案 2：根据目标 PO 中第一个 PDCCH 监听时机之前的第 L 个 SSB 确定 PEI-O 中第一个 PDCCH 监听时机的位置，如图 2-2 所示。

- 进一步考虑 SSB 在时域上与目标 PO 重叠的情况；
- 进一步确定 L 的取值，例如 L 可以为 1，2 或 3；
- 进一步明确是将第 L 个 SSB 的起点还是终点作为确定 PEI-O 位置的参考点；
- 进一步给出 PEI-O 第一个 PDCCH 监听时机与 SSB 参考点的偏移的单位和取值范围。

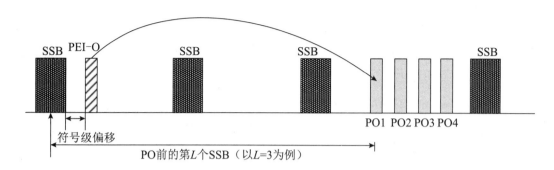

图 2-2　方案 2 示意图

方案 3：通过一级偏移确定 PEI-O 的位置：基于目标 PO 的一个时间参考点，根据一个时间偏移确定 PEI-O 中第一个 PDCCH 监听时机的位置，如图 2-3 所示。

- 进一步确定具体的时间参考点，例如，目标 PO 中的第一个 MO，PEI 指示的所有 PO 中第一个 PO 中的第一个 MO，目标 PO 所在 PF 的起点等；
- 进一步确定时间偏移的单位和取值范围。

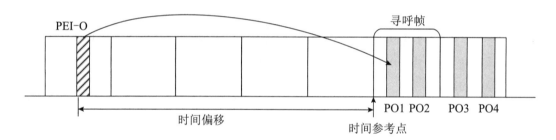

图 2-3　方案 3 示意图

当一个 PEI 只关联一个 PO 时，上述 3 种方案都可以直接解决问题；当每个 PEI 可以关联多个 PO 时，上述 3 种方案需要进行相应的修改。

方案 1 和方案 3 是十分相似的，均是基于 PO 进行偏移考虑，只是方案 1 采用 2 级偏移，即先通过一个帧级别的偏移找到一个参考帧，然后再通过一个偏移确定 PEI-O 的位置，而方案 3 直接通过一个时间偏移确定 PEI-O 的位置，这两种方案是比较自然和直观的处理。方案 2 基于 SSB 考虑，首先，确定终端在接收寻呼之前进行同步等处理所需的 SSB 的个数（在 PO 前需要 L 个 SSB）；其次，基于 PO 前第 L 个 SSB 确定 PEI-O 的位置，有利于保证 PEI-O 靠近 SSB，能够最大化节能增益。

考虑到 PEI 的设计需要支持 1 个 PEI 关联多个 PO 的情况，同时方案 2 对 SSB 的要求可以通过方案 1 或方案 3 设置合适的偏移值进行实现，最终在 RAN1#107 会议上 [13] 确定了如下方案（基于方案 1 进行调整）。

终端基于参考点和偏移值（从参考点到 PEI-O 第一个 PDCCH 监听时机）确定 PO

对应 PEI-O 的位置，如图 2-4 所示。

- 首先确定参考帧，将参考帧的起点作为参考点。
  - 基于 PEI 关联的所有 PF 中的第一个 PF（在一个 PEI 关联多个 PO 的情况下，可能关联的 PO 位于不同的 PF 中），通过一个帧级别的偏移值确定参考帧。
  - 从 PEI 关联的所有 PF 中的第一个 PF 到参考帧的帧级别偏移值，通过 SIB 进行配置。
- 基于参考点和符号级偏移值，确定 PEI-O 中第一个 PDCCH 监听时机的位置。
  - 从参考点到 PEI-O 中第一个 PDCCH 监听时机的符号级偏移可以通过 SIB 进行配置，具体偏移值由 firstPDCCH-MonitoringOccasionOfPEI-O 进行提供。
- 当 PO 关联的 PEI-O 的位置与 PO 前的 SSB（实现原方案 2 的目标）靠近或重叠时，能够降低终端总的唤醒时间，获得更好的节能增益。

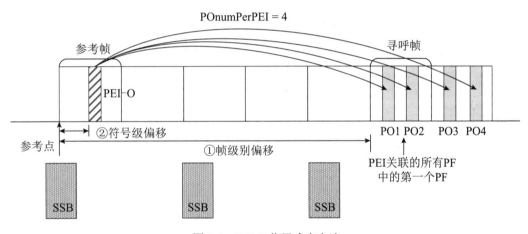

图 2-4　PEI-O 位置确定方法

6. DCI 设计

对于基于 PDCCH 信道进行传输的 PEI，需要设计一个新的 DCI 格式，即 DCI 格式 2_7，用来至少承载与 PO 关联的终端组 / 终端子组的寻呼指示。DCI 格式 2_7 的设计细节如下：

- 在 DCI 格式 2_7 的寻呼指示域中，每个比特用来指示与 PO 关联的一个终端组（当无终端子组划分时）或终端子组的寻呼情况；
- DCI 格式 2_7 的寻呼指示域被分割成 POnumPerPEI 组，每组由 K 个比特构成。
  - 如果 subgroupsNumPerPO 没有配置，或者配置了但被设置为 0 或 1，则 $K=1$；
  - 如果 $2 \leqslant$ subgroupsNumPerPO $\leqslant 8$，则 $K=$subgroupsNumPerPO；
  - 终端根据以下方式识别出相应的寻呼指示比特：

- 用 i_{PO} 表示与 PEI 关联的 PO 的相对索引，i_{PO} 的起始值为 0：
  $i_{PO} = \left(\left(\mathrm{UE\_ID} \bmod N\right) \times N_s + i\_s\right) \bmod \mathrm{POnumPerPEI}$，其中，$\mathrm{UE\_ID}, N$，$N_s, i\_s$ 与标准协议 TS38.304 第 7 章中的定义相同；
- 用 i_{SG} 表示终端子组的索引，当终端进行了子组划分时 $0 \leqslant i_{SG} < K$。
- 当 $K = 1$ 时，$i_{SG} = 0$（包含没有子组划分的情况）；
- 终端根据 DCI 格式 2_7 寻呼指示域中的第 $\left(i_{PO} \times K + i_{SG}\right)$ 个比特确认是否需要监听相应的寻呼（比特索引的起始值为 0）。

● 在 DCI 格式 2_7 的寻呼指示域中，当寻呼指示值为 1 时，指示相应的终端进行 PO 的监听；当寻呼指示值为 0 时，指示相应的终端不需要进行 PO 的监听；

● 在 DCI 格式 2_7 中，如果 subgroupsNumPerPO 没有配置，或者配置了但被设置为 0 或 1，寻呼指示域的比特总数为 POnumPerPEI；如果 2 ≤ subgroupsNumPerPO ≤ 8，则寻呼指示域的比特总数为 POnumPerPEI × subgroupsNumPerPO；

● DCI 格式 2_7 可以用来携带空闲态 / 非激活态时的 TRS/CSI-RS 可用性指示；

● 在不超过寻呼 DCI 负载的情况下，DCI 格式 2_7 的负载可以灵活配置。

7. 其他配置

PEI 可以使用 CORESET#0 或 commonControlResourceSet，在搜索空间的配置上，支持专用的搜索空间，即 peiSearchSpace。

PEI 中 PDCCH 监听时机的 CCE 聚合等级和每个 CCE 聚合等级的 PDCCH candidate 个数见表 2-2。

表 2-2 CCE 聚合等级

CCE 聚合等级	PDCCH candidate 个数
4	4
8	2
16	1

2.2 TRS 指示用于终端节能

针对处于 RRC idle 态或 RRC inactive 态的终端，Rel-17 标准化的另外一项终端节能技术为向终端指示 TRS，使得终端获得 TRS 资源，加速终端时钟同步与频率同步过程，从而实现节能。

2.2.1　TRS 实现终端的节能原理

对于处于 RRC idle 态或 RRC inactive 态的终端，终端需要周期性地进行寻呼消息的接收，以及执行 RRM 测量等操作，而在寻呼消息接收与 RRM 测量之前，终端需要接收参考信号并基于参考信号获得或维护时频同步。这些操作也构成了处于 RRC idle 态或 RRC inactive 态的终端的能量消耗的主要部分。

对于 LTE 系统，除了同步信号 PSS/SSS，系统在每一个无线帧中的每一个子帧或部分子帧（当系统配置 MBSFN 时）均会发送参考信号 CRS。因此，即便是处于 RRC idle 态或 RRC inactive 态的 LTE 终端，也可以获得丰富的 CRS 信号以快速获得时频同步。一般而言，几个子帧的 CRS 足以使得终端获得足够的时频同步精度以接收寻呼消息或进行 RRM 测量。

然而，对于 NR 系统，为了降低 always-on 系统开销，以及尽可能实现网络节能，系统不再发送 CRS。处于 RRC idle 态或 RRC inactive 态的终端只能依赖 SSB 获得或维护时频同步。对于处于小区中心的 NR 终端，一个 SSB 即可满足时频同步需求。对于其他位置的终端，如处于小区边缘的 NR 终端，通常需要至少 3 个 SSB 才足以获得述频同步。SSB 的发送周期至少为 5ms，典型的网络部署中，SSB 的发送周期为 10ms 或 20ms。如图 2-5 所示。NR 终端在每一个寻呼周期内，接收寻呼消息之前，终端需要接收数个 SSB 以获得时频同步。这意味着终端需要提前几十毫秒从深睡眠状态醒来以处理 SSB，从而减少了终端处于深睡眠状态的机会，因此相对 LTE 终端，增大了能量消耗[14][15][16][17]。

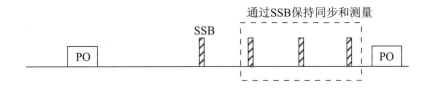

图 2-5　NR 终端需接收多个 SSB 以获得时频同步

另外，从 NR 系统角度而言，当网络中存在处于 RRC connected 态的终端时，网络会向处于 RRC connected 态的终端发送 CSI-RS/TRS 以使得终端执行 RRM 测量或时频同步等操作。因此，若处于 RRC idle 态或 RRC inactive 态的终端可以使用这些向处于 RRC connected 态的终端发送 CSI-RS/TRS，相当于扩大了进行时频同步的参考信号的来源，提升了参考信号的时间分布密度，从而可能加快 RRC idle 态或 RRC inactive 态的终端的同步过程，从而解决前述终端同步过程花费时间过久的问题，进而实现了终端节能，如图 2-6 所示。

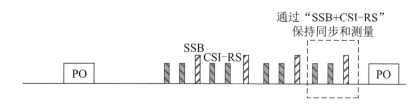

图 2-6　NR 终端使用 CSI-RS 与 SSB 以获得时频同步

因此，向处于 RRC connected 态的终端发送 CSI-RS/TRS 进行时频同步，使终端获得节能的可能性。

紧接着针对 3GPP 讨论大家进一步思考，除了用于时频同步，CSI-RS/TRS 是否还可以用于辅助其他操作？一些文稿中提出[18]，CSI-RS/TRS 还可以用于辅助处于 RRC idle 态或 RRC inactive 态的终端进行 RRM 测量。潜在的终端增益包括：①除 SSB，额外使用 CSI-RS/TRS 可以提升 RRM 测量的精度；②在相同精度要求的条件下，增加 RRM 测量参考信号可减少终端 RRM 测量的时间，从而实现潜在的终端节能。

尽管 CSI-RS/TRS 辅助用于 RRM 测量有潜在的终端节能的好处，然而在 3GPP 讨论中大家意识到其对现有实现及标准带来的影响。例如，目前 RAN2 中涉及很多规则，如小区选择、小区重选等均是基于对 SSB 测量获得的 RSRP 或 RSRQ 测量结果执行的。RAN4 中对终端测量性能的要求是基于 SSB 测量作为假设而定义的，因此，若使用 CSI-RS/TRS 势必会带来对 RAN2/RAN4 标准较大的影响。另外，如果终端接收到 CSI-RS/TRS，也可以基于 UE 实现的方式进行测量。基于这些原因，3GPP 对于使用 CSI-RS/TRS 辅助 RRM 测量进行标准化未达成共识。

因此，在 Rel-17 主要讨论标准化使用 TRS/CSI-RS 进行时频同步以实现终端节能。

2.2.2　TRS 的指示方式

从上述讨论可见，对处于 RRC idle 态或 RRC inactive 态的终端，若可"借用"针对处于 RRC connected 态的终端发送 CSI-RS/TRS，则带来了终端节能的潜力。然而，处于 RRC connected 态的终端数目在随时变化，每一个终端处于 RRC connected 态的时长也是未知的，且伴随着终端业务的完成，终端随时可能释放掉 RRC 连接并回到 RRC idle 态或 RRC inactive 态。因此，处于 RRC idle 态或 RRC inactive 态的终端如何获得这些时变的 CSI-RS/TRS 成为一个挑战性的问题。在标准化讨论过程中，重点提出和解决以下问题。

1. 基于网络指示还是终端盲检测获得 TRS 配置

首先从宏观层面，在标准化讨论过程中不同公司提出两种不同的 NR 终端获得 CSI-RS/TRS 是否可用的方式。

方式 1：接收网络发送的 CSI-RS/TRS 指示信息。

方式 2：基于终端盲监。

显然，通过上述两种方式，终端均可以确定 CSI-RS/TRS 是否存在并在 CSI-RS/TRS 存在的情况下使用它进行辅助时频同步。

然而，若网络不进行 CSI-RS/TRS 指示，而仅仅依赖终端盲监的方式获得 CSI-RS/TRS，则会带来较重的终端检测负担和能量消耗，终端在每一个时隙均需要进行 CSI-RS/TRS 检测，且仅当 CSI-RS/TRS 存在时终端才可以基于 CSI-RS/TRS 进行辅助时频同步。从终端节能的角度，这不仅不会带来增益，反而可能带来额外的能量消耗。如 2.2.1 节所述，终端在已知 CSI-RS/TRS 存在的情况下，可以在较短的时间内完成时频同步，因此不需要从深睡眠中提前醒来。但若终端不能提前感知 CSI-RS/TRS 是否存在，而是依赖终端实时的检测获得，这时终端则需要做悲观的假设：CSI-RS/TRS 不存在——以在未检测到 CSI-RS/TRS 时回退到使用 SSB 的方式进行时频同步，因此终端需要提前数个 SSB 周期醒来，由此，使用 CSI-RS/TRS 辅助进行时频同步的增益将不复存在。因此，在 3GPP RAN1#104 会议上，3GPP 首先同意需要使用网络指示的方式使终端获得 CSI-RS/TRS 是否可用的信息。

2. 基于哪一种网络指示方式获得 TRS 配置：L1 信令还是高层信令

在确定使用网络指示 CSI-RS/TRS 是否可用基础上，使用哪一种指示方式成了 3GPP 讨论的焦点。对于处于 RRC idle 态或 RRC inactive 态的终端，可以接收到的网络发送的指示信息有以下几种。

（1）L1(物理层) 指示信令，进一步分为以下两种。

① Paging DCI。

② PEI。

（2）系统信息，如 SIBx。

3GPP 对上述方式进行了充分的讨论。由于从使用 TRS/CSI-RS 设计的初衷来看，网络是将用于向处于 RRC 连接态的终端发送 CSI-RS/TRS "借用于"处于 RRC idle 态或 RRC inactive 态的终端，因此确定网络指示方式时就要考虑 CSI-RS/TRS 的特点，如发送周期、发送时长、使用的发送波束等。另外，由于网络中不同终端业务的突发性，同一时间段中处于 RRC connected 态的终端数目可能在随时变化，且每一个终端处于 RRC connected 态时长也是不同的且伴随着终端业务完成，终端随时可能释放掉 RRC 连接并回到 RRC idle 态或 RRC inactive 态。因此网络 RRC connected 态终端发送的 CSI-RS/TRS 会伴随着网络中处于业务传输过程的终端数目的变化、不同终端所处波束的不同、每一个终端传输的开始和结束而发送明显的动态变化：有时网络中不同的波束均有 UE

处于 RRC connected 态，因此在每一个波束上网络均可能发送了 CSI-RS/TRS；有时网络中有部分波束有 UE 处于 RRC connected 态，因此在这些波束上网络可能发送 CSI-RS/TRS；有时网络中没有任何 UE 处于 RRC connected 态，因此没有发送 CSI-RS/TRS。

网络的指示方式需要及时地适应 CSI-RS/TRS 动态变化的特点。显然，使用 L1 指示信令可以实现 CSI-RS/TRS 的动态指示，在网络中可用的 CSI-RS/TRS 资源发送动态变化的情况下，及时将未来一段时间 CSI-RS/TRS 可用或不可用的信息发送给处于 RRC idle 态或 RRC inactive 态的终端。从这一刚性需求出发，上述指示信息（1）中使用 L1 指示信令用于指示 CSI-RS/TRS 是否可用的信息具有明显的优势与合理性。而指示信息（2）中，采用系统信息通知 CSI-RS/TRS 是否可用的信息，一旦 CSI-RS/TRS 资源发生变化，就需要触发信息更新的过程。一方面，系统信息更新的过程缓慢，至少需要以系统消息更新的周期为时间颗粒度来指示 CSI-RS/TRS 的变化，因此不能较好地反映 CSI-RS/TRS 的动态变化。客观上对网络发送 CSI-RS/TRS 造成约束，如处于 RRC connected 态的 NR 终端数据传输完毕释放掉了 RRC 连接而不再需要 CSI-RS/TRS，而此时还未收到系统消息更新的边界网络不能通知终端 CSI-RS/TRS 不可用的信息。基站依然需要持续发送 CSI-RS/TRS 直到系统消息更新下发至终端。显然，不能及时停止 CSI-RS/TRS 的发送会给网络侧带来两个弊端：①带来额外的网络资源开销；②带来额外的网络功率消耗和网络间干扰。对于终端而言，为了获得用于终端节能目的而接收的 TRS/CSI-RS 配置信息需要频繁接收变更的系统信息，也会带来不可接受的功率消耗，从节能的角度反而得不偿失。

当然，标准化过程中有公司提出，使用系统信息更新有一定的使用场景，如当基于 L1 信令指示的方式不使用时，或当 CSI-RS/TRS 半静态配置持续一段时间一直发送时。这些场景未能得到多数公司的接受和支持，因此，基于系统信息通知 CSI-RS/TRS 的方法未被标准化。3GPP 最终决定，使用 L1 信令指示 TRS/CSI-RS 是否可用的信息。

3. 基于哪一种 L1 信令指示方式：Paging DCI 还是 PEI

如上所述，L1 信令方式也包含两种：基于 paging DCI 的方式及基于 PEI 的方式。3GPP 讨论过程中，对于基于哪一种方式也进行了激烈的讨论。

支持使用 paging DCI 的公司认为：PEI 是一个可选的 UE 特性，具备接收 PEI 能力的终端才可以接收 PEI。若使用 PEI 携带 TRS/CSI-RS 指示信息，对于未实现 PEI 特性的终端，将无法获得 TRS/CSI-RS 指示信息。另外，在 Rel-17 早期的几次会议讨论中，对于 PEI 是使用 DCI 的方式还是使用序列的方式仍存在巨大分歧。但若 PEI 使用序列的方式，其携带的信息比特将十分有限，仅仅用于指示 paging 的 WUS 信息可能比较紧张，进一步指示 TRS 信息难度将十分巨大。从资源开销的角度，paging DCI 还有一些预留比特，若使用这些预留比特，则不会带来额外的资源开销。

支持使用 PEI 指示 TRS/CSI-RS 是否可用的公司认为：当 UE 被配置 PEI 功能之后，在终端未被寻呼的情况下，终端仅需要接收 PEI 而不需要接收 paging DCI 以实现终端节能。因此，如果使用 paging DCI 携带 TRS/CSI-RS 指示信息，将使得终端还需要进一步接收和读取 paging DCI，反而不利于 PEI 终端节能功能的实现。

双方的技术理由都比较充分。因此，3GPP 达成结论：支持使用 paging DCI 携带 TRS/CSI-RS 指示信息；同时，有条件支持使用 PEI 携带 TRS/CSI-RS 指示信息，其条件是 PEI 使用 DCI 的形式。最终，在 PEI 的讨论中，3GPP 也同意了使用 DCI 的方式，因此最终两种 L1 信令方式在标准上均得到支持。

4. L1 信令指示的具体方法和信令设计

由于 L1 信令可以携带的比特数目有限，若使用 paging DCI 方式，目前可用的比特仅为除调度 paging PDSCH 之外剩余的 6 个预留比特，因此需要设计高效的指示方式。

显然，由于每一个 TRS/CSI-RS 资源的具体配置均需要较多的比特，因此 6 个比特是不能直接用于指示 TRS 的配置信息的。因此，3GPP 同意 L1 信令用于指示 TRS/CSI-RS 资源集合分组，而 TRS/CSI-RS 资源集合分组的信息将由系统信息广播通知给终端，即使用 L1 信令指示 TRS/CSI-RS 资源的总体框架为：系统信息配置一个或多个 TRS/CSI-RS 资源集合分组，而 L1 信令用于具体指示这些 TRS/CSI-RS 资源集合分组中哪些 TRS/CSI-RS 资源集合分组的 TRS/CSI-RS 可用或不可用。关于 TRS/CSI-RS 资源集合及分组的配置，详见 2.2.3 节。

在标准化讨论过程，对 L1 如何指示也进行了讨论，主要有以下两种不同的方式：

（1）使用 bitmap，其中 bitmap 每一个比特对应一个 TRS/CSI-RS 资源集合分组；

（2）使用 Codepoint，其中每一个 Codepoint 取值对应一种 TRS/CSI-RS 资源集合分组中资源可用的状态，即哪些 TRS/CSI-RS 资源集合分组中 TRS/CSI-RS 可用。

其中，使用 bitmap 的方式比较灵活，可用针对每一个 TRS/CSI-RS 资源集合分组是否可用进行灵活指示。而 Codepoint 理论上虽然可以通过枚举的方式指示最可能出现的 TRS/CSI-RS 资源集合分组的组合，在有限比特下实现优化的指示，但也面临挑战：需要配置 TRS/CSI-RS 资源集合分组的组合与 codepoint 的关系。无论是使用系统信息或预设这种对应关系，显然都有局限性，且会带来信令开销问题，因此，最终确定使用 bitmap 方式。L1 信令中用于指示 TRS/CSI-RS 的多个比特形成一个 bitmap，其中每一个比特用于指示其对应的 TRS/CSI-RS 资源集合分组是否可用：若比特取值为 "1"，指示对应的 TRS/CSI-RS 资源集合分组中的 TRS/CSI-RS 可用；若比特取值为 "0"，指示对应的 TRS/CSI-RS 资源集合分组中的 TRS/CSI-RS 不可用。

针对两种不同的 L1 信令（paging DCI 和 PEI），为了尽可能减少标准化不同带来的影响，二者的相关设计尽可能相同。

5. L1 信令的生效时间窗口

终端接收到 L1 指示信令之后，终端需要明确所述 L1 指示信令所指示 TRS/CSI-RS 可用的生效时间窗口长度及时间位置，以便在生效时间窗口内使用 TRS/CSI-RS 进行时频同步。

因此，对于 L1 信令指示的生效时间窗，有两个问题需要解决：①生效时间窗口的起始时间点；②生效时间窗口的长度。

对于生效时间窗口的起点的确定，考虑到配置为"借用"向连接态的终端发送的 TRS/CSI-RS，且指示信息对所有的处于 RRC idle/RRC inactive 状态的终端是一致的。因此，生效时间窗口的起点为 UE 接收到 L1 信令指示信息的当前寻呼帧所在的缺省 DRX 周期的第一个无线帧，如图 2-7 所示。这样，无论终端的寻呼帧在寻呼周期中哪一个位置，所接收到的 L1 信令指示信息对应的生效时间窗口的起点均是一致的，减少了网络指示的复杂度。此外，也保证了网络设备确保系统中当前已经针对 RRC connected 终端发送了 TRS/CSI-RS 后，发送对应的 L1 信令。

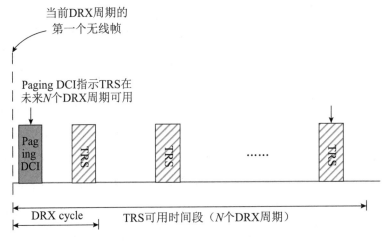

图 2-7　L1 信令指示的 TRS 的生效时间窗

对于生效时间窗口长度，为了确保网络配置的灵活性，采用了由高层信令配置的生效时间窗口长度的大小，指示的时间单位为一个缺省的寻呼周期，可以配置的取值为 {1, 2, 4, 8, 16, 32, 64, 128, 256, 512}，即对应这些数值个缺省的寻呼周期为生效时间窗口长度。标准讨论过程中，也考虑了当高层信令不配置生效时间窗口长度的情况，此时，终端可以默认长度为两个缺省的寻呼周期。

2.2.3　TRS 的配置

如 2.2.2 节所述，采用 L1 信令指示 TRS/CSI-RS 是否可用的信息。但由于 L1 信令中可用的比特十分有限，如 paging DCI 中可用的预留比特仅有 6 个比特。因此，TRS/CSI-RS 的具体配置信息需要由系统信息来承载。

首先，3GPP 同意可以配置多个 TRS/CSI-RS 资源集合。这一方面扩大处于 RRC idle/RRC inactive 状态的终端可用的参考信号，另一方面也是适应 NR 多波束特点，使得每一个波束或尽可能多的波束下都有对应的 TRS/CSI-RS 资源集合。其次，为了适配 L1 信令的 bitmap 的指示方式，将多个 TRS/CSI-RS 资源集合进行分组，其中每一个 TRS/CSI-RS 资源集合分组可以包含多个 TRS/CSI-RS 资源集合。在配置中，每一个 TRS/CSI-RS 资源集合进行分组对应一个分组编号 i（i 取值范围为从 0 到 $N-1$），其中 N 为 L1 信令中使用比特数目，N 的最大值为 6。第 i 个 TRS/CSI-RS 资源集合分组对应 L1 信令中 N 个比特中的第 i 个比特。

对于配置的 TRS/CSI-RS 信号的具体类型，3GPP 也进行了充分的讨论，最终决定仅基于周期性的 TRS。这是由于：一方面，TRS 可以提供足够的时频同步精度，且网络一般会稳定持续地发送 TRS 信号，这就保证了同步信号的可用性；另一方面，周期性的 CSI-RS 虽然也可以用于同步目的，但由于周期性的 CSI-RS 的发送可能针对多种可能性的用途，如 RRM 测量、CSI-RS 测量等，其信号的稳定度略差，且会带来更多的配置信令开销。

TRS/CSI-RS 的具体配置，包含周期及周期内的时间偏移、功控偏移的配置、扰码 ID 的配置、时域起始符号、频域起始 PRB，以及占用的 PRB 数等。此外，由于处于 RRC idle/RRC inactive 状态的终端仅仅可接收的参考信号为 SSB，因此对于 TRS 的 QCL 信息指示为 SSB 索引。对于 TRS 的子载波间隔，为了不增加终端的复杂度，仅能配置为与 CORESET#0 相同的子载波间隔，且终端仅需要在 initial DL BWP 之内处理 TRS，即使配置的 TRS 的带宽超出了 initial DL BWP 的频率范围。

2.3　基于 DCI 的 PDCCH 检测自适应

传统的 PDCCH 的检测周期和时频位置都是预配置好的，不能快速变化。当终端接入 5G 网络后，配置的控制信道资源无法根据节能需要迅速调整。基站往往会最大化地配置终端的 PDCCH 检测频率，这样会带来不必要的能耗。R17 引入的基于 DCI 指示的 PDCCH 检测的自适应技术是一种动态的检测自适应技术，能克服上述问题。

2.3.1 DCI PDCCH 检测自适应原理

PDCCH 检测自适应的提出源自 NR R16 的终端节能的研究。在 NR R17 中，支持节能的 PDCCH 检测自适应得以标准化。

如第 1 章介绍的，不必要的 PDCCH 监控是终端能耗的重要因素。

关于 PDCCH 监控的能耗问题的讨论早在 NR 的初期研究中就进行过，在一些业务场景的 LTE 实测显示 PDCCH 监控占去了每天大部分通信模块处理时间，这类的实测基于实际的终端部署。由于现在的智能终端以数据业务为主，所以代表性的评估场景为视频类业务和网络浏览业务。终端的功耗很大程度上是基于通信模块的不同状态的功耗累积决定的。比较客观的统计方法是将终端通信模块全天的各个状态的时间统计在列，得到相应的分布，这种方式也是整个终端节能功耗模型的基础。在代表性的业务下，各个实测业务下 LTE 通信模块全天的各状态时间分布的研究结果如图 2-8 所示[22]。

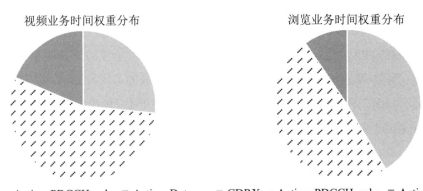

视频业务时间权重分布　　　　　　　浏览业务时间权重分布

CDRX　∕ Active: PDCCH-only　■ Active: Data　　　CDRX　∕ Active: PDCCH-only　■ Active: Data

图 2-8　状态时间权重分布图

图 2-8 中的 PDCCH-only（终端检测了 PDCCH，但没有检测到 DCI 调度数据传输）的状态占去了整个累计处理一半以上的时间。PDCCH-only 的状态下，终端只对控制信道做接收和盲检测。虽然持续时间仅占子帧的一部分，但控制信道的检测功率水平并不低。因此也占有数据传输的状态时近半的功耗。CDRX（Connected DRX）的状态也占有不小的比例，而真正有数据传输的子帧则只占了一小部分。

在所实测的场景中，CDRX 是按照较大的周期配置的，约 320ms 的周期。实际上 NR 和 LTE 都可以半静态地配置周期，效果相似。这类的半静态 DRX 的配置已经没有太多节能潜力可以挖掘。正如第 2 章所描述 R16 也引入了动态的 DRX 唤醒信号，一样可以进一步节能。

同样的原因，引入动态控制信道"配置"也是 R17 节能增强的思路。由于 LTE 的控制信道设计，每个时隙都会配置控制信道，因此，PDCCH-only 的时隙数量很高。实际上，

NR 可以半静态配置每个搜索空间集合的检测周期，而 NR 的 UE 可以在每个载波上配置多达 40 个搜索空间集合。R17 控制信道检测的自适应就是通过动态控制信道本身去指示终端在某些条件下不去检测或者部分检测这些控制信道的检测机会。

从实测的统计图上看，如果终端能够实时"智能"地不去检测那些没有数据发生的时隙，那么所占的 PDCCH-only 的时隙就可以转换为无功耗的时隙，从而达到动态节能的效果。

R17 就是通过网络基于一定的预测用动态方式通知终端尽量少去检测不会被调度的子帧。

2.3.2　DCI PDCCH 检测自适应节能候选方案和评估

在 R16 的节能研究中，多种动态减少 PDCCH 检测被研究和评估。

有多种方式可以自适应指示 DCI PDCCH 的检测，所有自适应指示的方式都是从 NR PDCCH 的资源确定方式着手的。

NR 的 PDCCH 是联合控制资源集 CORESET 配置和 Search Space Set 配置中的参数一起确定搜索 PDCCH 的时频范围。NR 标准还引入了 PDCCH 检测机会（PDCCH monitoring occasion）的概念，一个 PDCCH monitoring occasion 等于 Search Space Set 中的一段连续时域资源，它的长度等于 CORESET 长度（1～3 个符号）。反之，Search Space Set 是由周期性出现的许多 PDCCH monitoring occasion 构成的。表 2-3 列举了基础的 NR 控制信道的配置参数取值。

表 2-3　不同信道的 S、L 取值范围（Normal CP）

	参　　数	指示的内容	说　　明
CORESET 配置	frequencyDomainResources	搜索 PDCCH 的频域范围	RB 组级 bitmap，可指示连续或不连续的 RB
	duration	PDCCH monitoring occasion 的长度	1～3 个符号，亦即 1 个 monitoring occasion 的长度
Search Space Set 配置	monitoringSlotPeriodicityAndOffset	Search Space Set 每次出现的第一个时隙	表达时隙级周期 k_s 和在周期内的时隙级偏移量 O_s
	duration	Search space set 每次出现包含的时隙数量	一个时隙中的 PDCCH monitoring occasion 在连续 T_s 个时隙中重复出现
	monitoringSymbolsWithinSlot	一个时隙内的 monitoring occasion 起始符号	14-bit 符号级 bitmap

NR 终端在 PDCCH 检测机会中的某一 Search Space Set 搜索相应数量的候选位置。

在 NR 系统中，每种 PDCCH 聚合等级包含的 PDCCH candidate 的数量可以分别配置并形成一个搜索空间，搜索空间的构成单位是一个或者多个控制信道单元 CCE。

这也包括在 Search Space Set 配置中。具体来讲就是 CCE 聚合等级 {1, 2, 4, 8, 16} 下分别配置一个候选数量，由此构成一个 Search Space Set。具体 PDCCH 候选映射到一个 search space set 的哪个 CCE 上，由哈希函数（Hash function）确定。除了这些，基站还有给搜索空间制定对应的 RNTI（Radio Network Temporary Identifier，无线网络临时标识），以用于对 PDCCH 控制信道进行加扰，RNTI 还可以用于区分不同类型的控制信令。加扰的方式是在控制信道的 CRC 上做掩码和解掩码操作。每个配置的候选通过控制信道解码，通过成功解出或者未解出来判断在该候选是否为发给终端的控制信令。

从 NR 的 PDCCH 的结构上可以看出解码的次数可以从 PDCCH 结构的几级要素中来控制：控制信道资源→搜索空间集合→PDCCH 检测机会→控制信道候选。在 R16 的节能研究中体现了其中的几个可行的层次。

（1）PDCCH 忽略，终端中断一段时间的 PDCCH 检测。

PDCCH 的检测，也称监控，其周期为半静态配置，如果通过 PDCCH 的控制信息携带指示让终端忽略掉一部分检测机会，就可以达到动态地减少控制信道检测的目的。这需要在上一次的 PDCCH 发送的时机在控制信道中携带对后面 PDCCH 忽略的指示，而忽略的检测机会可以是多个时隙，如图 2-9 所示。所指示的忽略周期是一次性的，当指示的时间或者时隙数到达时，终端需要重新按照正常的检测配置去盲检控制信道。

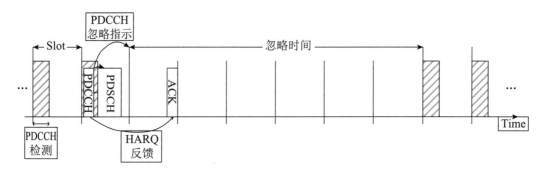

图 2-9　PDCCH 忽略处理时序图

对终端而言，通过合理地预测所需的检测机会能够有效节能，但这实际取决于基站的合理调度，基站需要根据终端的服务数据和质量要求来调度分配终端所检测的控制信道。当下行的调度数据的 buffer 较空或者没有待发送数据时，基站指示终端忽略较长的时间。同样，上行调度请求不频繁也是基站指示终端忽略的依据，因为上行的数据调度同样需要终端检测 PDCCH。此外，基站还要根据小区中复用的用户数、各个用户占用带宽等其他因素综合考虑和分配。

（2）配置多控制信道资源集 / 搜索空间配置，终端快速地切换配置。

如前所述，控制信道资源集 CORESET 及其上配置的搜索空间的检测周期决定了检测的频率。一般的配置行为是终端根据所配置全部的搜索空间的周期进行控制信道检测。切换搜索空间的方案就是将所有的配置搜索空间及其资源的检测部分使能。当使能的一组搜索空间的检测周期较长时，就可以进入节能模式。当使能另一组较短检测周期的搜索空间时，则进入普通模式。在不同的搜索空间的状态之间快速切换同样通过 PDCCH 来指示。

除了 PDCCH 直接指示，还可以通过定时器触发切换搜索空间组，特别是一些缺省的组。还可以通过检测到 PDCCH 与否来确定是否切换使能到特定的搜索空间组。

需要说明的是，在 R16 版本，NR 的非授权频谱增强技术已经支持了这种机制，这种机制主要通过组调度 DCI 格式 2_0 触发。如图 2-10 演示了非授权频谱下的搜索空间组触发。除了通过格式 2_0，终端还可以根据在 Group 0 中检测到特定的调度信息隐含切换到 Group 1。这种方式的典型场景是让 Group 0 中检测到一次调度的 PDCCH 就切换到 Group1 的搜索空间，非授权频谱的切换机制主要是应对其共享频谱轮流使用频谱资源的目的。

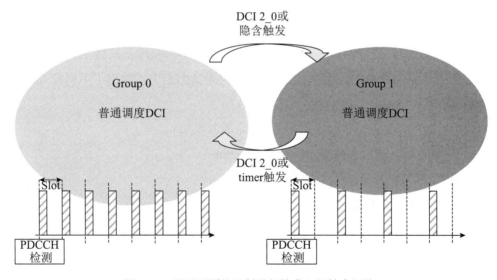

图 2-10　通过不同的机制进行搜索空间结合切换

非授权频谱引入的这种机制的主要目的不是节能。搜索空间切换的方法可以引入终端的节能功能中。典型的设计是通过调度 DCI 来切换达到节能的效果。

（3）物理层信令指示搜索空间的盲检测次数。

物理层控制信令还可以用来直接指示盲检测次数的减少。Search Space Set 中的每个聚合等级下的候选数量可以被动态地直接指示变化。

我们可以看到图 2-11 所示的方案中，终端收到的 PDCCH 可以携带之后的限制指示。限制包括 Search Space Set 下面每个聚合等级的候选数量，有些搜索空间的候选数量可以限制为零。通过这种方式，PDCCH 检测的次数可以迅速变化调制，达到节能的目的。

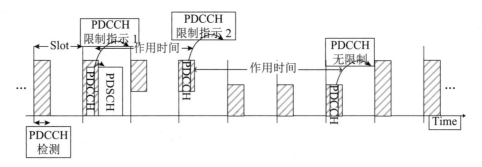

图 2-11　动态限制 PDCCH 检测示意图

在 NR R16 的终端节能增强研究中，除了前面三种 PDCCH 检测自适应的候选方案外，还有一些相近的和组合的方案。但是动态变化 PDCCH 的搜索和处理方式是检测自适应的核心特征，这类的动态自适应变化，其触发的实体还是来自网络的基站。这些都会要求基站侧的调度算法有一定的预见性和网络全局的协调，以达到最好的终端节能效果。

NR R17 的研究通过进一步仿真和评估选择候选的 PDCCH 检测自适应方案，评估仍然基于 R16 的终端功耗模型，多家公司提供了各种候选方案的评估结果。因为属于节能的进一步增强，所以分析的技术应当对比 R16 已经支持的基准节能技术，分析的基准节能技术主要包括典型的 DRX 配置。表 2-4 基于参考文献 [19]，给出了不同配置下节能增益。DRX 周期为 160ms。各种场景下其他参数如下。

Case1: FTP 数据业务模型；DRX 不活跃定时器 =20ms。

Case2: IM（即时通信）数据业务模型 IAT20ms。

Case3: FTP；DRX 不活跃定时器 =100ms。

其中，做 CA 时使用四个 4CC（分量载波）。

表 2-4　PDCCH 忽略（skipping）和 PDCCH 搜索空间切换的节能

场景	R16 基准功耗值	R17 skip	对比 R16 增益	R17 skip 带延迟	对比 R16 增益	R17 切换 (2 时隙周期)	对比 R16 增益	R17 切换 (4 时隙周期)	对比 R16 增益
Case1	18.7071	14.5303	22.33%	15.4193	17.58%	18.3937	1.68%	18.249	2.45%
Case2	3.4327	2.8706	16.37%	3.0027	12.53%	3.386	1.36%	3.3645	1.99%
Case1 CA	33.6	19.759	41.19%	22.8669	31.94%	32.5021	3.27%	31.9954	4.78%
Case2 CA	15.2044	13.2959	12.55%	13.7449	9.60%	15.0458	1.04%	14.9726	1.52%

续表

场景	R16 基准功耗值	R17 skip	对比 R16 增益	R17 skip 带延迟	对比 R16 增益	R17 切换 (2 时隙周期)	对比 R16 增益	R17 切换 (4 时隙周期)	对比 R16 增益
Case3	32.7706	15.0891	53.96%	15.7874	51.82%	31.1949	4.81%	30.4145	7.19%
Case3 CA	80.1409	20.7361	74.13%	23.1935	71.06%	74.8237	6.63%	72.1924	9.92%

基于仿真的结果，可以看到 PDCCH Skipping 在比较理想的情况下能够获得更多的节能增益。在多载波的配置下，增益更加明显，但也需要 PDCCH skipping 下基站调度器做出近似最优的调度预测。对于 PDCCH 切换的方式，由于只有两组 PDCCH 搜索空间的检测周期可以切换，相对的节能增益较小，但这种方案对基站的调度预测的要求较低。

从更多的参考文献 [20][21] 中，还可以看到两种方式都有明显的节能增益。某些场景下增益差距较小。

对于物理层信令指示搜索空间的盲检测次数的方式，其实质接近于搜索空间切换，所以评估的时候没有作为单独的技术评估。

从评估的结果来看，PDCCH 忽略（skipping）的节能效果略好于搜索空间的切换，但搜索空间切换技术经过了 NR R16 非授权频谱的验证，较成熟。除了节能性能的考虑外，两类方案还有各自需要克服的一些技术问题。

PDCCH 忽略技术需要基站调度 DCI 发出调度信息的同时也传递 PDCCH 的忽略指示。一般的 NR 系统中，PDCCH 的误码率控制在 1% 左右，而 PDSCH 的误码率控制在 10% 左右。当数据调度发出时，即使控制信道正确接收，数据部分也有 10% 左右的重传机会，但网络侧在接收到终端反馈之前未知数据是否需要重传，HARQ 重传需要再次发出 PDCCH 调度，这与 Skipping 指示产生了矛盾：一方面 PDCCH 检测会暂停一定的时隙；另一方面误码的数据需要尽快重新传输，如图 2-12 所示。

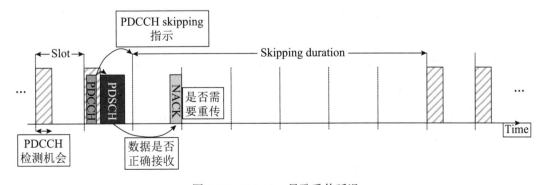

图 2-12　Skipping 导致重传延迟

由于搜索空间的切换也是由 PDCCH 指示的，终端未能检出 PDCCH 将会导致基站和终端对搜索空间的配置产生不一样的理解。激活新的搜索空间组将会有一个确认过程。如发生信令丢失，需要由比较可靠的方式让终端正确地回退到合适的搜索空间。此外，搜索空间切换技术为了克服不够灵活的缺点，追求更高的节能性能，需要配置较多的切换搜索空间组。更多的搜索空间组对应 PDCCH 触发的不同状态，也需要终端和基站维护更多的状态机，且各个状态之间的切换较为复杂。

综合考虑性能的因素和这两种方案各自的技术问题，NR R17 采用了动态的 PDCCH Skipping 和搜索空间切换结合的方式。在 2021 年 1 月的 3GPP RAN1 #103 次会议上，通过了采用共同的 DCI 指示机制来触发两种方式的切换的决定。

2.3.3　DCI PDCCH 检测自适应节能标准化方案

在标准化的 R17 的 PDCCH 检测自适应中，基于 DCI 触发两种类型的 PDCCH 检测行为。

1. PDCCH 忽略

可以由最多两个比特的 DCI 域触发，采用的 DCI 以普通的调度 DCI 为主。

通过 DCI 触发，一定数量的时域长度的检测机会被忽略。在这些时域长度覆盖的 PDCCH 检测机会中的特定的控制信令将不被终端所检测。

所忽略的 PDCCH 检测机会为普通的公共搜索空间（Type2 CSS）和终端专有搜索空间（USS）。

DCI 中指示 PDCCH 忽略时长为高层预先配置，一个 PDCCH 忽略时长对应相应的 DCI 中指示域的取值，多个不同的取值可以指示不同的忽略时长。

2. PDCCH 搜索空间切换

可以由最多两个比特的 DCI 域所触发，采用的 DCI 以普通的调度 DCI 为主。

通过 DCI 触发到指定的搜索空间组，也就是 SSSG，SSSG 定义为 NR 搜索空间（Search Space Set）组，SSSG 可以配置成 2 个或 3 个。

DCI 中指示 PDCCH SSSG 为高层预先配置，一个 PDCCH SSSG 对应相应的 DCI 中指示域的取值，多个不同的取值可以指示不同的 SSSG。

一个 SSSG 的转换还可以启动定时器，定时器超时将触发特定的 SSSG。

典型的配置 SSSG 切换的状态见表 2-5。

表 2-5 配置组合，2 SSSGs 与 Skipping

取　值	组合方式 1	组合方式 2	组合方式 3	组合方式 4
00	SSSG1	SSSG1	SSSG1	SSSG1
01	SSSG2	SSSG2	SSSG2	SSSG2
10	Skipping 时长	SSSG1 与 Skipping 时长	SSSG2 与 Skipping 时长 T1	Skipping 时长 T1
11	保留	SSSG2 与 Skipping 时长	SSSG2 与 Skipping 时长 T2	Skipping 时长 T2

SSSG 与 Skipping 的自适应可以单列配置，也可以共同配置，且共同配置支持多种组合。如果 DCI 指示域为 2 个比特，且配置有 2 个 SSSG，那么还可以最多配置指示 2 个 PDCCH 忽略时长。当配置 3 个 SSSG 时，也有方案提出可以指示至少一个 Skipping duration 的组合。

对于组合的配置，Skipping 指示可以应用到不同的激活 SSSG 上。因为当前的 SSSG 的监控周期是确定的，Skipping 的时长也是确定的，那么所忽略的检测机会数就是确定的。如图 2-13 描述了典型的组合方式，使用不依赖当前 SSSG 的 Skipping 时长，即表 2-5 中的组合方式 4。

出于简化的考虑，NR R17 节能标准化对上面的选项做了筛减。

● R17 的标准仅仅支持表 2-5 中的组合方式 1 和组合方式 4。

● 当配置为 3 个 SSSG 时，R17 不允许指示 Skipping。

NR R17 节能标准化也支持仅指示 Skipping 和仅指示 SSSG 切换的配置。

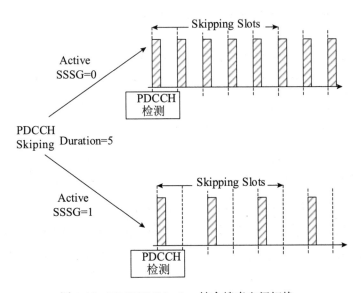

图 2-13 PDCCH Skipping 结合搜索空间切换

尽管支持组合的指示，但是一个 PDCCH 不能同时触发两种自适应的行为。

当 SSSG 切换时，对应的 SSSG 可以代表一个状态。如图 2-14 所示，PDCCH 检测自适应支持 3 个 SSSG 时，每个收到的 DCI 中的指示域都可以表示对应需要切换的状态。对于缺省的 SSSG，不需要启动定时器。当切换到其他 SSSG 时，定时器同时启动，定时器超时后，切换到缺省的 SSSG。

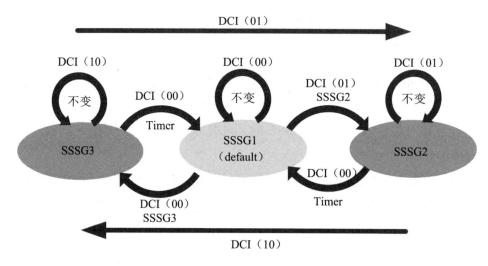

图 2-14 PDCCH Skipping 结合搜索空间切换

R17 的标准化对定时器采用了简化设计，切换到非缺省的 SSSG 只能启动同一个定时器时长。

2.3.4 DCI PDCCH 检测自适应时序和重传控制

前面提到，PDCCH 检测自适应切换指示的 DCI 有可能会丢失，当这个 DCI 所调度的数据没有正确接收就需要终端基于基站的 PDCCH 调度重传。对于 PDCCH Skipping 的自适应，一种比较好的方式就是允许在 Skipping 时长中有一定的重传机会。基站可以根据预估的往返程时间（RTT）定义重传机会。

如图 2-15 描述了基于重传时间定义 PDCCH 忽略的应用时序的方案。终端可以在往返时间到达时检测 PDCCH，看看是否有重传，这样就可以避免不必要的重传延迟。

对于 SSSG 切换的自适应，也需要考虑定义切换的应用时序。

然而，NR R17 无法准确确定应用时序的时间点，没有采纳上面这些优化设计，在标准中对 PDCCH Skipping 采用即时的应用时序。对 SSSG 切换，标准延用了 R16 的 Psymbol 参数的方法定义应用时序。

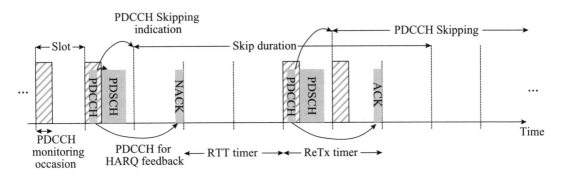

图 2-15　配置在忽略时长中的重传机会

| 2.4　小　　结 |

　　本章介绍了 R17 标准引入的终端节能技术，包括 RRC_IDLE 和 RRC_INACTIVE 状态下基于节能信号的寻呼过程节能和额外 TRS 的配置和指示，以及 RRC_CONNECTED 状态下基于 DCI 指示的 PDCCH 检测的自适应技术。这些节能技术通过减少终端的接收机的开启或减少对 PDCCH 的盲检测实现终端的节能。经过 R16 和 R17 两个标准版本对终端节能技术的演进，NR 系统支持的终端节能技术可以实现很好的终端节能效果。

参考文献

[1] RP-200938, Revised WID UE Power Saving Enhancements for NR, MediaTek Inc.

[2] R2-2008952, Discussion on paging enhancement, Xiaomi Communications

[3] R2-2009785, Paging Enhancements for UE Power Saving in NR, MediaTek Inc.

[4] R2-2010244, Paging enhancements for idle/inactive-mode UE, Huawei, HiSilicon, British Telecom

[5] R2-2009955, Paging enhancement to reduce unnecessary UE paging receptions, Ericsson

[6] R2-2010079, Paging Enhancements for UE Power Savings, Convida Wireless

[7] R2-2009878, Consideration on Idle/inactive-mode UE power saving, Lenovo, Motorola Mobility

[8] R2-2009274, Paging enhancement using UE subgrouping, Intel Corporation

[9] R2-2009092, Paging Enhancements to Reduce False Alarms, Samsung Electronics Co., Ltd

[10] R2-2010397, UE Power profile based UE subgrouping, CMCC

[11] Final_Minutes_report_RAN1#103-e_v100

[12] RP-213550, Meeting Report for TSG RAN meeting #93e Electronic Meeting

[13] Final_Minutes_report_RAN1#107-e_v100

[14] R1-2006158, On TRS/CSI-RS occasion(s) for idle/inactive Ues, Samsung

[15] R1-2006386, Potential enhancements for TRS/CSI-RS occasion(s) for idle/inactive Ues, Panasonic

[16] R1-2005389, Discussion on TRS/CSI-RS occasion(s) for idle/inactive UEs, vivo

[17] R1-2006042, RS occasion for idle/inactive UEs, OPPO.

[18] R1-2007674, TRS/CSI-RS occasion(s) for idle/inactive UEs, vivo.

[19] R1-2100170, DCI-based power saving adaptation solutions, OPPO.

[20] R1-2100218, Extension(s) to Rel-16 DCI-based power saving adaptation for an active BWP, Huawei, HiSilicon.

[21] R1-2100593, On enhancements to DCI-based UE power saving during DRX active time, MediaTek Inc.

[22] R1-166368, UE Power Consideration based on Days-of-Use, Qualcomm Incorporated.

第 3 章
紧凑型 5G 终端演进技术

R15 和 R16 的终端设计支持极高的峰值速率，因此，所需的终端能力较高，主要体现在以下几个主要的方面。

LTE 标准定义单载波带宽最大为 20MHz，更大的带宽通过多载波聚合实现。5G NR 最终定义低于 6GHz 频段的最大载波带宽为 100MHz，是 LTE 的 5 倍，毫米波频段的最大载波带宽为 400MHz。

由于支持灵活的时域调度和灵活帧结构，终端的处理速度相对较高，较大的子载波间隔导致时隙更短。这些都需要 NR 终端比 LTE 终端能够成倍提高处理速度。

NR 所要求的 MIMO 天线规模也需要进一步提高，LTE 的终端天线参考配置是一发双收，而 NR R15 在 2500MHz 以上的频段要求双发四收天线。

NR 的 R15 和 R16 也没有支持半双工，所有的终端在 FDD 频段都要求全双工工作。

这些作为 NR 终端的基本能力，对射频、基带及其他模块都有较高的要求，明显超出 LTE。然而，在处理容量和速度上，NR 的一些应用场景并不需要这么高的处理能力，这些场景包括物联网、工业自动化和可穿戴设备的应用，而这些场景下，都要求通信硬件有较小的体积和较低的功耗。轻量化的能力特征是对这类终端的要求，基于这样的考虑，NR R17 研究引入缩减能力的紧凑型终端标准。

紧凑型终端标准对一些 NR R15 和 R16 的必选的能力进行了缩减，针对这类能力定义了相应的终端功能组。紧凑型终端标准进一步优化终端识别、接入过程和优化测量上的功耗以适应相关的应用场景。另外，紧凑型终端的标准明确要求此类终端不支持一些复杂的功能组，如高可靠低时延、载波聚合。

| **3.1 紧凑型终端的评估** |

紧凑型终端在标准化中被称为 RedCap（Reduced Capability）终端，为了界定这种类型终端所缩减的功能和对应所减低的复杂度，有必要进行相应的评估[1][2]。评估的核心为复杂度降低带来的成本优化估计，辅助的评估因素还有终端的功耗、覆盖限制和网络吞吐量限制。

3.1.1 终端成本与复杂度的评估方式

按照典型的终端通信模块的结构，复杂度评估将终端的结构分成两大部分：基带和射频，并且评估中，FR1（Frequency Range 1）为低于 6GHz 频点。

NR R15 的终端必选功能作为参考的 NR 终端标准。评估的参考终端只考虑 NR 一项无线技术，并只考虑单载波的能力。在评估中，参考的 NR 终端配置被定义如下：

终端支持的最大带宽，FR1 为上下行 100 MHz。FR2（Frequency Range 2）高于 24.25GHz 频段中的射频和基带的复杂度比重不同。FR1 射频和基带的复杂度的比例为 40 ： 60，FR2 射频和基带的复杂度的比例为 50 ： 50。这些评估的取值根据各个参与研究的公司提供的经验数字综合而来。

- FR2 是上下行 200 MHz。
- 天线数方面，对于 FR1 FDD 为二收一发 2RX/1TX。对于 FR1 TDD 为四收一发 4RX/1TX。FR2 是两收一发 2RX/1TX（只支持 TDD）。在这里 FR2 的 RX 数主要是指采用了波束赋形的面板通道数。
- 调制阶数方面，FR1 支持下行 256QAM 和上行 64QAM，FR2 支持下行 64QAM 和上行 64QAM。
- 复杂度的评估方法定义了各个模块的权重，分解见表 3-1 和表 3-2。

表 3-1　射频各模块的复杂度权重

射频模块	FR1 FDD (2Rx)	FR1 TDD (4Rx)	FR2
天线阵列	n/a	n/a	33%
功率放大器	25%	25%	18%
滤波器	10%	15%	8%
射频收发机（包括线性运放，混频和晶振）	45%	55%	41%
双工器和开关	20%	5%	0

表 3-2　基带各模块的复杂度权重　　　　　　　　　　　　　　　　　　%

基带模块	FR1 FDD (2Rx)	FR1 TDD (4Rx)	FR2
数模转换 ADC / DAC	10	9	4
FFT/IFFT	4	4	4
Post-FFT 数据缓存	10	10	11
接收机处理	24	29	24
LDPC 编解码	10	9	9
HARQ 缓存	14	12	11
DL 控制处理和解码	5	4	5
同步和小区搜索模块	9	9	7
UL 处理模块	5	5	7
MIMO 相关处理模块	9	9	18

对于基准的 NR R15 终端的参考配置、各种降低复杂度的技术会对其进行进一步评估。评估基于上面的表格对复杂度的降低进行量化分析，所分析的降低复杂度的技术和终端的成本直接相关。

降低复杂度的技术包括：

● 通过减少收发天线数去减少射频通道的数量，由于 NR 的多数频点必选发射天线数为 1 发，因此主要研究减少接收天线的数量。

● 降低终端的带宽能力，使得收发射频通路的硬件都得到简化。

● 引入半双工的终端，原来 NR R15 并不支持单个 FDD 载波上的半双工。

● 降低终端的处理能力，包括放松数据控制的处理时间和信道反馈的运算时间要求。

● 降低终端的 MIMO 处理层数，这个优化和天线数有一定关系，但是主要考虑 MIMO 的多流处理数，这方面更侧重于基带。

● 降低收发数据符号的调制阶数。比如 FR1 下行从 256QAM 降低到 64QAM，以及 FR2 下行从 64QAM 降低到 16QAM。

多个维度的简化复杂度技术及其组合在统一的复杂度分解表中分析以协助选择最终的紧凑型终端方案。需要说明的是，分析中每个部件的量化取值是平均了各个评估参与公司提供的数值，以达到最大的适用性。

3.1.2　不同候选技术对终端成本和复杂度的影响

3GPP 选择了几种候选技术和其组合定量估计分析了所降低的复杂度，通过模板中的分项复杂度的评估值得出目标技术带来的整体简化程度。

1. 带宽减少

带宽减少技术上选择了一组带宽进行分析，分别将终端能力 FR1 FDD 降低到 20 MHz，FR1 TDD 降低到 20 MHz，FR2 降低到 100 MHz，FR2 降低到 50 MHz 进行评估。

表 3-3 和表 3-4 分别给出了不同带宽射频和基带的复杂度估计。根据表 3-5 综合射频和基带得出总的复杂度。FR1 FDD 下 100MHz 到 20MHz 终端复杂度降低了 32%。FR1 TDD 下 100MHz 到 20MHz 终端复杂度降低了 33%；FR2 下 200MHz 到 100MHz 终端复杂度降低了 16%；FR2 下 200MHz 到 50MHz 终端复杂度降低了 23%。

表 3-3　带宽减少后射频各模块的复杂度　　　　　　　　　　　　　%

减 带 宽	天线阵列	功率放大器	滤波器	射频收发机（包括线性运放、混频和晶振）	双工器和开关
FR1 FDD (20 MHz)	—	24.10	10.00	43.70	20.00
FR1 TDD (20 MHz)	—	23.80	14.70	53.00	5.00
FR2 (100 MHz)	33.00	17.90	8.00	40.60	0.00
FR2 (50MHz)	33.00	17.80	8.00	40.30	0.00

表 3-4　带宽减少后基带各模块的复杂度　　　　　　　　　　　　　%

减 带 宽	数模转换 ADC / DAC	FFT/ IFFT	Post-FFT 数据缓存	接收机处理	LDPC 编解码	HARQ 缓存	DL 控制处理和解码	同步和小区搜索模块	UL 处理模块	MIMO 相关处理模块
FR1 FDD (20 MHz)	2.80	1.10	2.30	9.10	3.80	4.20	4.50	9.00	3.40	8.20
FR1 TDD (20 MHz)	2.00	1.10	2.10	9.90	3.50	3.30	3.70	9.00	3.70	8.40
FR2 (100 MHz)	2.00	1.90	5.60	14.20	5.40	6.00	4.70	7.00	5.60	17.00
FR2 (50 MHz)	1.00	0.90	2.80	9.10	3.80	3.50	4.50	7.00	4.90	16.50

表 3-5　带宽减少后的总复杂度　　　　　　　　　　　　　%

减 带 宽	总射频复杂度	总基带复杂度	射频与基带总复杂度
FR1 FDD (20 MHz)	97.70	48.40	68.10
FR1 TDD (20 MHz)	96.40	46.70	66.60
FR2 (100 MHz)	99.50	69.40	84.40
FR2 (50 MHz)	99.00	54.00	76.50

2. 减少接收天线

减少接收天线技术上选择了在 FR1 FDD 上 1 收天线，FR1 TDD 上 1 收和 2 收天线，以及 FR2 上 1 收天线进行评估。

因为 R15 FR1 上 TDD 可以允许有 4 收天线，因此 2 收和 1 收都可以作为更低终端能力的候选。接收天线减少，基带的 MIMO 模块会对应缩减。联合 RX 和 MIMO 层数评估更符合终端的配置选择。

表 3-6 和表 3-7 分别给出了不同天线数射频和基带的复杂度估计。根据表 3-8 综合射频和基带得出总的复杂度。FR1 FDD 下 2 收到 1 收天线终端复杂度降低了 37%；FR1 TDD 下 4 收到 2 收天线终端复杂度降低了 40%；FR1 TDD 下 4 收到 1 收天线终端复杂度降低了 60%；FR2 下 2 收到 1 收天线终端复杂度降低了 40%。

表 3-6 天线数减少后射频各模块的复杂度 %

减 天 线	天 线 阵 列	功率放大器	滤 波 器	射频收发机（包括线性运放、混频和晶振）	双工器和开关
FR1 FDD (2Rx → 1Rx)	—	25.00	5.20	24.60	19.50
FR1 TDD (4Rx → 2Rx)	—	25.00	7.60	30.40	4.90
FR1 TDD (4Rx → 1Rx)	—	25.00	4.00	17.40	4.80
FR2 (2Rx → 1Rx)	18.70	18.00	4.40	23.80	0.00

表 3-7 天线数减少后基带各模块的复杂度 %

减 天 线	数模转换 ADC / DAC	FFT/ IFFT	Post-FFT 数据缓存	接收机处理	LDPC 编解码	HARQ 缓存	DL 控制处理和解码	同步和小区搜索模块	UL 处理模块	MIMO 相关处理模块
FR1 FDD (2Rx → 1Rx)	5.90	2.10	5.00	12.10	5.00	7.20	5.00	4.50	5.00	4.10
FR1 TDD (4Rx → 2Rx)	5.00	2.10	5.00	14.60	4.50	6.10	4.00	4.50	5.00	4.50
FR1 TDD (4Rx → 1Rx)	3.10	1.10	2.50	7.50	2.30	3.10	4.00	2.30	5.00	2.00
FR2 (2Rx → 1Rx)	2.30	2.10	5.50	12.10	4.50	5.70	5.00	3.50	7.00	8.00

表 3-8 天线数减少后的总复杂度 %

减 天 线	总射频复杂度	总基带复杂度	射频与基带总复杂度
FR1 FDD (2Rx → 1Rx)	74.20	55.90	63.20
FR1 TDD (4Rx → 2Rx)	68.00	55.40	60.40
FR1 TDD (4Rx → 1Rx)	51.30	33.00	40.30
FR2 (2Rx → 1Rx)	64.90	55.70	60.30

3. 半双工

半双工终端减少了双工器。Type A 半双工可减少 7% 复杂度；Type B 半双工进一步共用上下行的晶振，可减少 10% 的复杂度。

4. 降低终端的处理能力

放松终端的 PUSCH 准备时间和 PDSCH 接收解调时间要求到 NR 的两倍，可以为终端带来 6% 的简化。

放松终端的信道反馈计算时间也可以获得 4.5% ～ 6% 的简化。

5. 减少终端的 MIMO 处理层数

减少 MIMO 处理层数也单独被作为天线数减少评估的进一步参考。

MIMO 层数从 2 层到 1 层可为 FR1 FDD 带来 12% 简化；MIMO 层数从 4 层到 2 层可为 FR1 TDD 带来 11% 的简化；MIMO 层数从 4 层到 1 层可为 FR1 TDD 带来 17% 简化；MIMO 层数从 2 层到 1 层可为 FR2 带来 11% 的简化。

6. 降低调制阶数

FR1 下行从 256QAM 降低到 64QAM，以及 FR2 下行从 64QAM 降低到 16QAM，都可以带来 6% 的简化。

7. 综合多种终端简化技术

紧凑型终端运用多种简化技术可以把终端的复杂度极大降低。表 3-9、表 3-10 和表 3-11 给出了 FR1 FDD、FR1 TDD 和 FR2（只能支持 TDD 频谱）的多种简化技术组合的量化分析值。

表 3-9　FR1 FDD 多种技术组合的相对复杂度和简化率　%

FR1 FDD 终端简化技术	射频	基带	总计	射频简化率	基带简化率	总简化率
20 MHz	97.7	48.4	68.1	2.3	51.6	31.9
1 layer	100.0	79.3	87.6	0.0	20.7	12.4
1 layer + 1 Rx	74.2	55.9	63.2	25.8	44.1	36.8
半双工 FDD type A	83.9	99.4	93.2	16.1	0.6	6.8
半双工 FDD type B	77.3	99.2	90.4	22.7	0.8	9.6
数据 (PUSCH/PDSCH) 处理时间加倍	100.0	90.5	94.3	0.0	9.5	5.7
DL 64QAM	97.8	91.8	94.2	2.2	8.2	5.8
UL 16QAM	97.1	98.3	97.8	2.9	1.7	2.2
20 MHz + 1 layer + 1 Rx	67.5	25.8	42.5	32.5	74.2	57.5
20 MHz + 1 layer + 1 Rx + 半双工 FDD type A	53.2	25.6	36.6	46.8	74.4	63.4
20 MHz + 1 layer + 1 Rx + DL 64QAM + UL 16QAM	64.2	24.3	40.2	35.8	75.7	59.8
20 MHz + 1 layer + 1 Rx + 数据处理时间加倍	67.5	22.9	40.7	32.5	77.1	59.3
20 MHz + 1 layer + 1 Rx + DL 64QAM + UL 16QAM + 数据处理时间加倍	64.6	21.7	38.9	35.4	78.3	61.1
20 MHz + 1 layer + 1 Rx + DL 64QAM + UL 16QAM + 半双工 FDD type A + 数据处理时间加倍	50.2	21.4	32.9	49.8	78.6	67.1
20 MHz + 2 layers + 2 Rx + 半双工 FDD type A	81.3	46.0	60.1	18.8	54.0	39.9
20 MHz + 2 layers + 2 Rx + 数据处理时间加倍	97.6	42.6	64.6	2.4	57.4	35.4

表 3-10　FR1 TDD 多种技术组合的相对复杂度和简化率　%

FR1 TDD 终端简化技术	射频	基带	总计	射频简化率	基带简化率	总简化率
20 MHz	96.4	46.7	66.6	3.6	53.3	33.4
2 layers	100.0	81.1	88.7	0.0	18.9	11.3
1 layer	100.0	71.9	83.2	0.0	28.1	16.8
2 layers + 2 Rx	68.0	55.4	60.4	32.0	44.6	39.6
1 layer+1 Rx	51.3	33.0	40.3	48.7	67.0	59.7
数据处理时间加倍	100.0	90.1	94.1	0.0	9.9	5.9
DL 64QAM	96.2	92.1	93.7	3.8	7.9	6.3
UL 16QAM	96.9	98.4	97.8	3.1	1.6	2.2
20 MHz + 1 layer + 1 Rx	50.6	18.6	31.4	49.4	81.4	68.6
20 MHz + 1 layer + 1 Rx + DL 64QAM + UL 16QAM	47.1	17.5	29.3	52.9	82.5	70.7

续表

FR1 TDD 终端简化技术	射频	基带	总计	射频简化率	基带简化率	总简化率
20 MHz + 1 layer + 1 Rx + 数据处理时间加倍	50.6	16.2	30.0	49.4	83.8	70.0
20 MHz + 1 layer + 1 Rx + DL 64QAM + UL 16QAM + 数据处理时间加倍	47.1	15.3	28.1	52.9	84.7	71.9
20 MHz + 2 layers + 2 Rx	66.8	27.8	43.4	33.3	72.2	56.6
20 MHz + 2 layers + 2 Rx + DL 64QAM + UL 16QAM	61.8	26.1	40.4	38.2	73.9	59.6
20 MHz + 2 layers + 2 Rx + 数据处理时间加倍	66.8	24.9	41.7	33.3	75.1	58.3
20 MHz + 2 layers + 2 Rx + DL 64QAM + UL 16QAM + 数据处理时间加倍	61.8	23.7	38.9	38.2	76.3	61.1

表 3-11　FR2 多种技术组合的相对复杂度和简化率　　　　　　　　　%

FR2 终端简化技术	射频	基带	总计	射频简化率	基带简化率	总简化率
100 MHz	99.5	69.4	84.4	0.5	30.6	15.6
50 MHz	99.0	54.0	76.5	1.0	46.0	23.5
1 layer	100.0	77.8	88.9	0.0	22.2	11.1
1 layer + 1 Rx	64.9	55.7	60.3	35.1	44.3	39.7
数据处理时间加倍	100.0	88.9	94.4	0.0	11.1	5.6
DL 16QAM	97.8	91.0	94.4	2.2	9.0	5.6
UL 16QAM	97.9	98.4	98.1	2.2	1.6	1.9
100 MHz + 1 layer + 1 Rx	64.8	40.3	52.5	35.2	59.7	47.5
100 MHz + 1 layer + 1 Rx + DL 16QAM + UL 16QAM	61.6	37.0	49.3	38.4	63.0	50.7
100 MHz + 1 layer + 1 Rx + 数据处理时间加倍	64.4	35.5	50.0	35.6	64.5	50.0
100 MHz + 1 layer + 1 Rx + DL 16QAM + UL 16QAM + 数据处理时间加倍	61.6	32.9	47.2	38.4	67.1	52.8
100 MHz + 2 layers + 2 Rx + DL 16QAM + UL 16QAM	95.2	63.8	79.5	4.8	36.2	20.5
100 MHz + 2 layers + 2 Rx + 数据处理时间加倍	99.4	62.4	80.9	0.6	37.6	19.1
100 MHz + 2 layers + 2 Rx + DL 16QAM + UL 16QAM + 数据处理时间加倍	95.2	57.8	76.5	4.8	42.2	23.5

从表 3-9、表 3-10 和表 3-11 三组结果可以看到，综合的简化技术可以提供高达 71.9% 的复杂度降低，终端的成本随之降低，并且可以更好地实现更小的设备尺寸，终端的功耗也相应降低。

经过以上的技术比较，NR R17 选择了减小天线数、降低带宽、半双工 FDD 几项技术进行紧凑型终端的简化标准化。而数据处理时间加倍的方案的相对增益较小，高阶调制 256QAM 本身就是 R15 的可选项，这两项不需要 R17 标准化。

另外，这几项简化技术有一些性能损失，但经评估其仍然可以超过场景所要求的紧凑型终端约 10Mbps 的下行参考数据率和 5Mbps 的上行参考数据率。

3.2　降低紧凑型 5G 终端带宽

3.2.1　降低带宽后的目标带宽

NR 支持宽带传输，在 FR1 单个载波的最大带宽可达 100MHz，在 FR2 单个载波的最大带宽可达 400MHz。宽带传输可以显著提升 NR 终端支持的峰值速率，缩短数据传输时延，但也带来了终端成本提升、功耗显著升高的问题。对于 RedCap 终端所针对的目标应用，如工业传感网络、可穿戴、视频监控等，终端的成本和功耗都是这些场景考量的重要因素。

基于 3.1 节的评估，在 NR 终端的基础上，降低 RedCap 终端的带宽可以有效降低终端成本和终端功耗。因此，3GPP 同意研究针对 RedCap 终端的带宽降低技术。

在标准化讨论过程中，首先要确定的是降低带宽后的目标带宽是多少。由于 FR1 与 FR2 的情况稍有不同，下面分别介绍。

1. FR1 RedCap 终端的带宽降低

对于 FR1 中 RedCap 终端支持的最大带宽，在讨论过程中不同公司提出多种可能的选项：

选项 1：降低至 20MHz。

选项 2：降低至小于 20MHz，例如 5MHz 或 10MHz。

选项 3：降低至 20MHz，同时也支持 40MHz。

选项 1 是将 FR1 的 RedCap 终端支持的最大带宽降低至 20MHz。该选项有诸多好处：首先，从 100MHz 降低至 20MHz 后，无论是射频部分还是基带部分，RedCap 终端的成本已经明显降低。其次，FR1 的 CORESET 0 的带宽及同步信号块 SSB 的带宽不会超过 20MHz，因此 RedCap 终端的带宽可以完整接收现有的 CORESET0 和 SSB，从而不需要为 RedCap 终端单独设计 CORESET 0 和 SSB。因此,选项 1 兼顾了与传统终端初始接入过程的兼容性,以及成本和复杂度的降低。

选项 2 在选项 1 的基础上进一步降低 RedCap 终端支持的最大带宽,因此,该方案可以进一步降低 RedCap 终端的成本。但相比于选项 1 中最大带宽为 20MHz 的终端,进一步降低的成本增益已经不明显。另外,5MHz 或 10MHz 的终端不能支持目前所有配置情况下的 CORESET0 或 SSB 的接收。如当子载波间隔为 15kHz、带宽为 96 个 PRB 时,CORESET0 的带宽将大于 10MHz。再例如,当子载波间隔为 30kHz 时,SSB 的带宽为 7.2MHz,也大于 5MHz。因此,当 RedCap 终端为 5MHz 或 10MHz 时,不能良好兼容现有 CORESET0 或 SSB 的配置,其导致的结果是:当系统同时支持 NR 终端与 RedCap 终端时,系统的 CORESET0 或 SSB 的配置受限制以适应小的 RedCap 终端带宽;或系统需要为 RedCap 终端额外单独配置 CORESET0 或 SSB。因此,该选项将影响系统灵活性或增大系统开销,也进一步增加标准化的工作量。

选项 3 在选项 1 的基础上,将额外支持 40MHz 的带宽作为 RedCap 终端的一个可选能力。由于减少 RedCap 终端的接收射频通道数目将显著降低 RedCap 终端的成本,使用 1Rx/1Tx 成为 RedCap 终端优势的选项。但对于支持最大带宽为 20MHz 且仅支持 1Rx 的终端,可支持的峰值速率将不足 150Mbps,低于该项目所设定的目标,为此,支持 40MHz 的带宽可解决峰值速率不足的问题。需要说明的是,将带宽从 20MHz 增大至 40MHz 所带来的成本增加将低于从射频通道数从 2 个变为 1 个所带来的成本收益。

经过讨论,综合考虑成本降低收益、标准工作量及系统兼容性等方面,最终 3GPP 确定仅采用选项 1,亦即在 FR1 RedCap 终端所支持的最大带宽为 20MHz。

2. FR2 RedCap 终端的带宽降低

对于 FR2 中 RedCap 终端支持的最大带宽,在讨论过程中不同公司提出多种可能的选项:

选项 1:降低至 100MHz。

选项 2:降低至 50MHz。

选项 1 是将 RedCap 带宽降低至 100MHz,从而显著降低终端成本。由于在 FR2 SSB 的最大带宽为 57.6MHz、CORESET 0 的最大带宽为 69.12MHz,因此支持最大带宽为 100MHz 的 RedCap 终端可以完整接收 SSB 或 CORESET 0,与 FR1 中支持最大带宽为 20MHz 的情况类似,具有较好的兼容性。

但也有公司希望进一步降低最大带宽至 50MHz,以进一步降低终端成本[3]。然而,RedCap 终端带宽降低至 50MHz 时,可能存在某些配置情况下终端不能完整接收 SSB 与 CORESET 0 的情况。当然,此时 UE 仅仅接收部分 SSB 或 CORESET0,也依然有比较

大的概率争取接收 SSB 或 PDCCH[3]。但当网络在 initial DL BWP 中调度承载公共控制
信息（如寻呼、系统信息等）的 PDSCH 时，可能存在终端不能正确接收的风险 [4]。当
COREST 0 带宽大于 50MHz 时，RedCap 终端仅可以覆盖部分 CORESET 0 带宽（如
图 3-1 所示，RedCap 终端接收了 CORESET 0 高频率部分的带宽），另外，承载公共信
息的 PDSCH 是由 DCI 即时调度的，因此 PDSCH 调度的带宽可能存在于 CORESET0 带
宽任何一部分，当 PDSCH 位于 CORESET 0 带宽的低频率部分时，RedCap 终端仅可以
接收到一小部分 PDSCH 带宽，因此将严重影响其接收性能，甚至导致接收失败。因此，
50MHz 的 RedCap 终端也会导致接收承载公共信息 PDSCH 不对齐的问题。

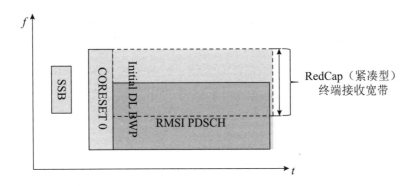

图 3-1　FR2 50MHz 的 RedCap 终端接收系统信息 PDSCH 不对齐的问题

综合考虑成本、标准影响及兼容性等问题，最终 3GPP 确定在 FR2 RedCap 终端所
支持的最大带宽为 100MHz。

3.2.2　初始接入过程的 initial DL BWP

在不同的情况下，RedCap 终端可以使用不同的 initial DL BWP 进行初始接入。如
RedCap 终端与 non-RedCap 终端可以共享 initial DL BWP 用于初始接入，或网络也可以
为 RedCap 终端单独配置 initial DL BWP 用于初始接入。下面分别进行介绍。

1. 与 non-RedCap 终端共享 initial DL BWP

由 3.2.1 节可知，在 FR1 与 FR2 RedCap 终端所支持的最大带宽分别为 20MHz 和
100MHz。因此在对应的频段上，RedCap 终端可以正常接收现有标准中任何配置的
CORESET 0 带宽。在初始接入过程中，RedCap 终端可以与 non-RedCap 终端共享由
MIB 配置的 initial DL BWP（其带宽与频带由 CORESET 0 带宽确定）。

这种方式可以使 RedCap 终端与 non-RedCap 终端共享 CD-SSB 进行小区搜索，以及
共享 initial DL BWP 进行系统信息（如 SIB1，SIB2 等）、寻呼消息接收，从而较好地控

制系统开销。

2. 针对 RedCap 终端单独配置 initial DL BWP

尽管一般情况下 RedCap 终端与 non-RedCap 终端可以共享 initial DL BWP 进行初始接入，但也有一些需求使得有必要针对 RedCap 终端配置单独的 initial DL BWP 用于初始接入。这些潜在的需求包括如下内容。

（1）负载分流。

当 RedCap 终端数量较多时，向 RedCap 终端配置单独的 initial DL BWP 可以有效分流 RedCap 终端寻呼过程、随机接入过程等带来的系统负荷，减少对 non-RedCap 终端的影响。

（2）与为解决资源碎片问题而配置的 initial UL BWP 的中心频点对齐。

见 3.2.3 节所述，为了解决 RedCap 终端带来的 UL 资源碎片问题，系统可向 RedCap 终端配置单独的 initial UL BWP。而在 TDD 系统下，为了减少终端操作的复杂度（如避免频繁跳频操作），initial DL BWP 与 initial UL BWP 的中心频点需要对齐。因此，此时也需要配置为解决资源碎片问题而配置的 initial UL BWP 的中心频点对齐的 initial DL BWP。

因此，3GPP 同意可以针对 RedCap 终端配置其单独使用的 initial DL BWP，该 BWP 可用于初始接入。需要注意的是，该 initial DL BWP 的带宽不能超过 RedCap 终端可支持的最大带宽，网络可以通过 SIB 发送该 initial DL BWP 的配置信息。

接下来，将针对单独配置的 initial DL BWP，终端如何进行同步、测量等操作进行了讨论，其核心问题是终端如何在该单独配置的 initial DL BWP 进行时频同步及执行 RRM 测量。

当该单独配置的 initial DL BWP 包含 CD-SSB 与完整的 CORESET 0 时，RedCap 终端可以使用 CD-SSB 进行同步、测量等操作。此时，RedCap 终端需要使用 CORESET 0 确定的带宽位置进行初始接入。

然而，当该单独配置的 initial DL BWP 不包含 CD-SSB 与完整的 CORESET 0 时，终端如何进行时频同步与测量将是一个棘手的问题。由于该 BWP 不包含 CD-SSB，讨论的焦点在于是否需要在该单独配置的 initial DL BWP 发送 NCD-SSB 用于该终端进行时频同步与测量等操作。一方面，如不发送 NCD-SSB，则终端在该 BWP 进行随机接入过程或寻呼消息接收时，将需要频繁跳频以接收 CD-SSB 进行同步与测量，因此将影响 RedCap 终端的操作复杂度及增大终端功耗，甚至在 RACH 过程由于在多个 msg 过程中需要跳频，这势必会引入时间开销，因此 RACH 消息之间的定时关系也将受到影响。另一方面，如在该 initial DL BWP 中发送 NCD-SSB 增加系统开销，同时也存在 NCD-SSB 与 CD-SSB 的一些属性，如周期、时间位置、QCL 等是否一致的问题。

经过多轮讨论，3GPP 在 RAN1#107e 次会议达成初步结论，如该单独配置的 initial

DL BWP 用于 RACH 过程而不用于寻呼消息接收，在该 initial DL BWP 中可以不发送 NCD-SSB。若该单独配置的 initial DL BWP 用于寻呼消息接收，则该 BWP 中需要发送 NCD-SSB。这是因为，RACH 过程是一个基于业务触发的偶发过程，即使由于没有 NCD-SSB 导致偶尔跳频，对于终端的功耗等方面也影响较小。而终端在每一个寻呼消息周期均需要监听寻呼消息，因此如果没有 NCD-SSB 则将导致终端每一个寻呼周期中进行寻呼消息的接收都会因为需要执行时频同步操作而频繁跳频，从而增大终端的功耗。然而，在 RAN#94e 次会议上达成结论，当 UE 处于 RRC idle 或 RRC inactive 状态时，R17 不再考虑支持 UE 无 CD-SSB 传输的 initial DL BWP 进行 paging 的监听，这是为了避免在 SIB 信令里为 initial DL BWP 配置 NCD-SSB 导致的信令开销。前述 RAN1#107e 次会议要求发送 NCD-SSB 的结论仅限于 RRC 连接态。

对于针对 RedCap 终端单独配置的 initial DL BWP，在 SIB 中配置，其带宽大小可以为不超过 RedCap 终端所支持的最大带宽的任意值。

3.2.3　初始接入过程的 initial UL BWP

初始接入过程中，对于 RedCap 终端的 initial UL BWP，需要考虑以下核心问题：

1）与 non-RedCap 使用的 initial UL BWP 的关系；

2）如何保证 RedCap 终端在初始接入过程的 UL 信号（包括 PRACH/Msg3 /MsgA/ PUCCH 等）可在 RedCap 终端的 initial UL BWP 内传输。

（1）RedCap 终端与 non-RedCap 终端是否共享 initial UL BWP。

针对第一个问题，由于向 non-RedCap 终端配置的 initial UL BWP 是在 SIB 中配置的，其带宽大小可能大于 RedCap 终端所支持的最大带宽，也可能小于或等于 RedCap 终端所支持的最大带宽。

显然，当向 non-RedCap 终端配置的 initial UL BWP 的带宽小于或等于 RedCap 终端所支持的最大带宽时，RedCap 终端有能力共享使用该 initial UL BWP。因此，3GPP 首先针对该情况达成一致：RedCap 终端与 non-RedCap 终端使用相同的 initial UL BWP。

对于向 non-RedCap 终端配置的 initial UL BWP 的带宽大于 RedCap 终端所支持的最大带宽的情况，首先讨论是否允许这种情况存在。为了系统配置的灵活性，不能由于 RedCap 终端的引入而导致对 non-RedCap 终端的 initial UL BWP 的配置带来带宽配置的约束，因此，系统应该允许向 non-RedCap 终端配置的 initial UL BWP 的带宽大于 RedCap 终端的所支持的最大带宽。

进一步讨论的问题是，在这种情况下，应如何支持 RedCap 终端进行初始接入。一种方法是允许 RedCap 终端在带宽大于 RedCap 终端所支持的最大带宽的 initial UL BWP

工作。另外一种方法是为 RedCap 终端配置一个独立的 initial UL BWP，且其带宽不大于 RedCap 终端所支持的最大带宽。第一种思路在标准化讨论中得到一定的支持，然而若使 得 RedCap 终端在大于自身带宽的 initial UL BWP 中工作，也需要标准规定 RedCap 终端 如何在该 initial UL BWP 进行 UL 信号传输，例如在 initial UL BWP 中的哪一个频率区 间进行信号的发送，或者进一步支持跳频操作，这些也会带来一定的标准影响，且实质 上也相当于给 RedCap 终端分配了一个不大于其带宽的频率段。因此，最终 3GPP 确定采 用第二种思路，即在该情况下为 RedCap 配置一个带宽不大于 RedCap 终端的、最大带宽 的、独立的 initial UL BWP。

当然，为了进一步支持系统的灵活性，即便是对于向 non-RedCap 终端配置的 initial UL BWP 的带宽小于或等于 RedCap 终端所支持的最大带宽的情况，3GPP 也同意可以为 RedCap 终端配置一个独立的 initial UL BWP。

（2）RedCap 终端的 PRACH 资源问题。

由于 RedCap 终端所支持的最大工作带宽较小，如在 FR1 RedCap 终端支持的最大工 作带宽为 20MHz。因此，RedCap 终端在初始接入过程中的 UL 信号传输会遇到一些问题。

第一个问题是：在某些 PRACH 资源配置下（如当 PRACH 使用长序列，子载波间 隔为 5kHz 且频分复用的 PRACH occasion 为 8 个时；或 PRACH 使用短序列，子载波间 隔为 30kHz 且频分复用的 PRACH occasion 为 8 个时），频分复用的 PRACH occasion 所 占的带宽将超过 RedCap 终端支持的最大工作带宽 [5][6]，亦即 RedCap 终端支持的最大工 作带宽不能覆盖所有的 PRACH occasion。由于终端可能位于任何一个波束内，终端测量 到的最好的 SSB 也可能是实际传输的 SSB 中的任何一个，因此，终端有可能选择在所配 置的 PRACH occasion 中的任何一个进行 PRACH 发送。因此，在这些情况下，如何保证 RedCap 终端选择 PRACH occasion 落在其发送带宽内，从而可正常发送 PRACH 是一个 需要研究的问题。

为了解决这一问题，在标准化讨论中提出以下解决方法。

方法 1：RedCap 终端跳频。

方法 2：RedCap 终端使用单独的 initial UL BWP。

方法 3：约束基站的配置（例如限制 PRACH 的配置，约束 FDM 的 RO 数量或限制 initial UL BWP 使得其在 RedCap 终端的带宽之内）。

方法 4：为 RedCap 终端配置专门的 PRACH 资源。

其中，方法 1 通过允许终端实施跳频，使得终端可以在其带宽之外的 PRACH occasion 上发送 PRACH。当终端发送 PRACH 之后，可以返回其工作带宽，从而接收或 发送随机接入过程的其他消息，如图 3-2 所示。该方法可以解决 RedCap 终端工作带宽不 足以覆盖所有 PRACH occasion 的问题，但也会影响终端发送的 PRACH 与接收 RAR 之间的定时关系，这是由于终端在接收 RAR 之前，还需要额外完成跳频，因此将增大二者时间的时延。此外，跳频也将增加终端实现的复杂度。

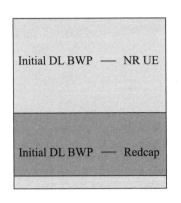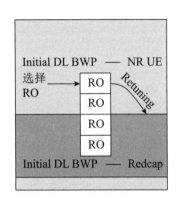

图 3-2　终端随机接入过程中跳频以在带宽外的 RO 中发送 PRACH

方法 2 通过为 RedCap 终端配置单独的 initial UL BWP，该 initial UL BWP 的带宽不会超过 RedCap 终端可以支持的最大带宽，也可以使得所述 initial UL BWP 包括 RedCap 终端发送 PRACH 所需的 PRACH occasion。其中一种方式是在所述单独配置的 initial UL BWP 中配置 RedCap 终端专用的 PRACH occasion，因此 PRACH occasion 均在 RedCap 终端可以支持的最大带宽之内。另外一种方式是基于所述终端选择的 PRACH occasion 的频域位置来确定所述 RedCap 终端的 initial UL BWP，因此可以确保终端选择的 PRACH occasion 在所述 RedCap 终端的 initial UL BWP 之内，如图 3-3 所示，当终端选择了 RO3、RO4、RO7、RO8 之中的任意 RO 时，可以使用为 RedCap 终端配置的 initial UL BWP2。当终端选择了 RO1、RO2、RO5、RO6 之中的任意 RO 时，可以使用为 RedCap 终端配置的 initial UL BWP1。

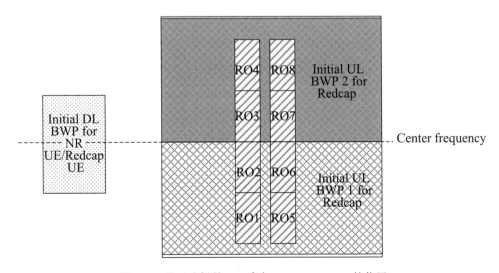

图 3-3　基于选择的 RO 确定 initial UL BWP 的位置

方法 3 是通过基站实现的方式约束 PRACH 相关的配置或约束 initial UL BWP 的配置，使得所有配置的 PRACH occasion 落在 RedCap 终端的带宽之内。需要注意的是，当 RedCap 终端与 non-RedCap 终端共享 PRACH occasion 或共享 initial UL BWP 时，该方法牺牲了网络配置的灵活性，约束了 non-RedCap 终端可以使用的 PRACH occasion 或 initial UL BWP。

方法 4 是为 RedCap 终端配置专门的 PRACH 资源以使得这些资源落在 RedCap 终端带宽之内。

经过多轮次讨论，最终确定使用方法 2。方法 2 避免了对 non-RedCap 终端配置的影响。即，当为 non-RedCap 终端配置的 PRACH occasion 占用的带宽大于 RedCap 终端带宽时，通过支持为 RedCap 终端配置单独的 initial UL BWP，使得 RedCap 终端在其 initial UL BWP 发送 PRACH。进一步讲，这也意味着为 RedCap 终端单独配置了 PRACH 资源。

（3）RedCap 终端随机接入过程中 PUSCH/PUCCH 的传输问题。

类似地，对于初始接入过程中的其他 UL 信号，如 Msg3、MsgA 或针对 Msg4 进行 HARQ 反馈的 PUCCH，也需要考虑解决这些信号的传输带宽潜在可能大于 RedCap 终端的最大带宽问题。此外，RedCap 终端的带宽较小，因此当针对 RedCap 终端配置不同于 non-RedCap 终端的上述资源时，也存在资源碎片问题，如图 3-4 所示。

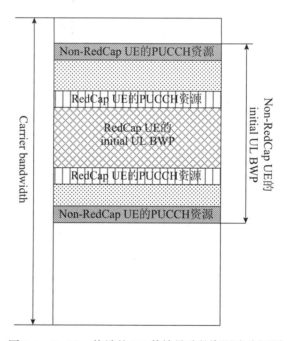

图 3-4　RedCap 终端的 UL 传输导致的资源碎片问题

为了解决这一问题，使得初始接入过程中的其他 UL 信号落在 RedCap 终端所支持的带宽之内，有以下方案在标准讨论过程中被提出。

方案 1：RedCap 终端跳频。

方案 2：RedCap 终端使用单独的 initial UL BWP。

方案 3：单独的 PUSCH/PUCCH 资源配置或关闭或调整 PUSCH/PUCCH 跳频操作。

方案 4：约束基站的实现，使得 initial UL BWP 总在 RedCap 终端带宽之内。

方案 1 通过允许终端跳频，使得 RedCap 终端支持大于其带宽的 UL 信号传输。需要注意的是，该跳频操作不同于现有标准中的 intra-slot/inter-slot 跳频，现有的跳频操作都是在终端的带宽之内进行的。因此，所述终端在跳频时需要停止 UL 信号的发送，会导致额外的资源开销问题。

方案 2 通过为 RedCap 终端使用单独的 initial UL BWP，使得其 UL 传输均在所述单独的 initial UL BWP 中进行发送，从而不超过 RedCap 终端的带宽。

方案 3 是为 RedCap 终端配置单独的 PUSCH/PUCCH 资源，使得这些资源在 RedCap 终端的带宽之内。或者，也可以关闭 PUSCH/PUCCH 资源的跳频，使得 RedCap 终端的带宽只需要覆盖高频率侧或低频率侧的部分即可。

方案 4 是约束基站的实现，使得为 non-RedCap 终端配置的 initial UL BWP 不超过 RedCap 终端所支持的最大带宽。

综合上述方案，方案 1 存在跳频开销的问题；方案 4 对于 non-RedCap 终端的资源配置存在约束，损失了网络配置的灵活性。而与此同时，资源碎片问题得到广泛的关注，因此最终标准使用了方案 2，即网络支持为 RedCap 终端配置单独的 initial UL BWP（当然，该 initial UL BWP 的带宽不超过 RedCap 终端所支持的最大带宽），该 initial UL BWP 可以在系统载波的一侧，如图 3-5 所示，从而最大化避免引入资源碎片。为了进一步减少资源碎片问题，3GPP 进一步支持可关闭针对 RedCap 终端的 PUCCH 的 intra-slot 跳频功能，使得 PUCCH 仅需要占用一侧的资源，避免了另一侧 PUCCH 资源对 UL 资源的分割。具体地，可以通过 SIB 信令来开启或关闭所述 PUCCH 的跳频功能。

至此，我们可以对关于 RedCap 终端 UL BWP 的配置规则和所解决的问题作一个简单的总结。

（1）当系统为 non-RedCap 终端配置的 initial UL BWP 的带宽小于或等于 RedCap 终端所支持的最大带宽时，RedCap 终端可共享为 non-RedCap 终端所配置的该 initial UL BWP，或系统也可为 RedCap 终端单独配置一个 initial UL BWP。当系统为 non-RedCap 终端配置的 initial UL BWP 的带宽大于 RedCap 终端所支持的最大带宽时，系统需要为 RedCap 终端配置单独的 initial UL BWP。

（2）通过为 RedCap 终端单独配置一个 initial UL BWP 也解决了系统配置的 PRACH 资源可能超过 RedCap 终端所支持的最大带宽，以及初始接入过程中 PUSCH/PUCCH 信号的带宽可能超过 RedCap 终端所支持的最大带宽的问题。

图 3-5　为 RedCap 终端配置单独的 initial UL BWP 且其位于系统载波一侧以减少资源碎片

（3）系统支持关闭 PUCCH 的 intra-slot 跳频以进一步减少由于 RedCap 终端传输所导致的资源碎片。

3.2.4　初始接入之后的 initial DL/UL BWP 与 non-initial BWP

与在初始接入过程中类似，为了确保系统配置的灵活性，对于初始接入过程后的 initial UL BWP，3GPP 达成以下结论：系统允许针对 non-RedCap 终端所配置的 initial UL BWP 大于 RedCap 终端所支持的最大工作带宽。在此情况下，网络可为 RedCap 终端配置单独的 initial UL BWP。系统为 non-RedCap 终端配置的 initial UL BWP 不大于 RedCap 终端所支持的最大工作带宽，non-RedCap 终端与 RedCap 终端可以共享该 initial UL BWP；或者，允许为 RedCap 终端单独配置一个 initial UL BWP。

对于初始接入之后使用的 initial DL BWP，分情况进行了讨论。对于 BWP0 配置 option 1（R15 规定的一种配置，initial DL BWP 不能算作 UE 在 RRC connected 的一个 BWP），比较容易达成一致：RedCap 终端在初始接入之后，不期待工作在一个超过其支持的最大工作带宽的 initial DL BWP 中。而对于 BWP0 配置 option 2（R15 规定的另一种配置，initial DL BWP 算作 UE 在 RRC connected 的一个 BWP），对于初始接入之后 RedCap 终端使用的 initial DL BWP，3GPP 进行了辩论。首先，从终端的角度希望在这种情况下，RedCap 终端的 initial DL BWP 不超过其支持的最大工作带宽的 initial DL BWP。其次，从系统侧而言却有不同的观点，这是由于实网中为了简化网络的实现，采用 BWP0 配置 option 2 进行 BWP 的配置，且配置中通常以载波带宽作为 initial DL BWP 的带宽，网络一般还不支持第二种 initial DL BWP 带宽的配置。因此，若额外支持小于 RedCap 支持的最大带宽的 initial DL BWP 的配置，对于这些网络设备需要对实现进行升级。最后，考虑到 RedCap 终端支持大于其带宽能力的 initial DL BWP 需要引入额外的标准工作及终端实现复杂度；再者，如要支持 RedCap 这个新特性，对网络设备本身就要升级。因此，对于这种情况，也达成了结论，即对 BWP 0 配置 option 2，为 RedCap 终端配置的 initial DL BWP 也不超过其支持的最大工作带宽。

当然，前述为 RedCap 终端配置的在初始接入过程使用的 initial DL BWP 和 initial UL BWP，在初始接入之后也可以使用。

对于初始接入之后，网络为 RedCap 终端所配置的 non-initial BWP，在标准化过程中也进行了讨论。首先，很容易地达成一致结论：为 RedCap 终端所配置的 non-initial（DL 或 UL）BWP 不应该超过 RedCap 终端所支持的最大工作带宽。其次，对于 RedCap 终端在 non-initial（DL 或 UL）BWP 进行工作时所需要具备的 UE 能力进行了讨论。

首先，从终端实现的复杂度而言，RedCap 终端在 non-initial（DL 或 UL）BWP 工作时，仅需要支持 FG 6-1 所对应的能力（Feature Group 6-1 指基本 BWP 操作能力）作为 RedCap 终端强制支持的终端能力。即 RedCap 终端在 non-initial DL BWP 上工作时，该 BWP 中需要有 SSB 及 CORESET 0。然而，若要求一个不包含 CD-SSB 和 CORESET 0 的 BWP 再发送 CORESET 0，势必会带来标准化影响，以及增加网络开销，因此，对于支持 FG 6-1 而不支持 FG 6-1a（Feature Group 6-1a 指基本 BWP 操作能力之外，还允许 BWP 不包含控制 CORESET 0 和 SSB）的 RedCap 终端，在 non-initial DL BWP 上工作时，该 BWP 内可以不发送 CORESET 0，但需要有 NCD-SSB。当然，RedCap 终端可以把在 non-initial DL BWP 上工作时不需要 SSB 作为一个另外可选的能力进行上报。

当 RedCap 终端处于 RRC 连接态时，是否可以在 initial DL BWP 上监听 paging，对此进行了讨论。对于 BWP0 的配置 option 1，由于 UE 进入连接态后，BWP0 不能再进行 RRC 配置更新，因此不能在 BWP0 中进行 NCD-SSB 的配置。仅当 BWP0 中配置了 CD-SSB 时，RedCap 才可以在 initial DL BWP 中监听 paging。对于 BWP0 的配置 option 2，由于 UE 进入连接态后，对于 BWP0 可进行 RRC 配置更新，因此在 initial DL BWP 中可以额外配置 NCD-SSB。对于支持 FG 6-1 但不支持 FG 6-1a 的 RedCap 终端，当被配置在 initial DL BWP 中监听 paging 时，网络需要在 initial DL BWP 中配置 NCD-SSB。当然，对于支持 FG 6-1a 的 RedCap UE，可以在 initial DL BWP 中没有 NCD-SSB 的情况下监听 paging。

3.2.5 DL BWP 与 UL BWP 的中心频点的一致性问题

对于 TDD 终端而言，为了简化终端的实现，避免上下行传输之间的频繁跳频，DL BWP 与 UL BWP 的中心频点需要对齐。对于 TDD non-initial DL BWP 与 non-initial UL BWP，这一原则得以沿用。

对于 initial DL BWP 与 initial UL BWP 的中心频点的关系，下面进行阐述。一方面，从网络角度为了网络配置的灵活性，希望 initial DL BWP 与 initial UL BWP 的中心频点可以不一致。特别是考虑到网络可能会为 RedCap 终端配置单独的 initial DL BWP 或单独的 initial UL BWP，此时单独的 initial DL BWP（SIB 配置）与 initial UL BWP 的中心频点或单独的 initial UL BWP 与 initial DL BWP（MIB 配置）的中心频点是难以保持一致的。另一方面，在终端初始接入过程中，若 initial DL BWP 与 initial UL BWP 的中心频点不一致，将导致终端在随机接入过程中在发送上行信号与接收下行信号之间频繁地跳频，这一方面增大终端实现的复杂度；另一方面也增加随机接入过程中各个消息之间的定时，如 msg1 与 msg2 之间的定时需要考虑终端跳频的影响。

因此，3GPP 首先达成结论，TDD 情况下在终端随机接入过程中使用的 initial DL BWP 与 initial UL BWP 的中心频点需要保持一致。进一步地，当 initial DL BWP 内包含 CD-SSB 及完整的 CORESET0 时，需要有对应的 initial UL BWP 与该 initial DL BWP 的中心频点一致。

3.3 紧凑型 5G 终端的天线减少

3.3.1 接收天线数的减少和上报

对于 R17 标准定义的紧凑型 5G 终端，从降低终端复杂度和成本的角度出发，减少终端的接收天线数是紧凑型 5G 终端工作项目所研究的目标特性之一 [7]。对于传统 5G 终端，R15 标准定义了其在对应的频段上支持的最小接收天线数。对于紧凑型 5G 终端支持的接收天线数，在 RAN1#103e 和 RAN#90e-91e 期间进行了讨论，考虑终端复杂度的降低要求和终端适用于不同场景的能力要求，最终达成了以下结论。

- 对于传统 5G 终端，要求其支持最少 2 个接收天线的频段，对于紧凑型 5G 终端，要求其支持的最少接收天线数减少为 1，并且也支持 2 个接收天线。
- 对于传统 5G 终端，要求其支持最少 4 个接收天线的频段，对于紧凑型 5G 终端，要求其支持的最少接收天线数减少为 1，并且也支持 2 个接收天线。

由于紧凑型 5G 终端支持的接收天线数具有多种可能性，该接收天线数的信息需要以某种方法上报给基站。一种方法是紧凑型 5G 终端支持的接收天线数作为终端的能力信息进行上报，这种方法沿袭了传统的终端能力上报方式，各家公司在 RAN1#104b-e 会议达成一致，同意在基于现有终端能力上报的框架下进行接收天线数的上报。

在紧凑型 5G 终端的初始接入阶段，基站还没有获得终端的能力上报，因此基站是不知道发起随机接入的紧凑型 5G 终端的接收天线数的。当传统 5G 终端和紧凑型 5G 终端存在于同一网络中时，传统 5G 终端和紧凑型 5G 终端对应的随机接入过程中的 Msg2 和 Msg4 可能会复用在一起通过 PDCCH 和 PDSCH 发送。如果基站不能获知紧凑型 5G 终端的接收天线数，一种合理的假设是基站按照传统 5G 终端的天线数进行下行信道的发送。因此，相比于传统 5G 终端，由于接收天线数的减少，紧凑型 5G 终端在初始接入阶段的下行信道的接收性能会有较大的损失。在 TR[8] 中汇总了各家公司的仿真结果，当接收天线数从 4 减少到 1 时，下行性能的损失接近 10dB。对于支持不同接收天线数的紧凑型 5G 终端，在初始接入阶段的下行信道的接收性能也有较大的差别。例如，对于传统 5G 终端被要求支持最少 4 个接收天线的频段，支持接收天线数为 1 和 2 的紧凑型 5G 终端的下行性能的损失的差别超过 3dB。在提案 [9] 中总结了接收天线数从 4 减少到 1 或 2 带来的下行性能损失的部分仿真结果，见表 3-12。

表 3-12　下行性能损失的部分仿真结果

信道	Urban 场景 1 Rx		Urban 场景 2 Rx	
	2.6 GHz	4 GHz	2.6 GHz	4 GHz
CSS PDCCH	9.3 dB	9.4 dB	5.6 dB	5.3 dB
USS PDCCH	9.4 dB	8.8 dB	5.8 dB	5.3 dB
PDSCH	9.6 dB	10.1 dB	6.4 dB	6.3 dB
Msg2	10.4 dB	9.7 dB	6.0 dB	5.2 dB
Msg4	9.8 dB	9.5 dB	5.9 dB	5.4 dB

由于紧凑型 5G 终端的接收天线数的减少带来了下行性能的损失，如果基站可以在初始接入阶段获知紧凑型 5G 终端的接收天线数，可以针对 Msg2 和 Msg4 的传输进行优化，以改善紧凑型 5G 终端在初始接入阶段的下行性能。因此，在标准化过程中，讨论了是否引入紧凑型 5G 终端的接收天线数的提前指示。在 RAN1#104b-e 会议上通过了需要继续研究的几种紧凑型 5G 终端的接收天线数的提前指示方式，如通过 Msg1、Msg3 和 MsgA 指示。但是，提前指示也会带来一定的代价，例如通过 Msg1 指示的方式，利用 PRACH 资源的不同指示紧凑型 5G 终端的接收天线数，会对 PRACH 资源进行分割，造成 PRACH 资源的利用率下降。尤其是考虑到 R17 标准化的其他终端特性也需要利用 Msg1 进行区分，更加剧了 PRACH 资源的分割。例如，通过 Msg1 指示 Msg3 的重复请求、

紧凑型 5G 终端的类型等。基于这种考虑，虽然紧凑型 5G 终端的接收天线数的提前指示可以改善下行性能，但是部分公司仍然不建议引入该提前指示，并且，紧凑型 5G 终端的类型指示可以指示接收天线数降低为 1 或 2，基站至少可以基于该信息改善紧凑型 5G 终端的下行性能。在 RAN1#105-e 会议上，关于引入紧凑型 5G 终端的接收天线数的提前指示的问题，由于没有一致观点，决定不引入该提前指示。

关于通过传统的终端能力上报方式进行接收天线数的指示，可以采用显式或者隐式的方式。在紧凑型 5G 终端工作项目 [7] 中规定了下行 MIMO 的最大层数和紧凑型 5G 终端的接收天线数之间的关系：

- 当紧凑型 5G 终端具有 1 个接收天线，下行 MIMO 最大层数为 1；
- 当紧凑型 5G 终端具有 2 个接收天线，下行 MIMO 最大层数为 2。

作为现有的终端能力相关信令，下行 MIMO 最大层数信令 maxNumberMIMO-LayersPDSCH 可以作为紧凑型 5G 终端的能力信令隐式地指示紧凑型 5G 终端的接收天线数，因为对于紧凑型 5G 终端，下行 MIMO 最大层数和接收天线数等这种隐式指示的方法的一个优点在于避免了新的终端能力信令的引入，减少了标准化的工作和信令的开销。该方法得到大部分公司的支持，于 RAN1#105-e 会议上被通过。

3.3.2 接收天线数减少对系统性能的影响

紧凑型 5G 终端的接收天线数的减少会对系统性能造成影响，如前面所述，紧凑型 5G 终端的接收天线数的减少会带来下行性能的损失。当基站获知了紧凑型 5G 终端的接收天线数的能力信息时，需要弥补紧凑型 5G 终端的接收天线数减少带来下行性能的损失，其中比较重要的是 PDCCH 的性能。基站为了弥补 PDCCH 的性能损失，需要采用更大的聚合级别，这就需要消耗更多的控制信道资源。在传统 5G 终端和紧凑型 5G 终端共存的情况下，紧凑型 5G 终端的存在会带来更多的控制信道资源的消耗。部分公司担心这会造成 PDCCH 拥塞概率的升高，需要采用一定的方法来减少 PDCCH 拥塞概率。该问题在 RAN1#104-e 会议上被同意需要继续研究。在 RAN1#104-e 至 RAN1#106-e 期间，一些针对减少 PDCCH 拥塞概率的方案被提出，例如为紧凑型 5G 终端配置单独的下行 BWP、CORESET、搜索空间等。同时，一些公司提出了一些新的方法来减少 PDCCH 拥塞概率，包括：

- 为紧凑型 5G 终端配置额外的下行初始 BWP。
- PDCCH 的链路自适应。
- 在初始 BWP 上的基于 RACH 和免授权的小包数据传输。
- 在下行初始 BWP 上为紧凑型 5G 终端配置单独的搜索空间。

● 多传输块调度。

这些方法都是为了减少紧凑型 5G 终端的 PDCCH 资源的使用，从而减少 PDCCH 拥塞概率。其中，为紧凑型 5G 终端配置额外的下行初始 BWP 也与紧凑型 5G 终端支持的带宽降低有关，该方法可以同时减少传统 5G 终端和紧凑型 5G 终端共存的情况下的 PDCCH 拥塞概率。

但是，大部分公司认为不需要采用新的方法降低 PDCCH 拥塞概率。现有的 NR 技术已经可以达到减少 PDCCH 拥塞概率的目的。例如，NR 系统支持 PDCCH 资源的灵活配置，包括下行 BWP、CORESET、搜索空间的配置。基站可以根据 PDCCH 资源的使用情况灵活地进行配置。传统 5G 终端也会有由于处于小区边缘而覆盖比较差的情况，当基站为这些终端发送 PDCCH 时，也会采用更大的聚合级别，消耗更多的 PDCCH 资源，这与紧凑型 5G 终端由于接收天线数的减少而需要更多的 PDCCH 资源的情况并没有本质的不同。现有的 NR 技术完全可以针对 PDCCH 拥塞情况进行相应优化。由于在该问题上各公司没有统一的意见，因此没有提出为降低 PDCCH 拥塞概率标准化新的技术。

对于紧凑型 5G 终端的接收天线数的减少带来的 PDCCH 拥塞概率升高问题，还有一种解决方案是优化紧凑型 5G 终端支持的 DCI 格式。对于 DCI 格式 0_1/1_1，传统 5G 终端是强制支持的；而 DCI 格式 0_2/1_2 作为精简的 DCI 格式，传统 5G 终端是可选支持的。一些公司认为紧凑型 5G 终端需要强制支持 DCI 格式 0_2/1_2，由于 DCI 载荷减少，可以减少 PDCCH 拥塞概率。但是不少公司不认为 DCI 格式 0_2/1_2 对减少 PDCCH 拥塞概率有帮助。另外，基站为紧凑型 5G 终端服务时，如果紧凑型 5G 终端强制性地支持 DCI 格式 0_1/1_1，可以保持较好的兼容性，基站可以避免为支持紧凑型 5G 终端而强制性地支持 DCI 格式 0_2/1_2。综合各公司的观点，在 RAN1#105-e 会议上达成结论，紧凑型 5G 终端支持的 DCI 格式沿用了传统 5G 终端，即紧凑型 5G 终端强制性地支持 DCI 格式 0_1/1_1，可选地支持 DCI 格式 0_2/1_2。

对于紧凑型 5G 终端的接收天线数的减少带来的 PDCCH 拥塞概率升高问题，还可以通过优化现有的 DCI 格式的大小来解决。基于紧凑型 5G 终端的能力，对现有的 DCI 格式中的信息域进行针对性的精简。一些公司提出了以下可以精简的信息域。

● 对于上行 DCI 格式：

■ 载波指示；

■ 上行 / 增补上行指示；

■ 预编码和层数指示；

■ CBGTI；

■ 第二 DAI；

■ 服务小区休眠指示；

■ PTRS-DMRS 关联指示。

● 对于下行 DCI 格式：

■ 载波指示；

■ 上行 / 增补上行指示；

■ TB1 的调制编码方式；

■ TB1 的 NDI；

■ TB1 的 RV；

■ 服务小区休眠指示；

■ TBGTI；

■ TBGFI。

这些信息域的精简主要基于紧凑型 5G 终端能力的降低，如不支持 CA/DC，最大 2 接收天线，支持的最大带宽降低、支持的最大调制阶数减少等。基于这些降低的能力，DCI 中相关的信息域的比特数可以减少，甚至可以完全省略。但是，现有的 DCI 格式中包含的信息域有很多是可选的，其是否存在及比特数的多少是基于 RRC 的信令配置的。当紧凑型 5G 终端不支持某些能力时，现有的 DCI 格式中的相关比特域的大小会降低，甚至为 0。因此，大部分公司认为不需要对现有的 DCI 格式做优化，现有的 DCI 格式的大小的确定方式对于降低能力的紧凑型 5G 终端仍然可以做到优化 DCI 格式大小。进一步地优化 DCI 格式大小对于 PDCCH 拥塞概率减少没有太多增益，反而会引入额外的标准化工作。最终，没有采纳对现有的 DCI 格式进行优化以降低 PDCCH 拥塞概率的方案。

紧凑型 5G 终端的接收天线数的减少，除了对下行信道的性能造成损失之外，还对信号的测量有影响。例如，对于初始接入过程，终端根据 SSB 的 RSRP 测量结果是否满足配置的门限 rsrp-ThresholdSSB 来选择 SSB。使用选择的 SSB 关联的 PRACH 资源发起随机接入过程。对于传统 5G 终端来说，基站配置的 SSB 的 RSRP 门限 rsrp-ThresholdSSB 是基于传统 5G 终端要求支持的天线数的假设确定的。对于紧凑型 5G 终端，由于接收天线数的减少，在相同条件下，相比传统 5G 终端，紧凑型 5G 终端测得的 SSB 的 RSRP 可能并不满足为传统 5G 终端设置的门限 rsrp-ThresholdSSB，这将导致紧凑型 5G 终端无法接入当前小区。因此，对于紧凑型 5G 终端，需要对 SSB 的 RSRP 门限进行放松，以使紧凑型 5G 终端可以正常接入小区 [10]。除此之外，其他测量过程中的现有相关测量门限的配置也需要考虑对接收天线数减少的紧凑型 5G 终端的测量过程的影响。各公司对该问题的标准化需求并没有一致的意见，该问题可以通过现有标准定义的参数的配置和终端的实现来解决，最终并没有为此引入相关标准的改动。

3.4 紧凑型 5G 终端半双工

由于射频的简化，工作在 FDD 频段的半双工终端不能同时进行信号的发送和接收。5G 标准在最初的版本上强调灵活的上下行资源使用，因此没有支持半双工特性。5G TDD 的支持仅在相同的频点，和 FDD 半双工有所不同。

5G R17 引入半双工，从而克服了上述问题。

3.4.1 紧凑型 5G 终端半双工的复杂度优化

5G NR 既支持 FDD 频谱下的全双工，也支持 TDD 频谱下的时分双工。TDD 实际上不需要双工器。在硬件实现上，半双工的 FDD 可以采取类似于 TDD 的设计。射频通路上，FDD 的上下行占用的频点比较接近，一般可以共享收发天线。与全双工 FDD 所不同，半双工的射频通路不需要双工器，并且所需要的滤波器也可以简化，如将带通滤波器改为高通或低通滤波器[11]，如图 3-6 所示。

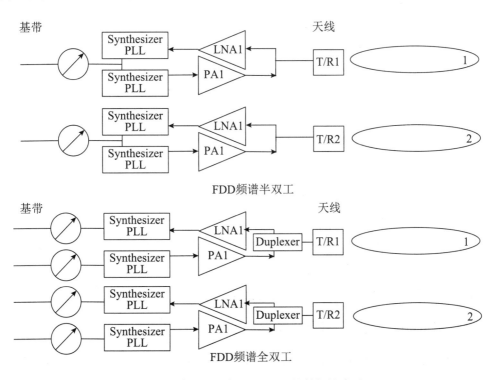

图 3-6 半双工和全双工 FDD 的射频链路对比

除了双工器等带来的简化，其他部分也可以相应简化。混频器（Sythesizer）的本振部分也可以时分共用，代价是更高的转换时间。在 LTE 中带有本振简化方式的为 Type B 半双工，否则，为 Type A 半双工。NR R17 仅支持 Type A 半双工，评估分析的简化效果约 7%。简化的贡献主要来自射频通道的简化。

由于双工器的体积小，简化半双工的引入对终端整体体积没有明显的影响。

半双工对终端能耗也有所改进，简化射频链路的同时也带来了插损的降低，HD-FDD 终端可以相应提高功放器件的效率。射频链路的器件也可以时分的方式关闭和打开，比如锁相环 PLL 可以在不使用的时候关闭，这些器件的开启需要一定的爬升时间。HD-FDD 的功耗效率可以利用这些因素得到提升。

半双工的工作方式带来一定的性能代价。单个半双工的终端的数据吞吐量会比全双工明显降低。从网络的角度来看，小区中一般接入一定数量半双工和全双工的用户，基站可以尽量时分不同终端的上下行资源，因此整个系统的频谱效率并没有下降。半双工终端通过重复发射的方式使得覆盖和全双工接近。上下行时分的问题也会导致半双工FDD 的数据时延变大，与 TDD 系统接近。基站在发送下行控制信令调度半双工 FDD 终端时，会遇到上下行冲突的问题，从而增加下行控制信道调度的阻塞率，如图 3-7 所示。

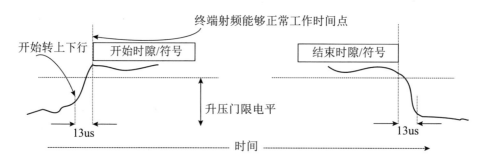

图 3-7 典型射频通道开关转换时间模板

3.4.2 半双工支持的终端过程和转换时间

NR 要支持半双工 FDD 的运作，需要考虑在终端侧定义过程避开上下行的冲突并合理转换。NR 全双工的 FDD 没有考虑上下行互斥的问题。半双工的 FDD 主要基于 TDD 模式。NR 基础版本的 TDD 模式通过 3 种方式确定如何上下行转换。

1. 完全灵活时隙，定义上下行信道优先级

NR 系统中有自包含时隙及灵活时隙的概念，自包含时隙即调度信息、数据传输及该数据传输对应的反馈信息都在一个时隙中传输，从而可以达到降低时延的目的。典型的自包含时隙结构应用于 TDD 的场景，NR FDD 并不需要这样的场景。NR TDD 支持下行自包含时隙和上行自包含时隙两种配置。在同一 TDD 频谱上可以实现如图 3-8 所示的时分上下行资源。

符号

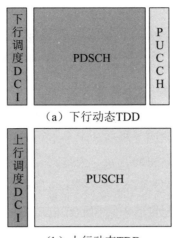

（a）下行动态 TDD

（b）上行动态 TDD

图 3-8 上下行动态 TDD 示意图

引入灵活时隙可以降低时延、优化功耗并保持较好的前向兼容性。如图 3-8（a）所示，网络发送的 PDCCH 调度该时隙中的 PDSCH，针对该 PDSCH 的 HARQ-ACK 信息通过 PUCCH 反馈。由于所有的时域位置都通过动态的信令指示，PDCCH、PDSCH 和 PUCCH 可以在同一时隙中，必要时在一个时隙中完成一次数据的调度、传输和反馈。如图 3-8（b）所示，网络发送的动态调度的 PUSCH 传输可以与该调度 DCI 在同一时隙中。

而这一特性的 TDD 上行和下行的传输方向动态变化，因此 NR 系统对 TDD 终端的处理能力有一定要求。并且，终端需要考虑在收到同样时域位置上各种不同的上下行信道的调度信息时的处理。NR 规定了在动态 TDD 上下行的情况下各种信道的优先级。

NR 系统中引入了灵活的时隙结构，即在一个时隙中包括下行符号（DL）、灵活符号（Flexible）和上行符号（UL）。

灵活符号是纯动态 TDD 的基础，可以认为动态 TDD 下的所有符号都是灵活符号。灵活符号表示该符号的方向是未定的，可以通过其他信令将其改变为下行符号或上行符号。灵活符号也可以表示为了前向兼容性，预留给将来用的符号。灵活符号用于终端的收发转换，类似于 LTE TDD 系统中的保护间隔（GP）符号，终端在该符号内完成收发转换。

由于充分的灵活符号，TDD 通过一定的规则确定某一符号的传输是上行符号，还是下行符号。完整的规则定义也可以用于半双工 FDD 终端的运作。

2. 半静态上下行配置

NR TDD 支持半静态上下行配置帧结构，其中可以定义每个时隙的每个符号的传输方向。半静态的信令由两种上下行配置信令构成，包括 tdd-UL-DL-ConfigurationCommon 和 tdd-UL-DL-ConfigurationDedicated。配置的 tdd-UL-DL-ConfigurationCommon 信令为对于小区内的所有的终端都适用的时隙结构。

该公共配置可以设置最多两个图样（pattern），每个图样可以对应在一个周期中。在每个图样中，网络可以配置该图样中的时隙结构，主要参数包括：参考子载波间隔（μ_{ref}）、周期（P，即该图样的周期参数，其单位为 ms）、下行时隙数（d_{slots}）、下行符号数（d_{sym}）、上行时隙数（u_{slots}）、上行符号数（u_{sym}）等。

根据参考子载波间隔和周期可以确定该周期内包括的时隙个数总数 S，该 S 个时隙中的前 d_{slots} 个时隙表示全下行时隙，最后一个全下行时隙的下一个时隙中的前 d_{sym} 个符号表示下行符号；该 S 个时隙中的最后 u_{slots} 个时隙表示全上行时隙，第一个全上行时隙的前一个时隙中的最后 u_{sym} 个符号表示上行符号；该周期中其余符号表示灵活符号。因此，在一个图样周期内，整体看来配置的帧结构形式也是下行时隙或符号在前，上行时隙或符号在后，中间是灵活时隙或符号。终端根据 tdd-UL-DL-ConfigurationCommon 可以确定一个周期内的时隙结构，以周期 P 在时域上重复即可确定所有时隙的时隙结构。

如图 3-9 所示为一个图样的时隙配置，该图样的周期 P=5ms，对于 15kHz 子载波间隔，该图样周期内包括 5 个时隙，其中 d_{slots}=1，d_{sym}=2，u_{slot}=1，u_{sym}=6，即表示在 5ms 的周期内，第 1 个时隙为全下行时隙，第 2 个时隙中的前 2 个符号是下行符号，最后一个时隙是全上行时隙，倒数第二个时隙中的最后 6 个符号是上行符号，其余符号是灵活符号，该图样在时域上以 5ms 周期性重复。

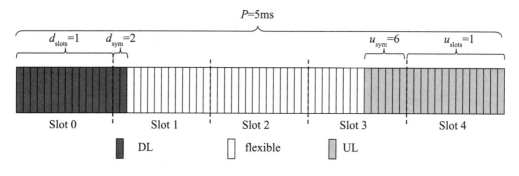

图 3-9　R15 TDD 上下行配置图样示意

UE 专有信令 tdd-UL-DL-ConfigurationDedicated 为一个终端配置时隙结构，可以作为小区公有信令的补充。

TDD 半静态地配置上下行符号，可以考虑用于半双工 FDD 配置，预留的灵活符号可以作为终端的转换时间。在这样的假设下，半双工 FDD 终端通过只在规定的上行符号上传输和下行符号上接收来实现半双工。

3. 动态上下行指示

动态上下行指示即通过采用 SFI-RNTI 加扰的 DCI 格式 2_0 来表示较短时间内的每

个时隙上下行配置。动态配置能作为半静态上下行配置的补充，也能单独配置给 TDD。如果和半静态一起配置，那么动态时隙格式指示信令只能改变半静态上下行配置信息中配置为灵活符号的方向，不能改变半静态配置信息配置为上行符号或下行符号的方向。

动态 SFI 时隙格式指示可以同时配置多个服务小区的时隙格式，网络通过 RRC 信令配置小区索引，以及该小区索引对应的时隙格式组合标识（slotFormatCombinationId）的起始比特在 DCI 格式 2_0 中的位置。网络配置多个时隙格式组合（slotFormatCombination），每个时隙格式组合对应一个标识信息（slotFormatCombinationId），以及一组时隙的时隙格式配置，每个时隙格式配置用于配置一个时隙的时隙格式，根据该索引即可确定一个时隙内的上下行符号。SFI 指示的时隙个数可以对应 DCI 格式 2_0 的监测周期，也可以超越这一周期，只要下次 SFI 信令所重叠指示的时隙格式一致即可。一个参考的子载波间隔用以计算出时隙格式对应的绝对时间，可用于其他的子载波间隔。

纯动态的上下行指示方式也可以考虑用于半双工 FDD 终端，这种方式，终端同样只在指示的上行符号上传输和下行符号上接收。

三种 TDD 的上下行确定的方式，都可以用于终端的半双工 FDD 处理过程增强，处理过程是 NR 支持半双工终端的主要标准化考虑。将三种候选方案引入半双工 FDD 仍然有一些额外的考虑。在基于纯动态帧结构定义不同的信道优先级的方式下，TDD 的信道优先级的定义也不能完全适用 FDD 的部署。半双工的 FDD 终端必须考虑在已有的 FDD 网络中与全双工终端共存，然而很多全双工的下行资源配置和指示并未考虑和上行重叠的场景。这些下行资源的配置和指示往往与半双工共享，因此引入半双工终端不可避免地导致上下行冲突过于频繁。因此，原来有 TDD 上下行优先级的定义需要做一些增强来支持半双工 FDD。

半静态上下行配置帧结构只在 R15/R16 TDD 网络中支持。当在 FDD 网络中引入，需要配置对应的广播和专有信令。配置指示帧结构也会有一定的全双工终端的共存问题，不过，引入了完整的符号指示，上下行的优先级可以不用去定义。纯动态上下行指示帧结构的上下行符号和半静态方式一样，都要额外引入某种形式信令开销，并且这样的动态信令比半静态有更大的下行资源开销和终端的检测能力要求。

基于共存的和终端复杂度的考虑，最终的标准化半双工 FDD 终端方案采用了重新定义部分信道优先级的方式。具体的优先级规则见表 3-14。

在前面提到，半双工终端在发射和接收之间切换需要考虑一定的转换时间。而 R15 TDD 终端已经引入了一套转换时间，见表 3-13。表 3-13 中的时间单位为 $T_c = 1/(480 \times 1000 \times 4096)$，即 NR 的最小时间单位。由于考虑后续的扩展，上行转下行 $N_{\text{TX-RX}}$ 与下行转上行 $N_{\text{RX-TX}}$ 分别定义。半双工 FDD 终端的射频链路和 TDD 有所不同。然而，差异部分并不会对紧凑型终端带来额外的必要优势，比如半双工的终端可以在切换过程中更早地关闭混频器以节电，这些都是不必要的优化，因此标准重用了 TDD 终端的转换时间作为半双工的规范。

表 3-13　R15 TDD 终端引入的转换时间

转 换 时 间	FR1	FR2
$N_{TX\text{-}RX}$	25600	13792
$N_{RX\text{-}TX}$	25600	13792

TDD 转换时间的定义主要用于描述终端不期待基站预留给终端侧的转换时间小于规范值，这需要基站的调度器保证。在半双工 FDD 中，沿用了这一原则。转换时间的取值也和 R15 TDD 转换时间相同。

3.4.3　半双工的上下行信道优先级

在 R15 TDD 中已经有各种信道优先级的定义，其原则主要是针对灵活符号，当动态调度不同和半静态配置指示的符号不同时，一般优先处理动态调度。对于半双工 FDD，有 8 种类型的信道冲突被提出来讨论，见表 3-14。

表 3-14　上下行信道的冲突组合

冲 突 类 型	上下行信道
Case 1	动态调度下行与半静态配置的上行，如 DCI 调度的 PDSCH 或 CSI-RS 与配置的 SRS，PUCCH 或 PUSCH 传输的冲突
Case 2	配置的半静态下行与动态调度的上行，如配置的 PDCCH 检测机会或半静态 PDSCH 与动态 PUSCH 或 PUCCH 的冲突
Case 3	半静态配置的下行与半静态配置的上行
Case 4	动态调度的下行与动态调度的上行
Case 5	配置的下行同步块（SSB）与动态调度或者半静态配置的上行的冲突，即 SSB 与 PUSCH、PUCCH、PRACH 或 SRS
Case 6	检测的上行取消指示（特殊的下行控制信令）与上行传输
Case 7	切换 BWP 的时序冲突
Case 8	动态调度或者半静态配置的下行与随机接入机会（RO）的冲突

考虑到上行取消指示的低时延特性并不是紧凑型终端的指标，也不是维持与普通 FDD 终端共存的能力，对 Case 6 没有引入标准化的处理规则。Case 7 对紧凑型终端的引用场景不明，因此也未标准化。对于表 3-14 中的其他场景，分别定义了冲突处理规则。

Case 1：动态调度下行与半静态配置的上行。

这种场景下基站的调度是可以预见冲突的，因此只有在必要时基站才会采用这样的动态下行调度。因此标准定义半双工 FDD 下动态下行调度优先，与 R15/R16 的 TDD 终端的行为类似。

Case 2：配置的半静态下行与动态调度的上行。

此场景与 Case 1 的考虑一样，因此半双工也重用了 R15/R16 的 TDD 终端行为，即上行动态调度优先。

Case 3：半静态配置的下行与半静态配置的上行。

半静态配置的上下行冲突的考虑因素较多。一般半静态配置的信道有小区相关类和终端专有类两种。前者的配置需要兼顾共存在小区中的全双工终端。在配置这些全双工终端的小区相关下行信道时，基站并未考虑上行信道的重叠问题。而同样的小区相关下行信道会用于半双工的终端。Case 3 分出了几个子场景。

终端专有下行配置接收和终端专有上行配置传输的时域（符号）位置发生重叠。终端专有上行及下行的配置都可以为某一半双工终端做规避配置。因此，标准要求基站规避配置，终端不期待这样的冲突发生。

小区相关的下行配置接收和终端专有上行配置传输的时域位置发生重叠。终端专有上行的配置可以为半双工终端做规避配置。因此，标准也要求基站规避配置，终端不期待这样的冲突发生。其中，小区相关的下行配置接收是指所有的 PDCCH 公共搜索空间（Type-0/0A/1/2 CSS set）。

小区配置的下行 SSB 接收和上行 RO 传输分别作为 Case5 和 Case8 在标准中定义。

Case 4：动态调度的下行与动态调度的上行。

在该场景下，基站调度器完全控制每个终端上行和下行的调度时间。因此基站完全可以优化调配上行和下行的资源。标准化中，终端过程定义动态调度的冲突不会发生，基站需要规避这样的调度。需要说明的是，对于动态 PDSCH 的 HARQ 反馈，承载的 PUCCH 也是动态调度产生的，因此也需要基站规避。

Case 5：配置的 SSB 与动态调度或者半静态配置的上行的冲突。

SSB 的配置如果与上行动态调度冲突时，延用 R15 TDD 的优先级处理，SSB 接收优先。主要考虑 SSB 接收测量用于小区的接入驻留问题。

SSB 的配置和上行半静态配置（不含 RO）传输冲突时，延用 R15 TDD 的优先级处理，SSB 接收优先。

SSB 配置与 RO 配置传输冲突时，终端可以自主决定发送随机接入或进行 SSB 接收测量。这样的设计是考虑 RO 的发起本身就是终端决定发起的，而终端的 SSB 测量的程度也可以掌握。当测量已经稳定时，终端即可发起随机接入。

还有一种情况是 SSB 的配置和上行半静态配置之间没有足够的时间间隔，此时也是

SSB 优先。

Case 8：动态调度或者半静态配置的下行与随机接入机会（RO）的冲突。

半双工 RO 的定义重用了全双工的 RO 定义，所有的 RO 都有效。R15 TDD 则预先定义有上下行冲突的 RO 为无效。TDD 方式会带来 SSB-RO 重映射的缺失问题，在 FDD 网络中不能采用。信道优先规则如下。

如果终端专有的下行配置与 RO 之间没有足够的处理时间，终端可以自行决定接收下行或发送随机接入。终端专有的下行配置包括 PDCCH 的专有搜索空间、SPS PDSCH、CSI-RS 和 DL PRS。

如果小区相关的下行配置与 RO 之间没有足够的处理时间，终端可以自行决定接收下行或发送随机接入。小区相关的下行配置包括 SSB 和 PDCCH 公共搜索空间。

如果 PDCCH 公共搜索空间（Type-0/0A/1/2 CSS set）与 RO 的时域位置冲突，终端可以自行决定接收 PDCCH 或发送随机接入。

如果终端专有的下行配置与 RO 的时域位置冲突，终端可以自行决定接收下行或发送随机接入。终端专有的下行配置包括 PDCCH 的专有搜索空间、SPS PDSCH、CSI-RS 和 DL PRS。

如果动态下行调度与 RO 的时域位置冲突，终端可以自行决定接收下行或发送随机接入。

| 3.5 紧凑型 5G 终端的 eDRX |

在 LTE 中，处于 RRC 空闲态和 RRC 非激活态的 UE 使用 DRX 机制来监听寻呼。在 DRX 机制下，UE 只需要在每个 DRX 周期内的一个 PO 期间监听寻呼。LTE 在 R13 引入了针对 RRC 空闲态的 eDRX 机制，通过支持更大的寻呼周期来达到终端进一步省电的目的。随后，LTE 在 R16 针对连接到 5GC 的 LTE-MTC 终端引入了针对 RRC 非激活态的 eDRX 机制。

与 LTE 相同，在 NR 中，处于 RRC 空闲态和 RRC 非激活态的 UE 也使用 DRX 机制来监听寻呼。在 R17 支持的紧凑型 5G 终端的三大应用场景中，工业无线传感器需要支持几年的电池续航能力，可穿戴设备需要支持 1 ～ 2 周的电池续航能力。考虑到紧凑型 5G 终端的省电需求，R17 在紧凑型 5G 终端项目中引入了针对 RRC 空闲态和 RRC 非激活态的 eDRX 机制。

3.5.1　RRC 空闲态的 eDRX

1. RRC 空闲态支持的 eDRX 周期范围

引入 eDRX 机制，首先要解决的一个问题是确定 eDRX 周期的取值范围。由于 DRX 周期的取值范围是 0.32 ～ 2.56 秒，最直接的方式是在 DRX 周期的基础上进一步扩展值域作为 eDRX 周期。

在 LTE 中，对于 RRC 空闲态的终端，eDRX 周期的最小值为 5.12 秒。对于非 NB-IoT 终端，eDRX 周期的最大值为 2621.44 秒（43.69 分钟）。对于 NB-IoT 终端，eDRX 周期的最大值为 10485.76 秒（2.91 小时）。由于 SFN 的取值范围在 0 ～ 1023，为了支持大于 10.24 秒的 eDRX 周期，引入了超无线帧 HFN（Hyper Frame Number）的概念。HFN 由网络通过系统消息通知给终端，当 SFN 发生轮转时，将 HFN 累加 1。

对于紧凑型 5G 终端的 eDRX 周期的取值范围，在该项目的研究阶段进行了充分的讨论。

对于 eDRX 周期的最大值，大多数公司认为至少需要支持到 2621.44 秒，主要争论的焦点在于是否需要支持到 10485.76 秒。一些公司基于仿真结果观察到，在 2621.44 秒基础上进一步增大 eDRX 周期，能带来的终端节能增益十分有限。然而，考虑到 LTE 中已经引入了最大值为 10485.76 秒的 eDRX 周期，5GC 已经具备支持最大值 10485.76 秒的 eDRX 周期的能力，因此没有必要限制 5G 终端的 eDRX 周期的取值范围。最终，标准会讨论决定在 NR 中，对于 RRC 空闲态的 UE，可支持的 eDRX 周期最大值为 10485.76 秒。

对于 eDRX 周期的最小值，考虑到对于一些紧凑型 5G 终端类型（比如可穿戴设备），一方面，它们接收紧急呼叫的时延需求在 4s 之内，另一方面，它们也有终端省电的需求[12]。对于该类型的终端，使用 5.12 秒的 eDRX 周期无法满足它们对于接收紧急呼叫的时延需求。因此，为了支持该类型的终端，最终决定在 NR 中可支持的 eDRX 周期最小值为 2.56 秒。

2. RRC 空闲态的 eDRX 配置和寻呼监听

在 LTE 中，RRC 空闲态终端的 eDRX 参数由核心网通过 NAS 信令配置给终端，eDRX 参数包括 eDRX 周期和 PTW（Paging Time Window，寻呼时间窗）长度（PTW 的概念将在后续章节介绍）。NR 沿用了 LTE 的 eDRX 配置方式。其基本流程是：终端在发送给核心网的注册请求消息中携带 eDRX 参数，然后核心网在发送给终端的响应消息中携带 eDRX 参数配置。

在 LTE 中，对于处于 RRC 空闲态的终端，如果核心网给该终端配置了 eDRX，则终端基于 eDRX 周期监听寻呼。此外，对于 eDRX 周期大于或等于 10.24 秒，为了提高寻呼可靠性，引入了寻呼时间窗 PTW 的概念，即终端在每个 eDRX 周期中启动 PTW，并在 PTW 期间按照 DRX 周期监听寻呼，如图 3-10 所示。NR 中 eDRX 的基本设计思路和

LTE 基本相同，唯一的区别在于，NR 中的 eDRX 是针对 eDRX 大于 10.24 秒的情况使用 PTW 机制，而对于 eDRX 周期等于 10.24 秒的情况，不使用 PTW。这样，对于 eDRX 周期不会超过 10.24 秒的终端类型，就可以不实现 PTW 功能，从而简化了终端实现。

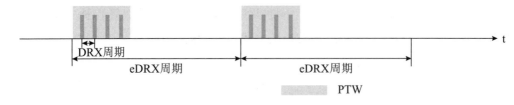

图 3-10 eDRX 过程示意图

UE 基于寻呼超帧 PH、位于 PH 内的 PTW 起始时刻 PTW_start 和 PTW 结束时刻 PTW_end 确定 PTW。

为了使配置了 eDRX 的终端尽可能均匀地分布到不同超帧上监听寻呼，PH 基于终端的 UE ID 计算，即 PH 为满足以下公式的 H-SFN。

H-SFN mode TeDRX_CN= (UE_ID_H mode TeDRX_CN)。

以上公式中参数的含义如下：

● UE_ID_H：通过哈希 ID 确定。
● TeDRX_CN：CN 配置的 eDRX 周期，单位为超帧。
● PTW 为 PH。

在确定了 PH 之后，UE 进一步计算 PTW_start 和 PTW_end。PTW_start 为满足以下公式的 SFN。

SFN = 128 × ieDRX_CN

其中：ieDRX_CN = floor(UE_ID_H/ TeDRX_CN)mode8。

PTW_end 为满足以下公式的 SFN：

SFN = (PTW_start+L × 100−1)mode1024

其中：L 为核心网配置的 PTW 长度，单位为秒。

基于上述 eDRX 设计思路，对于核心网配置了 eDRX 的终端，其在 RRC 空闲态的监听寻呼的行为见表 3-15。

表 3-15 RRC 空闲态终端在 eDRX 配置下的寻呼监听

核心网配置的 eDRX 周期	终端监听寻呼的行为
≤ 10.24 秒	T= 核心网配置的 eDRX 周期
> 10.24 秒	在 PTW 期间，T=min{ 核心网配置的 DRX 周期，默认的寻呼周期 }

（1）T 为终端监听寻呼的 DRX 周期；
（2）默认的寻呼周期的取值由基站通过广播的方式通知给终端。

3.5.2　RRC 非激活态的 eDRX

1. RRC 非激活态支持的 eDRX 周期范围

在 LTE 中，针对连接到 5GC 的 NB-IoT 和 LTE-MTC 终端引入了 RRC 非激活态的 eDRX。对于 RRC 非激活态的 eDRX，其 eDRX 周期的取值为 5.12 秒或 10.24 秒。

在 NR 中，对于 RRC 非激活态的 eDRX，研究者主要讨论的焦点在于是否要支持大于 10.24 秒的 eDRX 周期。从 RAN2 工作组的讨论来看，大多数公司认为终端的省电需求与其所处的 RRC 状态无关，因此 RRC 非激活态的 eDRX 周期应该和 RRC 空闲态的 eDRX 周期具有相同的取值范围。此外，针对 RRC 非激活态引入大于 10.24 秒的 eDRX 周期能带来以下几方面的好处。

（1）可以更有效地支持终端发起的小数据传输应用。例如，一些工业无线传感器终端具有周期到达的上行业务，但其下行业务对时延要求并不敏感。对于这类终端，使用大于 10.24 秒的 eDRX 周期能进一步节省终端能耗。

（2）从仿真结果可以观察到，当 eDRX 周期从 10.24 秒进一步增大时，能获取更大的终端节能增益。与 RRC 空闲态相比，RRC 非激活态还可以额外节省信令开销。对于一些终端类型，除了要使用更大的 eDRX 周期，还要将这些终端释放到 RRC 非激活态，才能达到几年的电池续航能力。

另外，针对 RRC 非激活态要支持超过 10.24 秒的 eDRX 周期对核心网（如 NAS 重传）产生潜在的影响。由于 SA2/CT1 工作组对于 RRC 非激活态支持大于 10.24 秒的 eDRX 周期的可行性无法形成结论，RAN2 工作组最终决定在 R17 中针对 RRC 非激活态的 eDRX 周期的最大值为 10.24 秒。

对于 RRC 非激活态的 eDRX 周期的最小值，将使用与 RRC 空闲态的 eDRX 周期相同的最小值，即 2.56 秒。

2. RRC 非激活态的 eDRX 配置和寻呼监听

对于连接到 5GC 的 NB-IoT 和 LTE-MTC 终端，如果核心网为该终端配置了 eDRX，则核心网会将配置给该终端的 eDRX 参数传递给基站。当基站将该终端释放到 RRC 非激活态时，基站可以为该终端配置另外一个 eDRX 周期。基站需要参考核心网配置的 eDRX 周期来决定该 eDRX 周期取值，基站给该终端配置的 eDRX 周期不得超过核心网给该终端配置的 eDRX 周期。NR 中针对 RRC 非激活态的 eDRX 配置方式沿用了 LTE 的设计思路，同时，NR 中明确规定以下场景为无效配置场景。

场景 1：核心网没有为终端配置 eDRX，而基站为终端配置了 eDRX。

场景 2：基站为终端配置的 eDRX 周期大于核心网为终端配置的 eDRX 周期。

与 LTE 相同，在 NR 中，处于 RRC 非激活态的终端需要同时监听来自核心网的寻呼和来自基站的寻呼。因此，对于配置了 eDRX 的终端，其在 RRC 非激活态监听寻呼的行为基本沿用了 LTE 的设计思路，见表 3-16。

表 3-16　RRC 非激活态终端在 eDRX 配置下的寻呼监听

核心网配置的 eDRX 周期	基站配置的 eDRX 周期	终端监听寻呼的行为
≤ 10.24 秒	NA	T=min{ 核心网配置的 eDRX 周期，基站配置的 DRX 周期 }
	≤ 10.24 秒	T=min{ 核心网配置的 eDRX 周期，基站配置的 eDRX 周期 }
> 10.24 秒	NA	在 PTW 之内： T=min{ 核心网配置的 DRX 周期，基站配置的 DRX 周期，默认寻呼周期 } 在 PTW 之外： T = 基站配置的 DRX 周期
	≤ 10.24 秒	在 PTW 之内： T=min{ 核心网配置的 DRX 周期，基站配置的 eDRX 周期，默认寻呼周期 } 在 PTW 之外： T = 基站配置的 eDRX 周期

（1）T 为终端监听寻呼的 DRX 周期；
（2）默认的寻呼周期的取值由基站通过广播的方式通知给终端

3.5.3　针对 eDRX 的系统消息更新

与 LTE 类似，在 NR 中，为了支持除了 ETWS（Earthquake and Tsunami Warning System，地震海啸告警系统）和 CMAS（Commercial Mobile Alert Service，商业移动警报服务）之外的系统消息更新，使用了基于系统消息更新周期的系统消息更新机制。系统消息更新周期定义为：$m=$ 系统消息更新周期因子 $\times$ 默认的寻呼周期，其中，系统消息更新周期因子的取值范围为 2, 4, 8, 16，该参数由基站通过广播的方式通知给 UE。当基站需要更新除了 ETWS 和 CMAS 之外的系统消息时，基站需要先在第 n 个系统消息更新周期通过寻呼 PDCCH 中的短消息重复发送系统消息更新指示，随后在第 $n+1$ 个系统消息更新周期发送更新后的系统消息。这样，当终端在第 n 个系统消息更新周期接收到该消息更新指示后，终端就可以在第 $n+1$ 个系统消息更新周期获取更新后的系统消息了。当引入 eDRX 之后，如果终端的 eDRX 周期大于系统消息更新周期，则终端有可能会漏掉基站发送的系统消息更新指示，从而无法获取更新的系统消息。

为了解决该问题，在 LTE 中，引入了 eDRX 获取周期的概念。eDRX 获取周期定义为可支持的 eDRX 最大值（对于非 NB-IoT 终端，eDRX 获取周期为 2621.44 秒；对于 NB-IoT 终端，eDRX 获取周期为 10485.76 秒）。同时，引入一个与 eDRX 获取周期相匹配的 eDRX 系统消息更新指示。当基站需要更新除了 ETWS 和 CMAS 之外的系统消息时，基站先在第 n 个 eDRX 获取周期通过寻呼消息重复发送 eDRX 系统消息更新指示，随后在第 $n+1$ 个 eDRX 获取周期发送更新后的系统消息。这样，对于配置了 eDRX 的终端，其接收系统消息的行为规定如下：

- 如果核心网为该终端配置的 eDRX 周期小于或等于系统消息更新周期，则 UE 基于系统消息更新指示和系统消息更新周期获取更新的系统消息。
- 如果核心网为终端配置的 eDRX 周期大于系统消息更新周期，则 UE 基于 eDRX 系统消息更新指示和 eDRX 获取周期获取更新的系统消息。

NR 中针对 eDRX 的系统消息更新机制沿用了 LTE 的设计思路，即在寻呼 PDCCH 的短消息中引入一个 eDRX 系统消息更新指示，同时定义一个 eDRX 获取周期。对于 RRC 空闲态和 RRC 非激活态，eDRX 获取周期使用相同的取值，均为 RRC 空闲态可支持的 DRX 周期最大值。

对于配置了 eDRX 的终端，该终端基于哪个 eDRX 周期与系统消息更新周期来决定是基于系统消息更新指示和系统消息更新周期获取更新的系统消息，还是基于 eDRX 系统消息更新指示和 eDRX 获取周期获取更新的系统消息，有以下两个候选方案。

方案 1：RRC 空闲态的终端和 RRC 非激活态的终端都使用核心网配置的 eDRX 周期与系统消息更新周期进行比较。

方案 2：针对 RRC 空闲态的终端和 RRC 非激活态的终端使用不同的 eDRX 周期与系统消息更新周期进行比较[13]。具体的，对于 RRC 空闲态的终端，使用核心网配置的 eDRX 周期与系统消息更新周期比较。对于 RRC 非激活态的终端，如果基站为该 UE 配置了 eDRX 周期，则使用基站配置的 eDRX 周期与系统消息更新周期进行比较；如果基站为该 UE 没有配置 eDRX 周期，则使用核心网配置的 eDRX 周期与系统消息更新周期进行比较。

方案 1 沿用了 LTE 的设计思路，该方案简单，但对处于 RRC 非激活态的终端，如果核心网为该终端配置的 eDRX 周期大于系统消息更新周期，而基站为该终端配置的 eDRX 周期小于系统消息更新周期，那么该终端实际监听寻呼的周期是小于系统消息更新周期的。此时根据核心网配置的 eDRX 来决定是使用系统消息更新周期，还是使用 eDRX 获取周期来获取更新的系统消息，这会增大不必要的终端获取更新的系统消息的时延。方案 2 则能在一定程度上解决方案 1 存在的上述问题。由于绝大多数公司倾向于沿用 LTE 的方案，最终采纳了方案 1。

3.6 紧凑型 5G 终端的测量放松

考虑到 R17 针对紧凑型 5G 终端提出的三大应用场景中,某些终端类型在通常情况下静止不动(比如工业无线传感器)或者具有极低的移动性(比如机器人),因此 R17 针对紧凑型 5G 终端的一个设计目标,是研究针对静止终端的 RRM 测量放松,从而达到终端省电的目的。R17 中引入的针对静止终端的 RRM 测量放松包括 RRC 非连接态(RRC 空闲态和 RRC 非激活态)的 RRM 测量放松和 RRC 连接态的 RRM 测量放松。与 R16 RRM 测量放松一样,R17 RRM 测量放松只限于针对邻小区的测量放松,而没有引入针对服务小区的测量放松。

3.6.1 RRC 非连接态的测量放松

如第 1.6 节所介绍的,R16 引入的 RRM 测量放松在测量放松准则方面主要定义了"低移动性"准则和"终端不在小区边缘"准则,在测量放松方法上主要是通过增大测量间隔来减少终端对邻小区的测量次数。

R17 针对 RRC 非连接态的 RRM 测量放松的基本指导思路是以 R16 RRM 测量放松为基准,研究进一步增强方案。下面将介绍 RRM 测量放松准则和 RRM 测量放松方法。

1. RRC 非连接态的 RRM 测量放松准则

针对 RRC 非连接态的 RRM 测量放松准则,在标准化讨论初期,主要提出了以下几种候选的增强方案。

方案 1:引入单独的 RSRP 变化量门限值 $S_{\text{SearchDeltaP\_stationary}}$ 从而支持两个速率等级的评估,例如:

- 静止准则定义为 $(Srxlev_{\text{Ref}} - Srxlev) < S_{\text{SearchDeltaP\_stationary}}$。
- 低移动性准则定义为 $S_{\text{SearchDeltaP\_stationary}} \leqslant (Srxlev_{\text{Ref}} - Srxlev) < S_{\text{SearchDeltaP\_low\_mobility}}$。

方案 2:引入单独的评估时长门限值 $T_{\text{SearchDeltaP\_stationary}}$ 从而支持两个速率等级的评估。

方案 3:基于终端在服务小区的波束变化来评估终端的移动性,例如基于最好波束的变化次数是否低于一个门限来判断终端是否满足静止准则。

方案 4:终端根据注册信息确定自己是否具备静止属性。

除此之外,还有公司提出以上多种方案的组合,比如:将方案 1/2 与方案 3 结合作为静止准则,或将方案 1/2 与方案 4 结合作为静止准则。

以上这些候选方案的比较如下:

方案 1 和方案 2 的共同优点是简单直观,可以通过基站配置不同的评估门限值来区分不同的移动性等级。然而，这两个方案都存在相同的潜在问题，即只根据终端测量的小区级的测量结果作为判断准则，而没有评估波束级的测量结果的变化，因此可能无法很精准地评估终端的移动性状态。

方案 3 引入了波束级的评估条件，能够在一定程度上解决方案 1 和方案 2 的潜在问题。然而，由于波束级的测量结果相比于小区级的测量结果具有更大的波动性，因此使用波束级的评估准则可能会造成终端对自己移动状态的误判。

方案 4 最简单，相比于其他几种方案，该方案可以使得终端更快地确定自己的移动性状态。该方案的缺点一方面是只适用于某些特定的场景（如静止不动的终端），另一方面，即使对于物理位置上静止不动的终端，其信道质量也有可能发生变化。不考虑信道质量来决定放松 RRM 测量可能会对终端的移动性管理造成负面影响。

由于 RRC 非连接态的 RRM 测量放松需要考虑的是对小区重选的影响，而小区重选都是基于小区级的测量结果评估的，因此无须考察波束级测量结果的变化，方案 3 被排除。方案 4 由于存在不可靠性，该方案也被排除。最终，经过标准化讨论决定采纳方案 1 和方案 2，即重用 "R16 低移动性" 准则的评估方法，同时，针对 "R17 静止" 准则引入单独的评估门限值 $S_{\text{SearchDeltaP\_stationary}}$ 和 $T_{\text{SearchDeltaP\_stationary}}$。

此外，与 R16 RRM 测量放松相同，R17 RRM 测量放松也引入了 "终端不在小区边缘" 准则。"R17 终端不在小区边缘" 准则重用 "R16 终端不在小区边缘" 准则的评估方法，区别在于引入单独的评估门限值，并且规定 R17 中的 "终端不在小区边缘" 准则只能与 R17 中的 "终端不在小区边缘" 准则配合使用，而不能和 R16 中的 "终端不在小区边缘" 准则配合使用。

由于 R17 RRM 测量放松的目标对象是静止终端，R17 RRM 测量放松准则在配置和使用上与 R16 RRM 测量放松存在以下不同之处。

（1）"R17 终端不在小区边缘" 准则不能单独配置，即基站只有在配置了 "R17 静止" 准则的情况下才可以配置 "R17 终端不在小区边缘" 准则。

（2）在基站同时配置了 "R17 静止" 准则和 "R17 终端不在小区边缘" 准则的情况下，终端不能在仅满足 "R17 终端不在小区边缘" 准则的情况下执行 RRM 测量放松。

2. RRC 非连接态的 RRM 测量放松方法

针对 RRC 非连接态的 RRM 测量放松方法，在标准化讨论初期，主要提出了以下几种候选的增强方案。

方案 1：引入更长的测量间隔。

方案 2：减少终端测量的参考信号 RS 个数。

方案 3：减少终端测量的同频 / 异频邻小区个数。

方案 4：减少终端测量的频点个数。

方案 5：将 R16 引入的 1 小时测量间隔应用到静止终端，即终端在仅满足"R17 静止"准则（而无须满足"R17 终端不在小区边缘"准则）的情况下也可以将测量间隔放松至 1 小时。

方案 6：当终端在满足"R17 静止"准则还没有达到评估时长的情况下，终端可以先针对部分频点执行放松的 RRM 测量。

以上这些候选方案的比较如下：

方案 1 简单直接，这也是传统常用的测量放松方式。

方案 2、方案 3 和方案 4 都是从减少测量对象的维度来考虑的，它们都对基站规划提出了更多的要求。

方案 5 需要进一步评估验证其性能。

方案 6 有利于终端更早地启动放松的 RRM 测量，但由于没有达到一定的评估时长，有可能会由于终端误判导致给终端的移动性管理带来一定的影响。

经过 3GPP RAN 高层协议组和射频工作组的讨论，方案 1 的复杂度最低且能满足要求，最终决定采用方案 1。

3.6.2 RRC 连接态的测量放松

R17 针对 RRC 连接态的 RRM 测量放松的基本指导思路也是以 R16 RRM 测量放松为基准的，结合 RRC 连接态的特性研究进一步增强方案。下面将从 RRM 测量放松准则和 RRM 测量放松方法两个方面进行介绍。

1. RRC 连接态的 RRM 测量放松准则

对于 RRC 连接态的静止准则，在标准化讨论初期，主要提出以下几种候选方案。

方案 1：重用"R16 低移动性"准则。

方案 2：根据终端的注册信息确定该终端是否具备静止属性[14]。

方案 3：根据终端的位置上报判断终端是否静止。

方案 1 与 RRC 非连接态的测量放松准则类似，基站将测量放松准则评估参数配置给终端，终端基于服务小区的信道测量确定是否满足静止准则，该方案可以降低 RRM 测量放松对终端移动性性能的影响。方案 2 和方案 3 由于没有考虑终端信道质量的变化，会影响终端的切换性能，标准化会议经过讨论最终同意采纳方案 1。

对于是否要针对 RRC 连接态引入类似 RRC 非连接态"终端不处于小区边缘"准则，由于大多数公司认为目前标准中已有的测量事件（如 A1 事件）可以起到一样的效果，因此，标准化会议形成了结论：对于 RRC 连接态，不引入"终端不处于小区边缘"准则。

对于 RRC 连接态的 RRM 测量放松，在确定了放松准则之后，接下来要讨论的问题是网络如何配置静止准则，以及如何触发终端执行放松的测量。

对于 RRC 连接态的静止准则的配置方式，主要讨论了广播配置和 RRC 专用信令配置两种方式。考虑到 RRC 专用信令配置的方式可以使网络根据终端的不同情况配置不同的静止准则评估参数，该方式与广播配置的方式相比更加灵活，标准化会议经过讨论最终同意：RRC 连接态的静止准则使用 RRC 专用信令来配置，此外，不支持广播配置的方式。

对于 RRC 连接态测量放松的触发方式，主要讨论了以下两个候选方案。

方案 1：如果终端基于测量评估确定满足或不满足静止准则，则终端向基站上报。

方案 2：如果终端基于测量评估满足或不满足静止准则，则终端自主针对邻小区启动放松的测量或者恢复到正常的测量。

对于方案 1，终端是否执行测量放松是完全在基站的控制下进行的，而方案 2 是终端自主放松测量，从基站的角度看，基站并不知道终端是否执行了放松的测量。方案 2 由于受到大多数网络厂商的质疑，标准化会议经过讨论最终采纳了方案 1，并决定终端使用 UE 辅助信息向网络上报该终端 "满足静止" 准则或 "不满足静止" 准则。

2. RRC 连接态的 RRM 测量放松方法

从 RAN2 工作组的角度看，针对 RRC 连接态的 RRM 测量放松，可以使用现有的 RRM 测量框架来实现。比如，当网络收到终端上报的 "满足静止" 准则时，基站可以通过为终端配置更少的测量对象达到测量放松的目的。

3.7 紧凑型 5G 终端识别与接入控制

引入 RedCap 终端后，为了满足运营商提供正常业务的需求（例如在初始接入时针对 RedCap 终端的特殊调度或者可能限制 RedCap UE 的网络接入等），需要提供 RedCap 终端的标识信息给网络。在 R17 研究阶段初期，主要考虑了以下一些识别 RedCap 终端的方案。

方案 1：Msg1 传输中识别。

方案 2：Msg3 传输中识别。

方案 3：Msg4 确认后识别。

方案 4：MsgA 传输识别。

其中，方案 1 可以通过针对 RedCap 终端引入单独的 PRACH 资源，或者单独的 preamble 划分，或者单独的初始上行 BWP 来实现。方案 2 则需要修改 MAC 或 RRC 信令来指示 RedCap 终端。方案 3 可以通过 Msg5 或者后续进入连接态后的 UE 能力上报来指示。方案 4 可以通过 MsgA 中的 PRACH 或者 PUSCH 信道来指示。

在以上 4 个方案中，方案 3 是最早被网络设备商和运营商排除的，原因是 Msg4 确认后再识别 RedCap 终端就太晚了，因为正常情况下 Msg4 已经完成了 RRC 连接建立，网络侧已经错过了在网络发生拥塞时可以拒绝 RedCap 终端连接建立请求的最早时机。因此后续标准化的讨论主要集中在其他几个方案上。

从接入控制的角度看，Msg1 指示和 Msg3 指示的效果是类似的，即都可以使终端在网络向该终端发送 Msg4 之前向网络指示 RedCap 终端的标识。相比 Msg3 指示，Msg1 指示还具有辅助 Msg2 下行覆盖补偿的优势。这是因为 RedCap 终端降低了带宽，减少了接收天线数，相比普通终端在下行覆盖方面可能会有一些损失，通过 Msg1 指示 RedCap 终端标识可以辅助基站在调度 Msg2 传输时采用更稳健的传输策略（例如采用更高的 PDCCH 聚合等级）来补偿下行覆盖。当然，无论是 Msg1 指示还是 Msg3 指示，都可以辅助网络在调度 Msg4 时进行覆盖补偿。

尽管 Msg1 指示可以替代 Msg3 指示，但 Msg1 指示是有代价的，会造成网络中随机接入资源的进一步碎片化，尤其是当前 R17 阶段有很多特性都要去竞争专用的 PRACH 资源或 preamble 资源，例如覆盖增强、小数据传输、切片等特性，因此能否使能 Msg1 指示还要取决于网络的实现。当网络由于 RACH 资源紧缺无法使能 Msg1 指示时，Msg2 的覆盖补偿将无法实现，但接入控制及 Msg4 的覆盖补偿需求仍在，这时候可以借助 Msg3 指示来实现。初始接入过程中，Msg3 是用来传输 CCCH（及 CCCH1）信道的，MAC 层会使用固定的逻辑信道 ID（LCID）去传输 CCCH 和 CCCH1。为了指示 RedCap 终端以区别于普通终端，RAN2 决定在协议中定义新的 LCID 用于 RedCap 终端的 CCCH 和 CCCH1 信道传输。新的 LCID 不会占用额外的传输比特，因此对 Msg3 的覆盖不会产生影响。有了 Msg3 指示方案后，MsgA 指示可以很自然地复用 Msg3 指示方案，即 MsgA 中 PUSCH 传输时使用新引入的 LCID 来传输 CCCH 和 CCCH1 信道，用来向网络指示 RedCap 终端标识。

以上介绍了初始接入过程中 RedCap 终端的标识指示，实际上，运营商在更早的小区接入控制（小区驻留）阶段也有很强的需求，即当网络发生拥塞时，网络可以禁止一部分终端（例如 RedCap 终端）驻留在当前小区，这样可以更早地避免这类终端发起随机接入过程，造成随机接入拥塞。为了满足运营商的这类需求，RAN2 决定在系统消息广播中针对 RedCap 终端引入单独的 cellBarred 指示信息，并且区分 1Rx 终端和 2Rx 终端。特定接收天线个数的 RedCap 终端首先会参考小区 MIB 中广播的 cellBarred 指示，如果其指示允许接入，则会进一步检查新引入的针对其接收天线个数的 cellBarred 指示信息来最终决定其是否被允许驻留在当前小区。

| **3.8 小　结** |

本章介绍了 R17 标准引入的紧凑型 5G 终端演进技术。首先，对降低带宽、减少接收天线、半双工、降低终端处理能力、减少终端的 MIMO 处理层数、降低调制阶数等简化技术在基带和射频方面的终端成本和复杂度进行了评估。其次，对带宽降低、天线减少、半双工 5G 终端的标准化处理进行了详细介绍。最后，介绍了紧凑型 5G 终端的 eDRX 和测量放松等节能处理。通过对 R15/R16 的必选能力进行缩减，紧凑型 5G 终端在满足物联网、工业自动化、可穿戴设备等场景的需求下，有着较低的体积和功耗。

参 考 文 献

[1] 3GPP TR 38.875, Study on support of reduced capability NR devices.

[2] 3GPP TR 36.888, Study on provision of low-cost Machine-Type Communications (MTC) User Equipments (UEs) based on LTE.

[3] R1-2005525, UE complexity reduction features, Nokia, Nokia Shanghai Bell.

[4] R1-2006036, Discussion on UE complexity reduction, OPPO.

[5] R1-2008837, Potential UE complexity reduction features for RedCap, Ericsson.

[6] R1-2100165, Discussion on UE complexity reduction, OPPO.

[7] RP-210918 Revised WID on support of reduced capability NR devices, Nokia, Ericsson.

[8] TR 38.875, "Study on support of reduced capability NR devices".

[9] R1-2104189, Discussion on RX Branch Reduction for RedCap UEs, FUTUREWEI.

[10] R1-2107250, Discussion on reduced number of UE Rx branches, OPPO.

[11] R1-2103176, Type-A HD-FDD for RedCap UE, Qualcomm Incorporated.

[12] R2-2009532, Support of 2.56 eDRX cycle and emergency broadcast reception for RedCap UEs, Apple, Facebook.

[13] R2-2202996, Left open issue on SI change mechanism for eDRX, OPPO.

[14] R2-2102682, RRM relaxation enhancements for stationary UEs, Qualcomm Incorp.

第 4 章

5G 终端覆盖增强

| 4.1　5G 覆盖评估和覆盖增强候选技术 |

覆盖范围是运营商将蜂窝通信网络商业化时考虑的关键因素之一，它会直接影响服务质量，以及资本支出和运营成本。对于低功耗和紧凑型的终端，覆盖还会有损失。因此，如何进行覆盖补偿非常重要。

在 FR2 中，NR 可以在 28GHz、39GHz 等频率上工作，许多国家在 FR1 上也提供了更多的频率，比如 3.5GHz，这通常比 LTE 或 3G 的频率更高。基于更高的频率进行通信，无线信道会遭受更高的路径损耗，这使得保持与传统 RATs 相同的服务质量更具挑战性。

对于 FR1，NR 可以部署在新分配的频谱中（如 3.5GHz），也可以部署在从传统网络重新分配的频谱中（如 3G 和 4G）。由于这些频谱会用来处理关键的移动服务（如语音和低速率数据服务），覆盖范围将会是影响服务质量的关键问题。对于 FR2，在 IMT-2020 提交的自评估中 [1]，覆盖问题没有进行全面的评估，也没有在 R16 增强中考虑。因此，有必要对 NR 的覆盖性能进行全面评估，同时考虑在最新的 NR 标准中进行支持。

覆盖增强课题在 RAN#84 会议中被提出，并在之后的两次会议上进行了充分讨论。在 RAN#85 会议的讨论过程中，共计 41 家公司（包含 18 家运营商）对覆盖增强课题从场景、业务和信道等方面进行了讨论。29 家公司（包含 8 家运营商）在 RAN#86 会议中进一步发表了观点，讨论的结果可以总结如下 [2]：

- FR1：①主要考虑 Urban 场景（城市场景，室外基站服务室内终端）和 Rural 场景（乡村场景，包括极远服务距离的乡村场景），例如 ISD（Inter-Site distance，站间距）=30km 的覆盖增强；②对 VoIP 和 eMBB 业务进行覆盖增强的考虑；③ DL 和 UL 都应该进行覆盖增强的考虑，优先考虑 UL 的覆盖增强（包括 PUSCH 和 PUCCH）。

- FR2：①主要考虑 Indoor 场景（室内场景，室内网络节点服务室内终端）和 Urban/Suburban 场景（城市 / 郊区场景，包括室外基站服务室外终端和室外基站服务室内终端）的覆盖增强；②优先考虑 eMBB 的覆盖增强，将 VoIP 作为第二优先级；③ DL 和 UL 都应该进行覆盖增强的考虑。
- 基于覆盖性能评估结果和表 4-1 中的目标数据速率，确定进行覆盖增强的信道。

表 4-1　目标数据速率

	场　　景	DL 数据速率	UL 数据速率
FR1	Urban	10Mbps	1Mbps
	Rural	1Mbps	100kbps
FR2	Indoor	25Mbps	5Mbps
	Urban	[25Mbps]	[5Mbps]
	Suburban	[1Mbps]	[50kbps]

在 RAN#86 会议 [2] 上，正式确认了覆盖增强作为 R17 的一项研究工作。这个课题的目标是研究针对 FR1 和 FR2 特定场景的潜在增强覆盖的解决方案，具体细节如下。

- 目标场景和服务：
  - FR1：①研究 Urban 场景、Rural 场景、极远距离 Rural 场景下的覆盖增强；②研究 TDD 和 FDD 下的覆盖增强；③研究针对 VoIP 和 eMBB 服务的覆盖增强。
  - FR2：①研究 Indoor 场景、Urban 场景、Suburban 场景下的覆盖增强；②研究针对 VoIP 和 eMBB 服务的覆盖增强，其中 eMBB 服务作为第一优先级。
  - 研究范围不包含 LPWA（Low Power Wide Area，低功耗广域网）服务和场景。
- 基于链路级仿真，确定上述场景和服务中 DL 和 UL 的基础覆盖性能：
  - FR1：UL 信道（包括 PUSCH 和 PUCCH）具有更高的优先级。
  - FR2：DL 和 UL 信道均需要进行研究。
- 确定覆盖增强的性能目标，研究上述场景和服务的潜在覆盖增强方案：
  - 覆盖增强项目的研究至少包含 PUSCH 和 PUCCH 信道。
  - 研究增强覆盖的解决措施，例如时域、频域、DMRS 的增强等，对 DMRS 的研究中包括 DMRS-less 的研究。
  - 如果有需要的话，研究针对 FR2 的额外增强方案。
  - 基于链路级仿真，对潜在的解决方案进行性能评估。

4.1.1　5G 终端覆盖评估方法

RAN1#101 会议上集中讨论了覆盖增强的仿真假设和评估方法，对链路级仿真假设初步达成了结论，并在 RAN1#102 会议上进行了完善，具体的链路级仿真假设可以查阅 TR 38.830 附录部分的 A.1 和 A.2[3]。

基础的覆盖评估方法是基于链路级仿真进行的，可以分为 2 个步骤：步骤 1：获取物理信道在目标场景和相应业务需求（可靠性要求）下的 SINR。步骤 2：根据步骤 1 中获取的 SINR，利用链路预算模板计算覆盖的基础性能（也可以基于系统级仿真进行覆盖评估）。

对 5G 终端进行覆盖评估时，需要考虑链路预算模板、天线增益模型、性能评估指标（评估覆盖性能的度量）这 3 个关键问题，本小节将对这几个问题依次进行说明。

1. 链路预算模板

评估覆盖性能时，有 2 个链路预算模板可以参考：一个是 IMT2020 自评估时使用的链路预算模板[4]；另一个是在 TR 36.824 中定义的链路预算模板[5]。在 RAN1#101 会议的讨论中，提出了以下三种方案。

方案 1：采用 IMT 2020 自评估中的链路预算模板，可以进行必要的修改（包括添加 / 删除 / 修改一些参数）。

方案 2：采用 TR 36.824 中的链路预算模板，可以进行必要的修改（包括添加 / 删除 / 修改一些参数）。

方案 3：同时采用两个链路预算模板（IMT 2020 自评估和 TR 36.824 中链路预算模板）进行处理。

TR 36.824 中的链路预算模板使用 MCL（Maximum Coupling Loss，最大耦合损耗）进行性能评估。MCL 是一种简单明了的指标，不依赖具体的部署密度选择，能够清楚地识别出在实际部署中哪一个物理信道会成为覆盖瓶颈。同时链路预算模板中仅考虑关键参数，计算过程简单。

IMT 2020 自评估中的链路预算模板使用 MPL（Maximum Pathloss Loss，最大路径损耗）作为性能评估指标，有着以下优势。

（1）各公司具有进行相关仿真和性能评估的经验，并已向 ITU（International Telecommunication Union，国际电信联盟）提交了基于 IMT-2020 模板的性能评估结果。

（2）IMT 2020 中的模板有着更全面的评估参数，除了 TR 36.824 链路评估模板中的参数外，还包含天线增益、阴影衰落、穿透损耗等参数，能够提供更加直观、更加精确的评估结果。

（3）目标 MPL 可由 ISD 导出，ISD 可根据运营商实际部署情况提供。MPL 有助于运营商更好地理解基准性能和目标性能之间的差距。

影响链路预算模板选择的因素主要是计算复杂度及评估指标。IMT 2020 自评估中的链路预算模板与 TR 36.824 中的链路预算模板相比，考虑了更多的评估参数，因此复杂度相对会高一点，但相应的评估结果也会更加准确、更加符合实际。需要注意的是，MPL 和 MCL 的评估指标均可以进行覆盖瓶颈信道的识别。

在 RAN1#102 会议中，部分公司提出了一种折中的方案，使用 IMT 2020 自评估中的链路预算模板，添加 MCL、MIL（Maximum Isotropic Los，最大各向同性损耗）的性能评估指标，这一方案获得了 15 家公司的支持。此外，有 2 家公司支持方案 1（即使用 IMT 2020 自评估中的链路预算模板，不添加 MCL 和 MIL 性能指标），有 1 家公司支持 TR 36.824 中的链路预算模板（即使用 MCL 作为性能指标）。

最终，在 RAN1#102 会议中确定了进行覆盖评估的链路预算模板，即基于 IMT 2020 自评估中的链路预算模板，添加 MCL 和 MIL 指标，还对模板进行了必要的修改，包括添加／删除／修改一些参数。关于覆盖增强评估的链路预算模板细节在 TR 38.830[3] 附录部分的 A.3 有详细描述。

2. 天线增益模型

在 RAN1#101 会议上，对天线增益进行了初步讨论，主要有两种观点：一种观点认为在进行链路级仿真时，需要考虑天线增益的影响；另一种观点认为，可以在链路预算模板中包含天线增益，这样可以降低链路级仿真的复杂度。在 RAN1#102 会议中进一步讨论了天线增益的相关处理，最终决定根据不同的信道模型确定天线增益的组成部分，并且在链路级仿真中和链路预算表中均考虑天线增益的影响。具体的天线增益模型如下。

（1）基站天线增益模型。

在进行链路级仿真时，可以使用 TDL（Tapped Delay Line，抽头延迟线）信道模型，也可以使用 CDL（Clustered Delay Line，集群延迟线）信道模型。对于 TDL 模型有两种处理方式：一种是在链路级仿真中使用 2 个或 4 个基站射频链，称为 TDL 信道 1；另一种是在链路级仿真中使用的基站射频链的数目与 TXRU 的个数相同，称为 TDL 信道 2。使用 TDL 信道 1 可以进一步降低链路仿真的复杂度，而使用 TDL 信道 2 能够反映实际的网络结构。使用 CDL 信道模型，可以更好地表征空间相关性，但是相应的链路仿真的复杂度也会提高。

图 4-1 和图 4-2 给出了 TDL 信道和 CDL 信道的基站天线增益模型。M 是天线单元的个数，N 是 TXRU 的个数，k 是在链路级仿真中设置的基站射频链数。天线增益 1 包含在链路仿真结果中，天线增益 2、天线增益 3、天线增益 4 均包含在链路预算模板中。

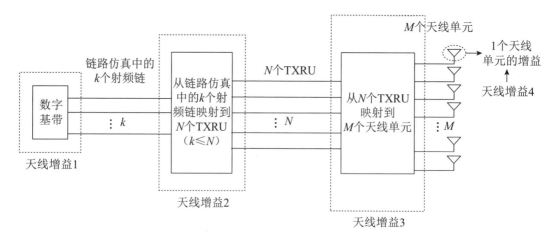

图 4-1　TDL 信道 1 的基站天线增益模型

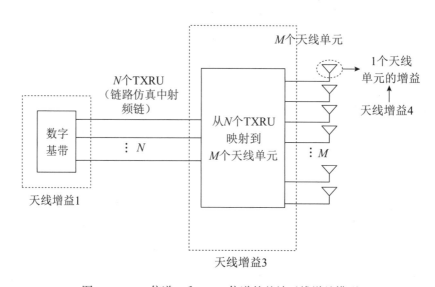

图 4-2　TDL 信道 2 和 CDL 信道的基站天线增益模型

　　对于 TDL 信道 1，基站天线增益包含 4 部分，即天线增益 1、天线增益 2、天线增益 3、天线增益 4。其中，天线增益 2 根据 TXRU 个数和链路仿真中的基站射频链数 k 计算得到：天线增益 $2=10 \times \log10(N/k)-\Delta1$。其中，$\Delta1$ 是一个校正因子（考虑到实际天线增益 2 会受到各种非理想条件的影响）。对于 TDL 信道 2 和 CDL 信道，基站天线增益包含 3 部分，即天线增益 1、天线增益 3、天线增益 4。相当于天线增益 2=0。对于 TDL 信道 1、TDL 信道 2 和 CDL 信道，可以将天线增益 3 和天线增益 4 一起计算，即天线增益 3+ 天线增益 4= 天线单元增益 $+10 \times \log10(M/N)-\Delta2$。其中，$\Delta2$ 是一个校正因子（考虑到实际天线增益 3 会受到各种非理想条件的影响）。

　　（2）终端天线增益模型。

　　终端的天线增益 = 天线单元增益 $+10 \times \log10(M/k)-\Delta3$。在 FR1 中，考虑天线单

元增益为 0dBi。对于 FR2，考虑天线单元增益为 5dBi。k 表示发送 / 接收天线链数，即在链路仿真中设置的 SRS/CSI-RS 端口数，M 是用来进行发送和接收的天线单元数。对于 FR1，假设 $k=M$，发送天线链 $k=1$（或者 $k=2$），接收天线链 $k=2$ 和 $k=4$。对于 FR2，有两种假设，一种是考虑 $k=M$，另一种假设发送天线链 $k=1$ 和 $k=2$，接收天线链 $k=2$。$\Delta 3$ 是一个校正因子（考虑到实际天线单元增益会受到各种非理想条件的影响），对于 FR1，$\Delta 3=0$，对于 FR2，$\Delta 3$ 会受信道的影响。

3. 性能评估指标

进行覆盖性能评估的主要目的是识别出覆盖的瓶颈，以确定进行覆盖增强设计的信道，因此确定一个合理的性能评估指标至关重要。

在 RAN1#101 会议中，将 MPL 和 MCL 作为备选性能评估指标进行了讨论。讨论初期将目标路损或者目标耦合损耗作为目标性能，即基于一个绝对值进行性能评估。随着讨论的进行，部分公司提出将相对值（基础性能与目标性能的差异，不同信道的覆盖性能差异）作为性能评估的指标。这是因为在确定覆盖瓶颈信道时，需要进行不同信道覆盖性能的比较。另外，考虑到链接预算中含有大量的变量，以及进行了必要的近似处理，确定一个有意义的、准确的、绝对的性能目标将是非常具有挑战性的。而使用相对性能目标，例如量化信道之间的性能差异，进而确定瓶颈信道是一种更合理的处理，并且能够较为直接地确定哪些信道需要增强。

在 RAN1#102 会议中，部分公司提出将 MIL（Maximum Isotropic Los，最大各向同性损耗）作为性能评估指标。与 MCL 的计算相比，MIL 考虑到了用户接收天线增益，与 MPL 的计算相比，MIL 的计算更加简单，某种程度上可以作为 MCL 和 MPL 的折中。最终，确定了基于链路级仿真的性能评估，至少通过 MIL 或者 MCL 来识别覆盖瓶颈，也可以通过系统级仿真获得计算 MIL 或 MCL 的中间变量。将 MPL 作为识别覆盖瓶颈的补充信息。

关于性能评估指标的具体细节如下。

（1）MCL、MPL、MIL 的定义。

- MCL 与总传输功率、接收机灵敏度、gNB 天线增益相关，具体如下：
  - MCL= 总传输功率 – 接收机灵敏度 +gNB 天线增益（天线增益模型中的天线增益 2）。
- MIL 与总传输功率、接收机灵敏度、gNB 天线增益、UE 天线增益、Tx 损耗、Rx 损耗相关，具体如下：
  - MIL= 总传输功率 – 接收机灵敏度 +gNB 天线增益（天线增益模型中的天线增益 2+ 天线增益 3+ 天线增益 4）+UE 天线增益 –Tx 损耗 –Rx 损耗。

- MPL 在 MIL 的基础上，进一步考虑阴影衰落余量、BS 选择 / 宏分集增益、穿透余量、其他增益等，具体如下：

  - MPL=MIL− 阴影衰落余量 +BS 选择 / 宏分集增益 − 穿透余量 + 其他增益。

关于 MCL、MPL、MIL 计算的更多细节可以在 TR 38.830 附录部分的 A.3 中查阅[3]。

（2）根据 MPL 定义场景相关的目标性能，由 ISD 计算得到。

- 对于每个场景，可以使用多个目标 ISD 值来进行覆盖性能的观察，但仅使用一个目标 ISD 值来进行覆盖瓶颈的识别。每个场景的目标 ISD 值如下所示。

  - FR1：

    - Urban 4GHz TDD 场景：ISD=400m 和 500m 进行覆盖性能的观察，使用 ISD=400m 进行覆盖瓶颈的识别。

    - Urban 2.6GHz TDD 场景：ISD=400m 和 500m 进行覆盖性能的观察，使用 ISD=400m 进行覆盖瓶颈的识别。

    - Rural 4GHz TDD NLOS O2I 场景：ISD=1732m 和 3000m 进行覆盖性能的观察，使用 ISD=1732m（考虑 33dB/MHz 的基站发射功率）进行覆盖瓶颈的识别。

    - Rural 2.6GHz TDD NLOS O2I 场景：使用 ISD=1732m 进行覆盖性能的观察和覆盖瓶颈的识别。

    - Rural 2GHz FDD NLOS O2I 场景：使用 ISD=1732m 进行覆盖性能的观察和覆盖瓶颈的识别。

    - Rural 700MHz FDD NLOS O2I 场景：ISD=3000m 和 4000m 进行覆盖性能的观察，使用 ISD=4000m 进行覆盖瓶颈的识别。

    - 远距离 Rural 4GHz TDD LOS O2O：使用 ISD=12km 进行覆盖性能的观察和覆盖瓶颈的识别。

  - FR2：

    - Urban 28GHz TDD 场景：使用 ISD=200m 进行覆盖性能的观察和覆盖瓶颈的识别。

    - Indoor 28GHz TDD 场景：使用 ISD=20m 进行覆盖性能的观察和覆盖瓶颈的识别。

- 通过以下公式将 ISD 值转换为目标 MPL 值：

  - 对于 Urban 场景，当 $0.5\text{GHz} \leqslant f_c \leqslant 6\text{GHz}$ 时（即 FR1），目标 $\text{MPL(dB)}= 161.04-7.1 \cdot \lg_{10}(W)+7.5 \cdot \lg_{10}(h)-[24.37-3.7 \cdot (h/h_{\text{BS}})^2] \cdot \lg_{10}(h_{\text{BS}})+[43.42- 3.1 \cdot \lg_{10}(h_{\text{BS}})] \cdot [\lg_{10}(d_{3\text{D}})-3]+20 \cdot \lg_{10}(f_c)-\{3.2 \cdot [\lg_{10}(11.75 \cdot h_{\text{UT}})]^2-4.97\}- 0.6 \cdot (h_{\text{UT}}-1.5)$。其中，$W$=20m 表示街道平均宽度，$h$=20m 表示平均建筑物高度，

h_{BS}=25m 表示基站天线高度，h_{UT} =1.5 m 表示 UT 天线高度，f_c 表示载波频率，d_{3D} 是通过 ISD/sqrt(3) 计算得到的目标覆盖范围（如图 4-3 所示，考虑全向站）。

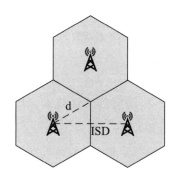

图 4-3　ISD 与目标覆盖范围的关系

■ 对于 Rural 场景，目标 MPL(dB)=161.04−7.1・$\lg_{10}(W)$+7.5・$\lg_{10}(h)$−[24.37−3.7・$(h/h_{BS})^2$]・$\lg_{10}(h_{BS})$+[43.42−3.1・$\lg_{10}(h_{BS})$]・[$\lg_{10}(d_{3D})$−3]+20・$\lg_{10}(f_c)$−{3.2・[$\lg_{10}(11.75・h_{UT})$]^2−4.97}。其中，W=20m，h=5m，h_{BS}=35m，h_{UT}=1.5m。

■ 对于远距离 Rural 场景，目标 MPL(dB)=20・$\lg_{10}(40・\pi・d_{BP}・f_c/3)$+min$(0.03・h^{1.72}, 10)・\lg_{10}(d_{BP})$−min$(0.044・h^{1.72}, 14.77)$+0.002・$\lg_{10}(h)・d_{BP}$+40・$\lg_{10}(d_{3D}/d_{BP})$。其中，$h$=5m，$d_{BP} = 2・\pi・h_{BS}・h_{UT}・f_c / c$，$h_{BS}$ =35m，h_{UT} =1.5m，$c = 3・10^8 m/s$。

■ 对于 Urban 场景，当 6GHz ≤ f_c ≤ 100GHz 时（即 FR2），目标 MPL(dB)=13.54+39.08・$\lg_{10}(d_{3D})$+20・$\lg_{10}(f_c)$−0.6・$(h_{UT}−1.5)$，其中，h_{UT}=1.5m。

■ 对于 Indoor 场景，当 6GHz ≤ f_c ≤ 100GHz 时（即 FR2），目标 MPL(dB)=17.3+38.3・$\lg_{10}(d_{3D})$+24.9・$\lg_{10}(f_c)$。

（3）根据 MCL 定义 VoIP 服务的目标性能（MCL=139.2dB）。

● 该指标主要用于 R_{ural} 700MHz 的场景，用于进行瓶颈识别的观察。

● MCL=139.2dB 的计算可以在 TR 38.830 附录部分的 A.4 中查阅 [3]。

（4）根据 MIL 确定不同信道之间的相对性能差异。

● MIL 用来计算相对性能差异。

● 通过不同信道的相对性能差异，识别出覆盖瓶颈。

● FR1 下，每个信道通过以下方式计算信道相对性能差异：将信道的 MIL 结果与性能最差信道的 MIL 相减，得到信道的相对性能差异（每个信道并非所有公司都进行了评估，因此为了避免样本数过少带来的偏差，在评估最差信道时，只考虑样本数大于 3 的信道）。

- FR2 下，每个信道通过如下方式计算信道相对性能差异：将信道的 MIL 结果与 PUCCH format1 的 MIL 相减，得到信道的相对性能差异。

4.1.2　5G 终端覆盖增强覆盖的技术分类

在 RAN1#102 和 RAN1#103 会议中，对终端覆盖增强技术进行了广泛的、深入的研究和讨论。具体可以分为 PUSCH 信道覆盖增强技术、PUCCH 信道覆盖增强技术、其他信道（除 PUSCH 和 PUCCH 之外的信道）覆盖增强技术。会议期间，各家公司对不同的覆盖增强方案进行了性能评估，各种增强方案的性能增益可以在技术报告 TR38.830 中进行查阅。

1. PUSCH 信道覆盖增强技术

PUSCH 信道的覆盖增强技术研究主要集中在 5 个方面：①基于时域设计增强方案；②基于频域设计增强方案；③对 DMRS 进行增强设计；④基于功率域设计增强方案；⑤基于空域设计增强方案。在 RAN1#102 会议中确定了优先研究基于时域的增强设计方案和 DMRS 增强设计方案。

1）基于时域的覆盖增强方案，具体可以分为以下几个方面

- 对 A 型 PUSCH 重复的增强：包括增大支持的最大重复传输次数、基于可用于 PUSCH 重复传输的时隙进行重复次数的计数、在不同时隙中考虑灵活符号的使用（可能会导致进行 PUSCH 重复传输的时隙中使用的 OFDM 符号的位置和个数不同）等。这 3 种增强方案均会影响到 TDRA（Time-Domain Resource Allocation，时域资源分配）。特别的，如果采用基于可用于重复传输的时隙进行重复次数的计数，需要标准化一种新的机制来确定进行实际重复传输的可用时隙，以及特殊时隙（包含上行符号、下行符号、灵活符号中的至少两种符号）是否可以作为可用时隙来进行重复传输。如果在不同时隙中考虑灵活符号的使用，则需要标准化一种机制来确定每个时隙中的上行符号。

- 对 B 型 PUSCH 重复的增强：包括跨时隙边界 / 无效符号的实际 PUSCH 传输、大于 14 个符号的单次实际重复传输、RV（Redundancy Version，冗余版本）增强等。这些增强方案会影响到 TBS 的确定、DR-RS 图样、TDRA、RV 的确定等。是否需要保持功率一致性和相位连续性，取决于是否进行跨时隙信道估计。

- 一个 TB 在多个时隙上映射的 PUSCH 处理：包括基于单个时隙确定 TBS 进而在多个时隙上进行传输、基于多个时隙确定 TBS 并且在多个时隙上进行传输等。这些增强方案会影响到 TDRA、TBS 的确定、RV 的确定等。是否需要保持功率一致性和相位连续性，以及进行增强的 DM-RS 配置取决于是否进行跨时隙信道

估计。

- 基于 OCC 扩频的重复、符号级重复、TB 交织、RV 重复、PUSCH 重复的早期终止等增强方案（低优先级）。

2）基于频域的覆盖增强方案，具体可以分为以下几个方面

- 时隙间的跳频处理：包括采用更多的跳频位置（例如可以考虑 4 个跳频位置）和更多的频率偏移（例如当 BWP 小于 50PRB 时，设置 4 个频率偏移值；当 BWP 大于 50PRB 时，设置 8 个频率偏移值）。主要会对跳频位置和频率偏移产生影响。

- 时隙内的跳频处理：与时隙间的跳频处理相似，也包括采用更多的跳频位置（例如在一个时隙内可以支持 3 个跳频位置）和频率偏移（例如当 BWP 小于 50PRB 时，设置 4 个频率偏移值；当 BWP 大于 50PRB 时，设置 8 个频率偏移值）。特别的，在两个连续时隙上，位于相同频域位置的多个 PUSCH 传输可以共享相同的 DMRS。基于时隙内的跳频方案主要影响跳频位置、频率偏移、DMRS 图样、TBS 的确定等，对于多个 PUSCH 传输共享 DMRS 的情况，需要保证功率一致性和相位连续性。

- 对于 VoIP 业务的子 PRB 传输（需要确定一个子 PRB 的子载波个数）：主要包括一个时隙内的子 PRB 传输、多个时隙聚合的子 PRB 传输。两个方案均会影响频域资源分配、TBS 的确定、DMRS 图样、在 PRB 内 / 间的跳频图样、DFT-s-OFDM 波形下 PUSCH 信号的生成、RF 要求等。特别的，多个时隙聚合的子 PRB 传输还会影响 TDRA 和 RV 的确定。

3）对 DMRS 的增强设计，具体可以分为以下几个方面

- 联合信道估计 /DMRS 绑定：可以考虑进行 DMRS 位置 / 间隔尺寸的优化（也可以不进行该优化）。主要考虑基于连续时隙的跨时隙信道估计、基于非连续时隙的跨时隙信道估计、一个时隙内跨 PUSCH 传输的信道估计、时隙间跳频中通过捆绑时隙进行跨时隙信道估计等方面。进行联合信道估计或者 DMRS 绑定，会对功率一致性和相位连续性、特殊时隙中的 DMRS、采用时隙捆绑的时隙间跳频的时域跳频间隔等方面产生影响。

- 对 DMRS 密度的增强设计：主要包括在时域降低 DMRS 密度、时域中多个 PUSCH 传输共享 DMRS、在频域降低 DMRS 密度、1-comb 的 DMRS（例如单端口的 DM-RS 占据整个 DM-RS 符号）、在一个时隙中优化附加 DMRS 的位置等。在时域降低 DMRS 密度，以及多个 PUSCH 传输共享 DMRS，需要考虑 DMRS 图样及配置、功率一致性、相位连续性、TBS 的确定。在频域降低 DMRS 的密度需要考虑 DMRS 的设计、DMRS 的图样及配置。1-comb 的 DMRS 需要考虑 DMRS 的设计、TBS 的确定。对附加 DMRS 的优化则需要考虑引入新的附加

DMRS 位置。

- 自适应的 DMRS 配置、不同跳频中的 DMRS 平衡处理等（低优先级）。

4）基于功率域的覆盖增强设计（低优先级），具体可以分为以下几个方面

- 进行优化 MPR/A-MPR 的波形设计：包括子载波保留、没有 π/2 BPSK 谱扩展的频域频谱整形（Frequency Domain Spectral Shaping，FDSS）、有或者没有 QPSK 谱扩展的 FDSS 等。主要会对相关信号、频谱扩展设计、射频要求等方面产生影响。子载波保留设计中，分配给终端的子载波中的一部分被保留给终端以塑造其波形，这些保留的子载波中不传输数据。
- 优化功率设计：功率提升的 π/2 BPSK、FDD 中 UE 使用更高功率等。

5）基于空域的覆盖增强设计（低优先级）

- 采用 DFT-S-OFDM 和开环 Tx 分集的多层 PUSCH 传输：需要设计新的机制，指示支持多层 PUSCH 传输和确定预编码器。例如，重用 R15 码本的一个子集，不同的 PUSCH 传输有不同的空间滤波器参数和不同的天线端口等。

2. PUCCH 信道覆盖增强技术

PUCCH 信道的覆盖增强技术研究主要集中在以下 4 个方面：① DMRS-less PUCCH；②与 R16 类型 B PUSCH 重复传输相似的 PUCCH 重复传输；③ PUCCH 重复因子的动态指示；④跨 PUCCH 重复传输的 DMRS 绑定。

1）DMRS-less PUCCH 覆盖增强方案，具体可以分为以下几个方面

- 定义一种新的 PUCCH 格式（包括新的 PUCCH 格式的功率控制）：新的 PUCCH 格式将是现有 PUCCH 格式的一个补充。从序列生成、UCI 到序列的映射、序列到 RE 的映射、新的 RAN4 MPR 要求（如果采用新的序列）、UCI 复用等方面进行了研究。在序列生成方面，如果重用当前 R15/R16 标准协议支持的 R15/R16 CGS/ZC/Gold/m 序列，则不需要指定新的序列，相对比较简单。如果采用新的序列（包括新的序列类型或与 R15/R16 中序列类型相同但长度不同）或基于 NR R15/R16 UCI 编码方案修改的序列，则需要标准化新的序列或 NR R15/R16 UCI 编码方案的修改，相对更加复杂。
- 接收机需要实现一个非相干序列检测器 / 相关器来接收新的 PUCCH 格式。新的 PUCCH 格式的接收机实现是对 PUCCH 格式接收机的扩展，两者都是非相干序列检测器，而新的接收机需要在更大的序列池（大小随着 UCI 比特的数量呈指数增长）中执行。gNB 接收机可以使用 PUCCH DM-RS 进行信道参数估计、信道跟踪和干扰估计。由于在新的 PUCCH 格式中缺少 DMRS，这就要求 gNB 接收器依赖其他参考信号进行数据辅助估计和跟踪。

- 对于新的 PUCCH 格式，UE 需要实现 UCI 到序列的映射和序列到 RE 的映射。研究了四种实现 DMRS-less PUCCH 的序列生成方法：①重用 R15/R16 CGS/ZC/ Gold/m 序列生成，采用相同的序列长度；②重用 R15/R16 CGS/ZC/Gold/m 序列生成，采用不同的序列长度；③修改 NR R15/R16 UCI 编码方案生成序列；④如果在标准协议中采用了新的序列，则实现上述未涉及的新序列生成。

- 对于长 PUCCH 格式，DMRS-less PUCCH 支持的 UCI 位数最多为 11 位。

2）与 B 型 PUSCH 重复相似的 PUCCH 覆盖增强方案，具体可以分为以下几个方面

- 需要对名义上的重复、实际的重复、类型 B PUCCH 重复的分割、每个时隙的灵活时域资源分配、PUCCH 重复的推迟 / 取消处理机制（包括动态 SFI 的影响）、实际重复传输的功率控制等进行标准化。

- 研究了 B 型 PUCCH 重复传输是否支持不同 PUCCH 格式的问题，并确定了三个备选方案：①限制 B 型 PUCCH 重复传输适用于相同 PUCCH 格式的实际重复传输；②允许 B 型 PUCCH 重复使用不同的 PUCCH 格式。需要对不同重复之间的 PUCCH 格式切换进行标准化处理。③引入和标准化长度为 1/2/3 OFDM 符号的 PUCCH 格式 3/4 来支持 B 型 PUCCH 重复传输。

- gNB 需要在一个时隙中处理多个 PUCCH 重复。gNB 需要合并不同码率 / 时间长度的多次重复传输。

- B 型 PUCCH 重复传输支持的 UCI 位数最多为 11 位。

3）PUCCH 重复因子动态指示的覆盖增强方案，具体可以分为以下几个方面

- 需要进行新的 PUCCH 重复传输机制的研究。

- UE 需要根据重复因子的动态指示实现 PUCCH 重复传输。

4）跨 PUCCH 重复的 DMRS 绑定覆盖增强方案，具体可以分为以下几个方面

- 需要保证 PUCCH 重复传输过程中的相位连续性，明确当其他过程影响到相位连续性时的用户行为。

- 如果支持跳频增强，则需要标准化相应的 DMRS 绑定处理。

- 需要在接收机上实现新的信道估计器来处理多个 PUCCH 重复中的 DMRS。

- 多个 PUCCH 传输需要使用相同的频域资源分配，保证相位连续性和功率一致性。

- gNB 需要保持跨时隙的相位连续性，不能在多个时隙之间切换波束形成器或进行任何射频调整。UE 需要在多个 PUCCH 传输上保证相位连续性和功率一致性，对时间和频率的调整将不得不推迟到稍后的时隙。对于多个上行时隙，UE 可能没有最佳的定时和频率设置。

3. 其他信道覆盖增强技术

在进行覆盖增强技术研究时，除了高优先级的 PUCCH 和 PUSCH 信道外，还研究了 Msg3 PUSCH、PRACH、广播 PDCCH、Msg4、携带 Msg4 HARQ-ACK 信息的 PUCCH、SSB、随机接入过程中的波束报告等覆盖增强技术。

1）Msg3 PUSCH 的覆盖增强方案，具体可以分为以下几个方面

- 研究 Msg3 PUSCH 重复传输的增强：主要包括 Msg3 初传和重传时重复次数的指示、重复传输的类型、RRC_CONNECTED 状态 Msg3 PUSCH 初始和重传中对 PUSCH 进行增强的可行性和适用性、时隙间跳频处理、增强型 UE 与传统 UE 的区分等。

  - 对 Msg3 初始传输时重复次数的指示：可以采用显式指示机制（例如通过 RAR UL 调度、利用 RA-RNTI 加扰 CRC 的 DCI 格式 1_0，或者 SIB1 等进行指示），也可以采用隐式指示机制（例如通过 PRACH 配置或 RAR 携带的信息进行确定）。

  - 对 Msg3 重传时重复次数的指示：可以采用显式指示机制（例如通过利用 TC-RNTI 加扰 CRC 的 DCI 格式 0_0 进行指示），也可以采用隐式指示机制（例如通过 Msg3 初始传输进行确定）。

  - 重复传输的类型：引入 A 型 PUSCH 重复传输。

  - RRC_CONNECTED 状态 Msg3 PUSCH 初始和重传中对 PUSCH 进行增强的可行性和适用性：考虑前述 PUSCH 信道中基于时域的覆盖增强方案。

  - 时隙间跳频处理：需要考虑时隙间跳频的配置和跳频图样。

  - 区分增强终端和传统终端的机制：可以考虑单独的 PRACH 配置（例如单独的 PRACH 时机或前导码），或者单独的 Msg3 配置（例如单独的 DMRS 端口）。

- 研究基于功率域的 Msg3 增强方案：主要包括使用 DFT-s-OFDM 波形的 π/2 BPSK 和功率控制的增强。

  - 使用 DFT-s-OFDM 波形的 π/2 BPSK：需要定义对 Msg3 使用的 pi/2 BPSK 调制，以及基于 Msg3 时域资源分配的显式或隐式功率提升。

  - 对功率控制的增强：需要配置多组功率控制参数集。

- 研究基于空域的 Msg3 增强方案：主要包括 PRACH 传输与相应 Msg3 PUSCH 传输之间的空间滤波设置及开环传输分集。

  - 需要在 PRACH 传输和相应的 Msg3 PUSCH 传输之间设置相同的空间滤波器，研究区分增强终端和传统终端的机制。

  - 开环传输分集增强处理，包括研究 Msg3 PUSCH 使用 DFT-s-OFDM 支持传输

　　分集的指示机制，用于区分增强终端和传统终端的机制，用于确定随机接入过程中的预编码器循环模式的机制。

2）PRACH 信道的覆盖增强方案，具体可以分为以下几个方面

● 在同一波束或不同波束上进行多个 PRACH 传输：需要研究触发 / 启动多个 PRACH 传输的机制、确定 PRACH 传输数量和传输模式、区分增强终端和传统终端、在多个 PRACH 传输和没有多个 PRACH 传输之间的冲突处理等。特别的，在不同波束上进行多个 PRACH 传输，还需要确定用于每次初始传输的传输波束、RACH 后续步骤中的传输波束。

● 具有更细波束的 PRACH 增强：基于在初始接入期间配置的 CSI-RS 资源确定用于 PRACH 的更细波束。

3）广播 PDCCH 的覆盖增强方案

主要考虑 PDCCH 重复传输的配置。具体地，研究了紧凑型的 DCI（对回退 DCI 的 DCI 比特域进行设计）和 PDCCH-less（包括对携带 SIB 消息的广播 PDSCH 的调度信息的指示机制）。

4）Msg4 的覆盖增强方案

主要包括在 Msg3 PUSCH 上引入提前的 CSI 进行提前链路适配，基于缩放因子确定 TBS、PDSCH 重复等。引入提前的 CSI 会影响在初始接入期间配置的 CSI-RS 资源；基于缩放因子确定 TBS 需要定义一种新的 TBS 确定机制；PDSCH 重复的增强需要考虑重复传输的配置、重复传输期间的 DMRS 设计等。

5）对携带 Msg4 HARQ-ACK 信息的 PUCCH 进行增强

主要涉及相关信令的设计、增强终端和传统终端的区分。

6）SSB 的增强

主要考虑增加 SSB 波束的个数和成对正交极化 SSB 的 UE 感知。在增加 SSB 波束的个数时，需要研究 SSB 波束索引的指示机制、确保对传统终端的后向兼容机制等。在研究 UE 对成对正交极化 SSB 的感知时，考虑具有相同空间滤波器设置的双极化 SSB，需要确保 UE 了解 SSB 的极化特性。

7）随机接入过程中的波束报告

主要目的是在不需要专门的 RRC 配置时，增强 Msg3 重传、Msg4 初始传输、Msg4 重传和 PDSCH（RACH 过程之外）等。主要包括最佳 SSB 波束、备选 SSB 波束、Msg3 PUSCH 提前的 CSI 等上报。会对 Msg3 PUSCH 的信令设计、初始接入期间的 CSI-RS 资源配置、RACH 后续过程的波束指示等方面产生影响。

4.1.3　5G 终端覆盖评估结果比较

对于 FR1 和 FR2，为每个信道的每个场景计算一个适用于 MCL、MIL 和 MPL 的代表值进行瓶颈识别。通过对公司评估结果进行平均（在 dB 域中），得到一个代表值。需要注意的是，当样本数量超过 3 个时，在进行代表值计算时需要排除最高和最低的值。

- 在 FR1 4GHz 场景下，DL 信道的可用样本数由 33 dBm/MHz 和 24 dBm/MHz 传输功率的结果总数给出，分别计算 33 dBm/MHz 和 24 dBm/MHz 的代表值。
- 在 FR2 中 UL 信道的可用样品数由 23 dBm 和 12 dBm 最大发射功率的结果总数给出。仅计算 12dBm 最大发射功率的代表值（考虑 PC3 等级的 UE，天线阵列的增益为 11dBi）。
- 对于 FR1，如果用于每个场景进行代表值计算的样本数小于 4，则计算得到的代表值仅用于覆盖性能的观察，而不用于覆盖瓶颈的识别。
- 对于 FR2，不管使用多少样本进行代表值计算，得到的代表值均进行瓶颈识别。基于样本数的个数进行信道、场景的研究：
  - 样本数大于 2 的信道和场景，作为第一优先级进行研究；
  - 样本数小于 3 的信道和场景，作为第二优先级进行研究。

覆盖瓶颈的识别主要分为以下两步：

（1）由绝对度量确定潜在的瓶颈渠道；

（2）基于 MIL，根据不同信道之间的相对差异，进一步从绝对度量确定的潜在瓶颈信道中识别出最终的瓶颈信道。

用于进行观察和瓶颈识别的场景分为 FR1 和 FR2 两大类，下面一一介绍。

对于 FR1，选择 Urban 4GHz TDD、Urban 2.6GHz TDD、Rural 4GHz TDD NLOS O2I、Rural 700MHz FDD NLOS O2I、Rural 2GHz FDD NLOS O2I、Rural 2.6GHz TDD NLOS O2I、Rural 4GHz with long distance TDD LOS O2O 等 7 个场景进行覆盖性能观测和瓶颈识别，并计算每个场景的代表值。场景和相应的代表值结果在 TR38.830[3] 中有详细定义。通过对上述每个场景中的代表值进行比较，可以得出以下结论。

1）Urban 4GHz TDD 场景

- 基于帧结构 DDDSU 的 eMBB PUSCH 是 MIL 最差的信道，在给定的场景下可能成为覆盖瓶颈。
- 当 ISD=400m 时，根据计算出的目标 MPL，需要增强以下信道：基于帧结构 DDDSU 和 DDDSUDDSUU 的 eMBB PUSCH。
- 当 ISD=500m 时，根据计算出的目标 MPL，需要增强以下信道：基于帧结构 DDDSU 和 DDDSUDDSUU 的 eMBB PUSCH、基于帧结构 DDDSU 和

DDDSUDDSUU 的 VoIP PUSCH（可以通过现有技术或参数优化来增强覆盖，这意味着 R17 中的新功能并不总是需要的）、有效载荷为 22 比特的 PUCCH 格式 3、PRACH 格式 B4（可以通过现有技术或参数优化来增强覆盖）。

- 如果假设 BS 使用较低的发射功率（24dBm/MHz），部分 DL 信道需要进一步增强。当 ISD=400m 时，需要对广播 PDCCH 信道进行增强；当 ISD=500m 时，需要对广播 PDCCH、SSB、基于帧结构 DDDSUDDSUU 的 eMBB PUSCH（可以通过现有技术或参数优化来增强覆盖）等信道进行增强。

2）Urban 2.6GHz TDD 场景

- 基于帧结构 DDDDDDDSUU 的 eMBB PUSCH 是 MIL 最差的信道，在给定的场景下可能成为覆盖瓶颈。

- 当 ISD=400m 或 500m 时，根据计算出的目标 MPL，均需要增强以下信道：基于帧结构 DDDDDDDSUU 的 eMBB PUSCH。

3）Rural 4GHz TDD NLOS O2I 场景

- 基于帧结构 DDDSU 的 eMBB PUSCH 是 MIL 最差的信道，在给定的场景下可能成为覆盖瓶颈。

- 当 ISD=1732m，基站采用 33dBm/MHz 的发射功率时，根据计算出的目标 MPL，需要增强以下信道：基于帧结构 DDDSU 和 DDDSUDDSUU 的 eMBB PUSCH 和 VoIP PUSCH、PUCCH 格式 1、有效载荷为 11 比特或 22 比特的 PUCCH 格式 3、PRACH 格式 0、PRACH 格式 B4、广播 PDCCH、Msg3 中的 PUSCH、携带 Msg4 HARQ-ACK 的 PUCCH。

- 当 ISD=3000m 时，所有的信道都需要进行覆盖增强。

4）Rural 700MHz FDD NLOS O2I 场景

- 基于 VoIP 业务的服务需求，即 MCL=139.2dB，需要增强以下信道：用于 VoIP 的 PUSCH、携带 SIP 的 PUSCH、CSI 有效载荷为 11 比特或 22 比特的 PUSCH、PUCCH 格式 1、有效载荷为 11 比特的 PUCCH 格式 3、PRACH 格式 B4、Msg3 中的 PUSCH。

- 有效载荷为 22 比特的 PUCCH 格式 3 是 MIL 最差的信道，在给定的场景下可能成为覆盖瓶颈。

- 当 ISD=3000m 时，根据计算出的目标 MPL，需要增强以下信道：有效载荷为 22 比特的 PUCCH 格式 3、PRACH 格式 B4、携带 Msg4 HARQ-ACK 的 PUCCH。

- 当 ISD=4000m 时，根据计算出的目标 MPL，需要增强以下信道：PUSCH、PUCCH 格式 1、有效载荷为 11 比特或 22 比特的 PUCCH 格式 3、PRACH 格式 B4、Msg3 中的 PUSCH、携带 Msg4 HARQ-ACK 的 PUCCH。

5）Rural 2GHz FDD NLOS O2I 场景

● PRACH 格式 B4 是 MIL 最差的信道，在给定的场景下可能成为覆盖瓶颈。

● 当 ISD=1732m 时，根据计算出的目标 MPL，需要增强以下信道：携带 SIP 的 PUSCH、PRACH 格式 B4。

6）Rural 2.6GHz TDD NLOS O2I 场景

● 基于帧结构 DDDDDDDSUU 的 eMBB PUSCH 是 MIL 最差的信道，在给定的场景下可能成为覆盖瓶颈。

● 当 ISD=1732m 时，根据计算出的目标 MPL，需要增强以下信道：基于帧结构 DDDDDDDSUU 的 eMBB PUSCH、有效载荷为 11 比特或 22 比特的 PUCCH 格式 3。

7）Rural 4GHz with long distance TDD LOS O2O 场景

● 基于帧结构 DDDSU 的 eMBB PUSCH 是 MIL 最差的信道，在给定的场景下可能成为覆盖瓶颈。

● 当 ISD=12km 时，根据计算出的目标 MPL，需要增强以下信道：基于帧结构 DDDSU 或 DDDSUDDSUU 的 eMBB PUSCH。由于缺乏进行评估的样本，这并不意味着其他通道不需要任何增强。

根据 FR1 中各个场景的评估结果，可以看出 PUSCH 信道的覆盖性能较差，需要将 PUSCH 信道作为覆盖增强信道的第一优先级进行考虑。

对于 FR2，选择 Urban 28GHz TDD NLOS O2I/O2O、Indoor 28GHz TDD NLOS、Suburban 28GHz TDD NLOS O2I/O2O（仅用作性能观察）等 3 个场景进行覆盖性能观测和瓶颈识别，并计算每个场景的代表值。相应的代表值结果可以在 TR38.830 中进行查阅，通过对每个场景中的代表值进行比较，可以得出以下结论。

1）Urban 28GHz TDD NLOS O2I 场景

● 当 ISD=200m 时，根据计算出的目标 MPL，只有 PDCCH 信道可以符合覆盖要求。对下述信道均需要进行覆盖增强：基于帧结构 DDDSU 和 DDSU 的 eMBB PUSCH 和 VoIP PUSCH、基于帧结构 DDSU 和 DDDSU 的 eMBB PDSCH、PUCCH 格式 1、有效载荷为 11 比特或 22 比特的 PUCCH 格式 3、SSB、PRACH 格式 B4、Msg2 中的 PDCCH、Msg3 中的 PUSCH、Msg4 中的 PDSCH。

● 将 PUCCH 格式 1 作为参考信道，通过相对 MIL 值，得到的比参考信道覆盖更差，需要进行覆盖增强的信道如下：基于帧结构 DDDSU 和 DDSU 的 eMBB PUSCH 和 VoIP PUSCH、有效载荷为 11 比特或 22 比特的 PUCCH 格式 3、PRACH 格式 B4、Msg3 中的 PUSCH。

● 对于样本数较少（小于 3）的信道，即基于帧结构 DDDSU 的携带 SIP 的

PUSCH、基于帧结构 DDDSU 的 CSI 有效载荷为 11 比特或 22 比特的 PUSCH、PRACH 格式 C2、基于帧结构 DDDSU 和 DDSU 的 Msg2 中的 PDSCH、携带 Msg4 HARQ-ACK 的 PUCCH 等信道。当 ISD=200m 时，根据计算出的目标 MPL，所有信道均不能满足覆盖要求。同样以 PUCCH 格式 1 作为参考信道，通过相对 MIL 值，这些信道中需要进行覆盖增强的有：基于帧结构 DDDSU 的携带 SIP 的 PUSCH、基于帧结构 DDDSU 的 CSI 有效载荷为 11 比特或 22 比特的 PUSCH、携带 Msg4 HARQ-ACK 的 PUCCH。

2）Urban 28GHz TDD NLOS O2O 场景

- 当 ISD=200m 时，根据计算出的目标 MPL，除了 PUSCH 和 PRACH 信道，所有信道均可以满足覆盖要求。

- 将 PUCCH 格式 1 作为参考信道，通过相对 MIL 值，得到的比参考信道覆盖更差，需要进行覆盖增强的信道如下：基于帧结构 DDDSU 和 DDSU 的 eMBB PUSCH、基于帧结构 DDSU 的 VoIP PUSCH、有效载荷为 11 比特或 22 比特的 PUCCH 格式 3、PRACH 格式 B4、Msg3 中的 PUSCH。

- 对于样本数较少（小于 3）的信道，当 ISD=200m 时，根据计算出的目标 MPL，PUCCH 格式 0、PUCCH 格式 2、PRACH 格式 C2 等信道不能满足覆盖要求。同样以 PUCCH 格式 1 作为参考信道，通过相对 MIL 值，PUCCH 格式 0、PUCCH 格式 2、携带 Msg4 HARQ-ACK 的 PUCCH 等信道需要进行覆盖增强（PRACH 格式 C2 不存在可用的 MIL 的结果）。

3）Indoor 28GHz TDD NLOS 场景

- 当 ISD=20m 时，根据计算出的目标 MPL，所有信道均可以满足覆盖要求。

- 该场景不存在需要进行覆盖增强的信道。

4）Suburban 28GHz TDD NLOS O2I 场景

- 如果 ISD=400m 或 500m，根据计算出的目标 MPL，所有的信道均不能满足覆盖要求。相反，根据 ISD=200m 计算目标的 MPL，在样本数大于 3 的信道中，只有基于 DDDSU 帧结构的 eMBB PUSCH 和 VoIP PUSCH 不能满足覆盖要求。

- 对于样本数大于 3 的信道，将 PUCCH 格式 1 作为参考信道，通过相对 MIL 值，识别出的比参考信道覆盖更差，需要进行覆盖增强的信道如下：基于帧结构 DDDSU 和 DDSU 的 eMBB PUSCH、基于帧结构 DDDSU 的 VoIP PUSCH、有效载荷为 11 比特或 22 比特的 PUCCH 格式 3、Msg3 中的 PUSCH。

- 对于样本数较少（小于 3）的信道，当 ISD=200m 时，根据计算出的目标 MPL，所有信道均不能满足覆盖要求。同样以 PUCCH 格式 1 作为参考信道，通过相对 MIL 值，有效载荷为 11 比特或 22 比特的 PUCCH 格式 3、Msg3 中的 PUSCH、基于 DDSU 帧结构的 eMBB PUSCH 等信道需要进行覆盖增强。

5）Suburban 28GHz TDD NLOS O2O 场景

- 如果 ISD=400m 或 500m，根据计算出的目标 MPL，所有的信道均不能满足覆盖要求。相反，根据 ISD=200m 计算目标的 MPL，在样本数大于 3 的信道中，只有基于 DDDSU 帧结构的 eMBB PUSCH 和 VoIP PUSCH 不能满足覆盖要求。

- 对于样本数大于 3 的信道，将 PUCCH 格式 1 作为参考信道，通过相对 MIL 值，识别出的比参考信道覆盖更差，需要进行覆盖增强的信道如下：基于帧结构 DDSU 的 eMBB PUSCH、基于帧结构 DDDSU 的 VoIP PUSCH、有效载荷为 11 比特或 22 比特的 PUCCH 格式 3。

- 对于样本数较少（小于 3）的信道，当 ISD=200m 时，根据计算出的目标 MPL，所有信道均能满足覆盖要求。同样以 PUCCH 格式 1 作为参考信道，通过相对 MIL 值，Msg3 中的 PUSCH、基于 DDSU 帧结构的 eMBB PUSCH 等信道需要进行覆盖增强。

根据 FR2 中各个场景的评估结果，可以看出 Indoor 场景不需要进行覆盖增强，而 Urban 28GHz 场景中，PUSCH、PUCCH 格式 3、PRACH 格式 B4、Msg3 中的 PUSCH 等信道需要进行覆盖增强。

4.1.4　5G 终端覆盖增强结论和标准化

1. 5G 终端覆盖增强结论

在覆盖增强课题的研究阶段，对 PUSCH 信道、PUCCH 信道及其他信道进行了性能评估和覆盖增强方案的研究。

通过对 FR1 和 FR2 中各个信道和各个场景的覆盖性能进行评估，基于绝对度量（服务相关度量和场景相关度量）和相对度量（信道之间的相对差异）最终确定以下多个信道为潜在的覆盖瓶颈信道。

1）FR1 的覆盖瓶颈信道

- 第一优先级：
  - 用于 eMBB 的 PUSCH 信道，考虑 FDD 和 TDD（TDD 支持 DDDSU、DDDSUDDDSUU 和 DDDDDDDSUU 帧结构）。
  - 用于 VoIP 的 PUSCH 信道，考虑 FDD 和 TDD（TDD 支持 DDDSU、DDDSUDDDSUU 帧结构）。

- 第二优先级：
  - PRACH 格式 B4。

- Msg3 中的 PUSCH 信道。
- PUCCH 格式 1。
- PUCCH 格式 3（负载为 11 比特）。
- PUCCH 格式 3（负载为 22 比特）。
- 广播 PDCCH（基站具有 24dBm/MHz 的发射功率）。

2）FR2 的覆盖瓶颈信道

- 用于 eMBB 的 PUSCH 信道，考虑 DDDSU 和 DDSU 的帧结构。
- 用于 VoIP 的 PUSCH 信道，考虑 DDDSU 和 DDSU 的帧结构。
- PUCCH 格式 3（负载为 11 比特）。
- PUCCH 格式 3（负载为 22 比特）。
- PRACH 格式 B4。
- Msg3 中的 PUSCH。

通过对不同覆盖增强方案的性能进行对比，结合标准化影响进行考虑。在覆盖增强方案的标准化考虑上，于 RAN1#103 会议达成了以下结论。

- 对 A 型 PUSCH 重复的增强有利于 TDD 的 PUSCH 覆盖增强。建议在 R17 中支持对 PUSCH 重复类型 A 的增强，包括以下两个方案（在 WI 阶段进行选择）：
  - 方案 1：增大支持的最大重复次数，例如，支持最多 32 次重复传输。
  - 方案 2：基于可用时隙进行重复次数的计数。
- 一个 TB 在多个时隙上传输有利于 PUSCH 覆盖增强。建议在 R17 中支持多时隙的 PUSCH TB 处理，包括：
  - 基于多个时隙确定 TBS，在多个（整数个）时隙上进行 TB 的传输。
- 联合信道估计有利于 PUSCH 覆盖增强，建议在 R17 中支持联合信道估计 / DMRS 绑定，包括：
  - 对连续的 PUSCH 传输进行联合信道估计。
  - 基于时隙绑定进行时隙间跳频。

2. 5G 终端覆盖增强标准化

基于覆盖增强课题在研究阶段（SI 阶段）进行的基础覆盖性能和增强方案的性能评估结果，在 RAN#90 会议 [6] 上，通过了覆盖增强的工作项目（WI）。该工作项目的目标是为 FR1 和 FR2 进行 PUSCH、PUCCH 和 Msg3 PUSCH 覆盖增强的标准化（考虑 TDD 和 FDD 部署）。具体的目标如下。

1）进行 PUSCH 增强的标准化

- 标准化以下机制来增强 PUSCH 类型 A 重复传输。

- 增大支持的最大重复次数。
- 基于可用时隙进行重复次数的计数。

■ 标准化以下机制支持一个 TB 在多个时隙中进行传输。
- 基于多个时隙确定 TBS，并且在多个时隙上进行 TB 的传输。

■ 标准化以下机制激活联合信道估计。
- 基于保持功率一致性和相位连续性的条件（如有必要，可以由 RAN4 研究并指定），在多个 PUSCH 传输中激活联合信道估计的机制。不排除 DMRS 位置 / 间隔尺寸在时域内进行优化的可能。
- 通过基于时隙绑定的时隙间跳频激活联合信道估计。

2）进行 PUCCH 增强的标准化

■ 标准化信令机制支持动态 PUCCH 重复因子指示。
■ 标准化机制支持多个 PUCCH 重复的 DMRS 绑定。

3）进行 Msg3 支持类型 A PUSCH 重复的机制的标准化

| 4.2 5G 上行数据覆盖增强 |

4.2.1 上行 PUSCH 重复传输 TypeA 增强原理

在 NR R16 中，为了增强上行传输的可靠性，一方面对时隙聚合 PUSCH 重复传输（R15 中引入的）进行了增强，称为基于 TypeA 的 PUSCH 重复传输；另一方面引入了符号级的重复传输，称为基于 TypeB 的 PUSCH 重复传输。根据 4.1 节的覆盖增强结论和标准化范围可知，在 R17 中需要对基于 TypeA 的 PUSCH 重复传输进行增强设计。

R16 中基于 TypeA 的 PUSCH 重复传输，是在连续的 K 个时隙上对同一数据块进行重复传输，且每个时隙中需要使用相同的时域资源（由 TDRA 进行指示）进行 PUSCH 的重复传输。在 K 个连续时隙上的 PUSCH 重复传输需要使用不同的冗余版本（RV），具体的，第一次 PUSCH 传输使用上行授权信令指示的 RV 版本，后续的时隙根据 {0, 2, 3, 1} 的循环顺序确定 RV 版本。如果一个时隙中 TDRA 指示的时域资源中至少有一个半静态下行符号，那么这个时隙中的 PUSCH 重复传输将不会被发送。PUSCH 的重复次数 K（即进行 PUSCH 重复传输的连续时隙数）由 TDRA 中的 numberofrepetitions 进行配置，如果没有配置 numberofrepetitions，则由高层参数 pusch-AggregationFactor 确定。如果这两个参数均没有配置，则 $K=1$（对于上行免授权调度的 TypeA PUSCH 重复传输，重复传输次数由高层参数 RepK 配置）。

如图 4-4 给出了 R16 中基于 TypeA PUSCH 重复传输的一个示例：TDRA 指示使用时隙中的前 10 个符号进行 PUSCH 重复传输，通过 numberofrepetitions 配置重复传输次数为 4，起始 PUSCH 传输的 RV 版本为 0。时隙 2 和时隙 3 中 TDRA 指示的时域资源存在下行符号，因此第 2 个和第 3 个 PUSCH 重复传输没有被发送，实际上仅进行了 2 次重复传输，RV 版本分别为 0 和 1。

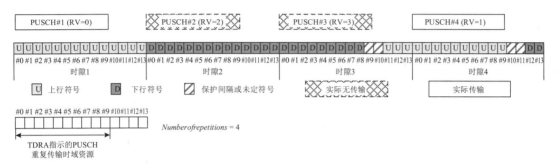

图 4-4　R16 中基于 TypeA PUSCH 重复传输示意图

根据 4.1 节覆盖评估结果，要想满足覆盖要求，需要保证足够的实际 PUSCH 重复传输次数。基于这一出发点，需要对 R16 中的 TypeA PUSCH 重复传输进行进一步的增强。

- 一种比较直接的处理是增大支持的最大重复传输次数，通过配置更大的重复传输次数，来提升实际重复传输的次数。
- 由于 R16 中配置的重复次数 K 是进行 PUSCH 重复传输的连续时隙个数，即通过连续时隙进行重复次数的计数。当 TDD 部署上行资源较少时，这会导致即使配置的重复传输次数很大，实际的 PUSCH 重复传输次数却很小的情况，例如在帧结构 DDDSU 下，即使配置的重复次数为 16，也只能进行 4 次实际重复传输。因此，另一种有效的处理方法为改变重复次数的计数方式，即基于可用于 PUSCH 重复传输的时隙进行重复传输次数的计数。

上述两种增强方案的标准化处理将在第 4.2.2 节进行介绍。

4.2.2　上行 PUSCH 重复传输 TypeA 增强标准化

本节分别对增大重复次数和基于可用时隙进行重复次数计数的方式进行介绍。在标准中，二者也是通过不同的子配置来体现。

1. 增大 PUSCH 重复传输的最大重复次数

在标准化"增大 PUSCH 重复传输的最大重复次数"时，主要涉及最大重复次数取值、R17 中进行最大重复次数扩展的 RRC 参数等。具体的细节如下。

1）支持的最大重复次数

在 R15/R16 中，可以通过 RRC 参数 pusch-AggregationFactor 配置 PUSCH 的重复传输次数，pusch-AggregationFactor 的可选值为 $\{2, 4, 8\}$。在 R16 中引入了基于 TDRA 的动态重复传输次数指示，即通过 numberOfRepetitions-r16 配置 PUSCH 的重复传输次数，可选值为 $\{1, 2, 3, 4, 7, 8, 12, 16\}$。对于免授权调度的 PUSCH 传输即 CG-PUSCH，可以通过 RRC 参数 repK 配置重复传输次数，可选值为 $\{1, 2, 4, 8\}$。

在 RAN1#104 会议 [7] 上，参会公司对最大重复次数的取值提出了以下建议：16、20、32、36、128 中，大多数公司支持将 32 作为 R17 中的最大重复传输次数。部分公司考虑到 R17 中会引入新的计数方式（基于可用时隙进行重复次数的计数），因此建议不需要进行最大重复次数的扩展，即考虑 16 作为最大重复传输次数。还有个别公司基于帧结构和性能评估结果考虑，提出了如 20、36、128 等取值。

在讨论最大重复次数时，提出了三种考虑的场景：① FDD 或者 SUL 场景；②基于连续时隙进行计数的 TDD 场景；③基于可用时隙进行计数的 TDD 场景。大多数公司认为最大重复次数的取值，应该对这三个场景都适用。部分公司认为最大值应该基于场景①进行考虑，其他公司则认为应该基于场景②或场景③进行考虑。主要分歧在于两种增强方案（增大最大重复次数和基于可用时隙进行计数）是否总是绑定在一起进行使用。在 RAN1#105 会议 [8] 中，基于考虑的三种场景，各公司在最大重复次数上有以下建议。

● 考虑将 32 作为最大重复次数，理由如下：

■ 标准化的覆盖增强应该也适用于 NTN 场景。在 NTN 场景中有足够的上行时隙可以使用，能够进行 32 次重复传输，以获得足够的覆盖增益。

■ 重复次数过多（例如 128）会降低上行 UPT 性能。

■ HARQ 重传机制可以配合重复传输，没有必要追求一次性的 BLER 性能。

■ 与 16 次重复传输相比，重复 32 次可以进一步获得 2 ～ 3dB 的性能增益。

● 考虑将 40 作为最大重复次数，理由如下：

■ 在 VoIP 中，考虑 20ms 的数据到达周期和 30kHz 子载波的典型配置，可以支持最多 40 次重复传输。

● 考虑将 20 作为最大重复次数，理由如下：

■ 在 FDD 系统中，使用 15kHz 的子载波间隔，考虑到 VoIP 最低速率的要求，支持最多 20 次重复传输。

● 考虑将 16 作为最大重复次数，理由如下：

■ 考虑将基于可用时隙进行计数作为一种强制要求，这种情况下最大 16 次重复传输可以满足覆盖要求。

经过多轮讨论，最终确定了两个备选方案：①不考虑重复传输次数的计数方式，

R17 中的 PUSCH 重复传输 typeA 的最大重复次数为 32。②不同重复传输次数计数方式采用不同的最大重复次数：当基于物理时隙（连续时隙索引）进行重复传输次数的计数时，PUSCH 重复传输 typeA 的最大重复次数为 32；当基于可用时隙进行重复传输次数的计数时，PUSCH 重复传输 typeA 的最大重复次数为 16。

在 RAN1#106 会议 [9] 的讨论中，有 20 家公司支持备选方案①，理由如下：

- 当基于可用时隙进行计数时，NW 可以配置合适的重复次数。
- 方案②不能够保证在基于可用时隙进行计数时，可以提供一个较大的实际重复传输次数。例如，当需要 16 次实际重复传输时，会出现部分可用时隙上取消 PUSCH 重复传输的情况，此时实际重复传输次数无法达到预期。
- 方案②需要更多的标准化工作，例如不同计数方式有不同的最大重复次数限制。
- 支持更大的重复传输次数，不需要在后续版本中进行重复次数的增强。
- 在时延要求相对放松的 VoIP 业务中，基于可用时隙计数时，支持最大 32 次重复传输是有利的。

与此同时，有 8 家公司支持备选方案②，理由如下：

- 当基于可用时隙进行计数时，备选方案①进行了过度的优化处理，使得 PUSCH 的重复时间过长、时延较大（例如，在 DDDSU 的情况下，进行 32 次基于可用时隙的重复传输，意味着需要使用 160 个物理时隙）。
- 如果实际传输的次数不能达到最大次数，可以结合 HARQ 重传，在理论和实践中没有证据表明重复传输比 HARQ 重传能提供更多的增益。
- 支持基于可用时隙进行计数和增大 PUSCH 重复传输的最大重复次数（从 16 到 32）在 WID 中是两个单独的目标。备选方案①意味着第三个增强方案，即支持基于可用时隙数计数的同时，也增大最大重复次数。这应该在 RAN 会议上进行讨论。
- 备选方案②能够在这两个技术的配置方面进行简化。例如，当网络设备想要基于可用时隙进行传统的重复传输调度（最大支持 16 次重复传输）时，不需要特意配置一个单独的 TDRA 表（支持大于 16 的重复传输次数），仅仅需要指示 R17 中的重复传输类型。然而，如果两个增强技术进行了合并，则总是需要配置一个单独的 TDRA 表（由于后向兼容的原因，不能通过对旧的 TDRA 表进行修改以包含新的重复因子，因此，为了增加重复传输次数，总是需要一个单独的 TDRA 表）。

在 RAN1#106bis 会议 [10] 上，最终确定不管是否基于可用时隙进行计数，TypeA PUSCH 的最大重复传输次数均为 32。当然，即使最大重复次数是 32，在实际应用中，网络可以选择配置较小的值。此外，除了 32 和 R16 中已经支持的重复次数配置外，还

可以支持 {20, 24, 28} 的重复传输次数配置。在 R17 中，TypeA PUSCH 重复传输次数可以支持 {1, 2, 3, 4, 7, 8, 12, 16, 20, 24, 28, 32}。

对于免授权调度的 TypeA PUSCH 重复传输（CG-PUSCH），支持的最大重复传输次数与基于调度的 PUSCH（DG-PUSCH）相同，即支持最大 32 次的重复传输。

2）进行最大重复次数扩展的 RRC 参数

正如前文提到的，在 R15/R16 中，可以通过 RRC 参数 pusch-AggregationFactor、numberOfRepetitions、repK 配置 PUSCH 重复传输次数。其中 numberOfRepetitions 支持的 PUSCH 最大重复次数为 16，pusch-AggregationFactor 和 repK 支持的 PUSCH 最大重复次数为 8。

R17 中对最大重复传输次数进行了扩展，相应地，需要确定能够支持最大 32 次重复传输配置的 RRC 参数。一种比较自然的处理是对 R15/R16 中的 RRC 参数进行扩展，个别公司提出可以引入一个新的 RRC 参数用来配置 PUSCH 重复传输次数，不过并不是主流观点。

经过几次会议的讨论，最终确定了以下 RRC 参数扩展处理。

- 对 numberOfRepetitions 进行 PUSCH 最大重复传输次数的扩展。通过 numberOfRepetitions-r17 配置 R17 的 PUSCH 重复传输次数：
  - numberOfRepetitions-r17 的取值范围为 {1,2,3,4,7,8,12,16,20,24,28,32}。
  - numberOfRepetitions-r17 配置在 TDRA 列表中，可以通过 CG 配置或者 DCI 中的 TDRA 域指示相应的 TDRA 列表的行索引。
  - 如果配置了 numberOfRepetitions-r17，则不能再配置 numberOfRepetitions-r16。
  - 如果 pusch-RepTypeIndicatorDCI-0-1/ pusch-RepTypeIndicatorDCI-0-2 被设置为 pusch-RepTypeA，可以选择配置 numberOfRepetitions-r17。否则，不会配置 numberOfRepetitions-r17。
    - 仅有 PUSCH 重复传输类型 A 支持最大重复次数的扩展，PUSCH 重复传输类型 B 不支持最大重复次数的扩展。
    - DCI 格式 0_1 和 DCI 格式 0_2 可以支持 numberOfRepetitions-r17。
  - numberOfRepetitions-r17 不能用来指示 DCI 格式 0_0 调度的 DG-PUSCH 和 DCI 格式 0_0 激活的 Type2 CG-PUSCH 的重复传输次数。
  - numberOfRepetitions-r17 不能用来指示 Type1 CG-PUSCH 重复传输类型 A 的重复传输次数。
- 对 repK 进行 PUSCH 最大重复传输次数的扩展。通过 repK-r17 配置 R17 的 PUSCH 重复传输次数：
  - repK-r17 的取值范围为 {1,2,4,8,12,16,24,32}。

- repK-r17 配置在 ConfiguredGrantConfig 中，支持 Type1 CG-PUSCH 和 Type2 CG-PUSCH 的最大重复次数扩展。
- 如果配置了 repK-r17，则不再配置 R16 中的 repK（没有后缀）。

2. 基于可用时隙进行重复传输次数的计数

在进行"基于可用时隙进行重复传输次数的计数"标准化时，主要涉及 PUSCH 重复传输中可用时隙的确定、确定可用时隙时使用的半静态配置、RV 版本的确定、时隙间跳频处理、PUSCH 重复传输的结束条件、基于可用时隙的 PUSCH 重复传输类型 A 的应用场景等。具体的细节如下。

1）PUSCH 重复传输中可用时隙的确定

在 R16 中，PUSCH 重复传输 TypeA 的传输时机是 K 个连续的时隙。在实际传输过程中，由于取消指示、TDD 配置、动态 SFI 指示、PUSCH 优先级等，传输时机上的 PUSCH 重复传输可能会被省略（或者称为取消）。此外，在 R15/R16 中，PUCCH 也支持进行 N 次重复传输，但是 N 次重复传输的传输时机并不是连续的 N 个时隙，而是基于 N 个具有足够上行 / 灵活符号（对于分配的 PUCCH 资源）的时隙进行确定的，这些上行 / 灵活符号的确定只跟半静态配置（TDD 配置和 SSB 配置）有关。

在 RAN1#104 会议 [7] 中，对可用时隙的定义进行了讨论。考虑到在 R16 PUSCH 重复传输 typeA 中，配置的 TDRA 首先应用于连续的 K 个时隙，然后在每个时隙中根据 TDRA 分配的符号是否发生碰撞 / 重叠来进一步确定是否需要省略该时隙上的 PUSCH 重复传输。经过讨论，最终决定采用相似的原则来定义可用时隙，即如果在一个时隙中，由 TDRA 为 PUSCH 分配的符号至少有一个与不用于上行传输的符号发生了重叠，则这个时隙是不可用时隙。需要注意的是，上述通过的可用时隙定义，同样适用于特殊时隙（同时存在上行符号、下行符号、灵活符号中至少 2 种时隙，均可以认为是特殊时隙，或者称为灵活时隙）。

与此同时，在 RAN1#104[7] 会议上对"PUSCH 重复传输中可用时隙的确定"提出了两个不同的考虑方向：一个是遵循 R16 中 PUSCH 重复传输的省略规则，即将满足省略规则的时隙视为"不可用时隙"；另一个是遵循 R15/R16 中 PUCCH 重复传输的规则，即根据半静态配置提前确定 K 个具有足够上行 / 灵活符号的时隙。两种可用时隙的确定方法在以下方面有所不同。

（1）在确定可用时隙时，是否考虑动态信号（动态 SFI 指示、PUSCH 优先级、取消指示等）的影响？具体表现为以下两个方案。

方案 1：一个时隙是否可以确定为上行传输的可用时隙，取决于 RRC 配置，不依赖动态信令。

方案 2：一个时隙是否可以确定为上行传输的可用时隙，取决于 RRC 配置和动态信令。

方案 1 只考虑半静态配置，多数公司倾向于复用 R15/R16 的 PUCCH 重复传输规则，即根据 TDD 配置和 SSB 配置确定可用时隙，也有个别公司提出可以考虑更多的配置信息，例如无效 UL 符号、Type0-CSS / CORESET#0 等。

方案 2 考虑除了半静态配置外，将动态信号用于可用时隙的确定。对于考虑的动态信号，支持公司倾向于复用 R16 中 PUSCH 的省略规则，即使用动态 SFI 指示、PUSCH 优先级和取消指示等。

（2）在确定可用时隙时，是否需要在第一次 PUSCH 传输之前完成所有可用时隙的确定？具体表现为以下两个方案。

方案 a：所有的可用时隙必须在第一次实际重复传输之前确定。

方案 b：所有的可用时隙不必在第一次实际重复传输之前确定。

方案 a 与上述方案 1 对应，只考虑半静态配置来确定可用时隙时，能够在第一次实际重复传输之前确定所有的可用时隙。方案 b 与上述方案 2 对应，同时考虑半静态配置和动态信号来确定可用时隙，需要在每个时隙结合半静态配置和动态信号确定是否为可用时隙，因此无法在第一次实际重复传输之前确定所有的可用时隙。

在 "可用时隙的确定" 这一问题上，讨论的焦点在于动态信号的处理，即是否基于动态信号来进行可用时隙的确定。如果基于动态信号进行可用时隙的确定，则可用时隙也是实际进行 PUSCH 重复传输的时隙。反之，如果仅基于半静态配置确定可用时隙，则确定的可用时隙并不一定能够进行 PUSCH 重复传输。

在 RAN1#105 会议[8]中，对于上述方案 1 和方案 2，在可用时隙与实际 PUSCH 重复传输的关系上进行了进一步的明确。方案 1 的支持者认为，如果使用动态信号来进行可用时隙的确定，当 UE 错误地检测了动态信号时，则会导致 gNB 和 UE 对 PUSCH 重复传输使用的时隙有不同的理解，因此建议使用更加稳健的半静态配置信息来确定可用时隙，即使一个时隙被确定为可用时隙，在该时隙上的 PUSCH 重复传输仍可能由于动态信号的控制而被省略。换句话说，方案 1 由 2 个步骤构成：①基于半静态配置确定可用时隙；②确定在可用时隙上是否省略 PUSCH 重复传输。方案 2 的支持者认为，不需要单独进行 PUSCH 重复传输的省略判断，可以在确定可用时隙时将动态信号考虑进来，这样只需要 1 个步骤，同时每个确定的可用时隙，也将是实际进行了 PUSCH 重复传输的时隙。与此同时，也有部分公司提出一种折中的方案，即仅将动态 SFI 用于可用时隙的确定，其他的动态信号，例如取消指示、信道优先级等用于判断是否省略 PUSCH 重复传输。经过长时间的讨论，最终将方案 1 和方案 2 进一步划分为以下 4 个子方案。

方案 1-B：由 2 个步骤组成（获得 16 家公司的支持）。

步骤 1：除了 CG 配置、激活 DCI、调度 PUSCH 的 DCI 中的 TDRA 之外，还要根据 RRC 配置确定用于 K 次重复传输的可用时隙。

步骤 2：根据 NR R15/ R16 中的省略（舍弃）规则，确定可用时隙上的 PUSCH 重复传输是否被省略（舍弃）。不管确定的可用时隙上是否实际进行了 PUSCH 重复传输，都需要将该可用时隙计入 K 次重复传输中（当可用时隙上的 PUSCH 重复传输被取消时，不会进一步在步骤 1 确定的 K 个可用时隙基础上再顺延确定新的可用时隙）。

方案 1-B′：由 2 个步骤组成（获得 1 家公司的支持）。

步骤 1：根据 tdd-UL-DL-ConfigurationCommon 或者 tdd-UL-DL-ConfigurationDedicated 的指示确定用于 K 次重复传输的可用时隙，包括上行时隙和灵活时隙。

步骤 2：根据 NR R15/ R16 中的省略（舍弃）规则，确定可用时隙上的 PUSCH 重复传输是否被省略（舍弃）。不管确定的可用时隙上是否实际进行了 PUSCH 重复传输，都需要将该可用时隙计入 K 次重复传输中。

方案 2-A：由 1 个步骤组成（获得 1 家公司的支持）。

步骤：除了 CG 配置、激活 DCI、调度 PUSCH 的 DCI 中的 TDRA 之外，基于 RRC 配置和动态信令（例如 SFI、UL CI、高优先级信道的 DCI 等）确定用于 K 次重复传输的可用时隙。

方案 2-B：由 2 个步骤组成（获得 2 家公司的支持）。

步骤 1：除了 CG 配置、激活 DCI、调度 PUSCH 的 DCI 中的 TDRA 之外，还要根据 RRC 配置和动态 SFI 确定用于 K 次重复传输的可用时隙。

步骤 2：根据 NR R15/ R16 中的省略（舍弃）规则，确定可用时隙上的 PUSCH 重复传输是否被省略（舍弃）。不管确定的可用时隙上是否实际进行了 PUSCH 重复传输，都需要将该可用时隙计入 K 次重复传输中。

对于上述 4 个子方案，绝大多数公司支持方案 1-B。最终在 RAN1#106 会议中，通过了方案 1-B 的两步可用时隙确定方法，即首先通过半静态配置确定用于 PUSCH 重复传输的 K 个可用时隙，进一步根据 R15/R16 的省略规则（如果 R17 引入了其他的省略规则，也将考虑该规则）判断可用时隙上的 PUSCH 重复传输是否被省略。在 RAN1#107b 会议 [11] 上，确定了将 R17 eIIoT/URLLC 课题引入的 LP PUSCH 取消规则也应用在第二步的处理中。

采用方案 1-B，能够在第一次实际 PUSCH 重复传输之前确定 K 个可用时隙，需要注意的是，在确定的 K 个可用时隙上，无论是否实际进行 PUSCH 重复传输，均需要将该可用时隙的 PUSCH 重复传输计入总的重复传输次数 K 中。

- 对于 DG-PUSCH，通过方案 1-B 的两步法确定 K 个用于 PUSCH 重复传输的可用时隙时，第一步中确定的 K 个可用时隙不能早于时隙偏移值 K_2 对应的时隙。

● 对于 CG-PUSCH，通过方案 1-B 的两步法确定 K 个用于 PUSCH 重复传输的可用时隙时，第一步中确定的 K 个可用时隙不能早于 ConfiguredGrantConfig 确定的第一个时隙。

2）确定可用时隙时使用的半静态配置

在讨论哪些半静态配置可以用来确定可用时隙时，多数公司倾向于采用类似 R15/R16 PUCCH 重复传输的处理，即根据 TDD 配置和 SSB 配置确定可用时隙。与此同时，个别公司提出可以考虑更多的半静态配置，例如 CORESET0、重复传输的半静态 PUCCH、用于 DL 向 UL 切换的无效 UL 符号、基于 SSB 测量的 SMTC、携带 SPS 对应 HARQ-ACK 的高优先级 PUCCH 等。讨论过程中，对于基于 TDD 配置和 ssb-PositionsInBurst（即 SSB 配置）确定可用时隙，各公司没有异议。

在 RAN1#105 会议 [8] 中，对基于 SSB 配置确定可用时隙进行了明确："如果一个时隙中用于 PUSCH 重复传输的符号与 SSB 传输中的灵活符号重叠，则该时隙在计数重复次数时不能认为是可用时隙。"也就是说，当一个时隙中用于 PUSCH 重复传输的符号与传输 SSB 的符号发生重叠时，这个时隙不能作为 K 个可用时隙中的时隙，由于在该时隙上不需要进行 PUSCH 重复传输，那么自然不需要在该时隙上执行 PUSCH 的省略判断。

基于 TDD 配置确定可用时隙时，具体使用的半静态配置为 tdd_ul_dl，进一步可以分为 tdd-UL-DL-ConfigurationCommon 和 tdd-UL-DL-ConfigurationDedicated，在 RAN1#105 会议 [8] 上对 TDD 配置中的半静态灵活符号（实际传输时可以作为上行符号或下行符号）进行了明确：对于 DG-PUSCH 和 CG-PUSCH，可以将半静态灵活符号视为可用符号，亦即一个时隙中用于 PUSCH 重复传输的符号可以与半静态灵活符号重叠。

对于基于 tdd-UL-DL-ConfigurationCommon、tdd-UL-DL-ConfigurationDedicated 和 ssb-PositionsInBurst 之外的半静态配置进行可用时隙的确定，大多数公司认为是不必要的，最终在 RAN1#106 会议上明确不采用除 TDD、SSB 之外的半静态配置进行可用时隙的确定。

对于 R17 引入的基于可用时隙的 PUSCH 重复传输，同样可以适用于 HD-FDD RedCap 终端，由于在 FDD 部署下，不会配置 tdd-UL-DL-ConfigurationCommon 和 tdd-UL-DL-ConfigurationDedicated，因此对于 HD-FDD RedCap 终端，无论是 CG-PUSCH，还是 DG-PUSCH，都只能基于 ssb-PositionsInBurst 来确定可用时隙，即如果一个时隙中由资源分配表确定的用于 PUSCH 重复传输的符号与 SSB 传输使用的符号重叠，则该时隙不是一个可用时隙。

3）RV 版本的确定

在 R16 的 PUSCH 重复传输中，PUSCH 重复传输使用的 RV 版本是根据表 4-2 确定的。

表 4-2　R16 中 PUSCH 传输的 RV 版本

调度 PUSCH 的 DCI 指示的 rv_{id}	第 n 个传输时机（重复传输类型 A）或第 n 个实际重复传输（重复传输类型 B）使用的 rv_{id}			
	$n \bmod 4 = 0$	$n \bmod 4 = 1$	$n \bmod 4 = 2$	$n \bmod 4 = 3$
0	0	2	3	1
2	2	3	1	0
3	3	1	0	2
1	1	0	2	3

由于 R16 中的 PUSCH 重复传输类型 A 是在 K 个连续时隙上进行的 PUSCH 重复传输，连续的 K 个时隙中的每个时隙均是一个传输时机，因此 R16 中 PUSCH 重复传输类型 A 的 RV 版本是根据每个物理时隙索引进行确定的（按照物理时隙索引进行 {0, 2, 3, 1} 的循环）。而在 R17 中，引入了基于可用时隙的 PUSCH 重复传输类型 A，需要讨论这种重复传输方式下，PUSCH 传输时 RV 版本的确定。

当 RV 版本按照 {0, 2, 3, 1} 进行循环时，PUSCH 的性能是最好的，因此在基于可用时隙进行 PUSCH 重复传输时，理所当然应该基于可用时隙进行 RV 版本的循环。在讨论过程中，有公司提出需要明确是基于半静态确定的可用时隙，还是基于实际进行 PUSCH 重复传输的可用时隙进行 RV 循环。考虑到稳健性，以及确保终端和基站对 RV 版本的理解一致，最终确定了 RV 循环是基于半静态确定的可用时隙进行的。具体的，在 RAN1#105 会议[8]上，对 RV 版本的确定达成了以下结论。

- 对于 R17，在基于可用时隙进行 PUSCH 重复传输类型 A 的计数时，相应的 RV 版本也是基于可用时隙进行循环的。
- 终端识别出的每个可用时隙都被视为一个 PUSCH 重复传输的传输时机。传输时机上的 PUSCH 无论是否被省略，RV 版本都要基于该传输时机进行循环。

R16 和 R17 中的 RV 版本确定方法如图 4-5 所示。假设资源分配表确定每个时隙的前 10 个符号用来进行 PUSCH 重复传输，重复传输次数都为 4 次（R17 基于可用时隙进行计数）。在 R16 的处理方式中，使用连续的 4 个时隙进行 PUSCH 的重复传输，第一个时隙上的 RV 版本为 0，后续每个时隙上对应的 PUSCH 重复传输 RV 版本按照 {0, 2, 3, 1} 进行循环。由于时隙 2 和时隙 3 中的 PUSCH 被舍弃，因此最终实际进行了 2 次 PUSCH 重复传输，即时隙 1 上 RV 版本为 0 的 PUSCH#1，以及时隙 4 上 RV 版本为 1 的 PUSCH#4。在 R17 的处理方式中，首先确定 4 个可用时隙，即时隙 1、时隙 4、时隙 5、时隙 6。第一个可用时隙上的 RV 版本为 0，后续的可用时隙上 RV 版本按照 {0, 2, 3, 1} 进行循环。当没有 PUSCH 重复传输被舍弃时，R17 中实际进行了 4 次 PUSCH 重复传输，分别为时隙 1 上 RV 版本为 0 的 PUSCH#1、时隙 4 上 RV 版本为 2 的 PUSCH#2、时隙 5 上 RV 版本为 3 的 PUSCH#3、时隙 6 上 RV 版本为 1 的 PUSCH#4。当发生 PUSCH 舍弃时，例如在时隙 4 上与更高优先级的 URLLC 碰撞，此时实际进行了 3 次 PUSCH 的重复传输，相应的 RV 版本如图 4-5 所示。

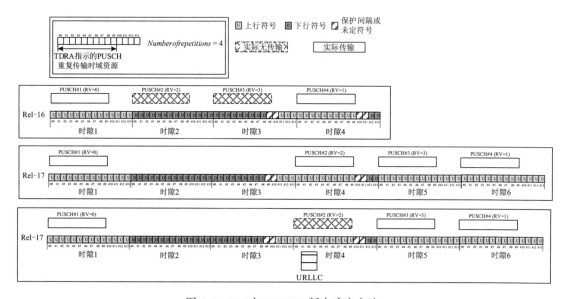

图 4-5　R16 与 R17 RV 版本确定方法

4）时隙间跳频处理

R15/ R16 的时隙间跳频处理是根据连续的物理时隙索引确定跳频位置的，这一点与 R15/ R16 中 RV 版本的确定相似。更具体的，根据时隙索引的奇偶来确定跳频索引，这样会导致在 TDD 系统中不同频域位置的跳数分布不均匀。

如图 4-6 所示，个别情况下，目前 R16 的时隙间跳频处理（基于物理时隙索引确定频域位置），会导致不同频域位置的跳数分布不均。因此，部分公司提出在基于可用时隙进行重复传输次数计数时，相应的跳频处理也基于可用时隙来进行。考虑到可用时隙上的 PUSCH 重复传输可能会被取消，这样即使基于可用时隙确定跳频的位置，仍然无法保证不同频域位置的跳数分布均匀，大多数公司认为没有必要引入新的跳频处理，因此，在 RAN1#106 会议上，确定了在不考虑联合信道估计的情况下，基于可用时隙进行 PUSCH 重复传输的计数时，如果进行时隙间跳频，则仍然采用 R15/R16 的跳频处理方式。

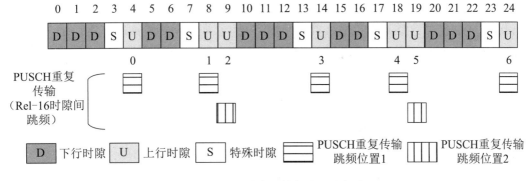

图 4-6　R16 时隙间跳频处理示意图

5）PUSCH 重复传输的结束条件

在标准化基于可用时隙进行 PUSCH 重复传输的计数时，涉及 PUSCH 重复传输的结束条件。在 RAN1#104 和 RAN1#105 会议中，有几家公司建议为"基于可用时隙的 PUSCH 重复传输"引入一个时间窗口 / 限制，以避免由于采用新的计数方式导致过大的 PUSCH 传输时延。与此同时，更多的公司认为 PUSCH 重复传输的总时间可以通过网络配置一个合适的重复传输次数来进行约束，不需要时间窗口来限制 PUSCH 重复传输的总时间。

具体的，对于基于可用时隙进行计数的 DG-PUSCH 重复传输，细分为以下两个方案。

方案 1：当达到指示 / 配置的重复传输次数时，停止 PUSCH 重复传输。

方案 2：当达到指示 / 配置的重复传输次数，或者 PUSCH 重复传输的总时间达到限制时，停止 PUSCH 重复传输（取决于两个结束条件哪个先达到）。

对于基于可用时隙进行计数的 CG-PUSCH 重复传输，细分为以下两个方案。

方案 1：当进行了 K 次 PUSCH 重复传输，或达到 CG 周期内的最后一个传输时机（K 个传输时机中的传输时机），或者 PUSCH 重复传输的起始符号与 DCI 格式 0_0/0_1/0_2 调度的具有相同 HARQ 进程号的 PUSCH 重叠时，均结束 CG-PUSCH 的重复传输（具体取决于哪个条件先达到）。

● UE 不希望配置的 K 次重复传输总时间大于 CG 周期。

方案 2：当进行了 K 次 PUSCH 重复传输，或达到 CG 周期内的最后一个传输时机，或者 PUSCH 重复传输的起始符号与 DCI 格式 0_0/0_1/0_2 调度的具有相同 HARQ 进程号的 PUSCH 重叠时，均结束 CG-PUSCH 的重复传输（具体取决于哪个条件先达到）。

● 当子载波间隔为 60kHz，使用 ECP 时，UE 不希望配置的 K 大于 $P/12$，其他情况下，UE 不希望配置的 K 大于 $P/14$（即 K 不超过 CG 中的时隙数）。

两个方案的区别在于，方案 1 中 UE 的 PUSCH 重复传输次数 K 不会大于 CG 周期 P 中的可用时隙数；方案 2 中 UE 的 PUSCH 重复传输次数 K 可能大于 CG 周期 P 中的可用时隙数。

经过讨论，对于 DG-PUSCH，确定采用方案 1，即当基于可用时隙进行计数时，终止条件与 R16 中 DG-PUSCH 重复传输类型 A 条件相同。

对于 CG-PUSCH，R17 决定采用与 R16 相同的限制，即不管 PUSCH 重复传输是基于物理时隙还是可用时隙进行计数，UE 配置的 K 次重复传输的持续时间不会超过 CG 周期 P 对应的持续时间（亦即方案 1）。对于任何的 CG 周期，K 次重复传输的持续时间表示从 K 次重复传输中第一个时隙到最后一个时隙之间的持续时间。

6）基于可用时隙的 PUSCH 重复传输类型 A 的应用场景

经过多次会议的讨论，RAN1 确定可以在以下场景中应用基于可用时隙进行计数的 PUSCH 重复传输类型 A。

- 基于可用时隙的 PUSCH 重复传输可以应用在 TDD、FDD 和 SUL 中。
  - 对于除了 HD-FDD 之外的 FDD 和 SUL，在确定 K 个可用时隙的第一步中，所有的时隙都可以视为可用时隙。
- 对于下列组合均支持基于可用时隙进行计数。
  - 配置了 R15 重复传输因子的 DG-PUSCH、Type1 CG-PUSCH、Type2 CG-PUSCH。
  - 配置了 R16 重复传输因子的 DG-PUSCH、Type2 CG-PUSCH。
  - 配置了 R17 重复传输因子的 DG-PUSCH、Type1 CG-PUSCH、Type2 CG-PUSCH。
- DCI 格式 0_1 或 DCI 格式 0_2 调度的 DG-PUSCH 重复传输类型 A 中，需要满足重复传输次数 $K > 1$。
  - 当 $K=1$ 时，无论 AvailableSlotCounting 是否配置为 enabled，均采用 R16 中的计数方式（即基于可用时隙进行计数的方式不能用于 $K=1$ 的情况）。
- CG-PUSCH 重复传输类型 A 中，需要满足重复传输次数 $K > 1$。
  - 当 $K=1$ 时，无论 AvailableSlotCounting 是否配置为 enabled，均采用 R16 中的计数方式（即基于可用时隙进行计数的方式不能用于 $K=1$ 的情况）。
  - 补充说明：当 $K > 1$ 时，TS38.321，5.8.2 节中确定的 CG 周期中的第一个时隙可以不是可用时隙（即该时隙可以不是用于传输 CG-PUSCH 的 K 个可用时隙）。

3. PUSCH 重复传输模式的切换 / 指示

在 R17 中对 PUSCH 重复传输类型 A 进行了增强。一方面，可以支持更大的重复传输次数；另一方面引入了新的计数方式。RAN1 对两种 PUSCH 重复传输模式的配置和指示进行了讨论，最终达成了以下结论。

- 引入一个新的 RRC 参数 AvailableSlotCounting，通过该参数使能"基于可用时隙进行 PUSCH 重复传输的计数"。
- AvailableSlotCounting 的取值为范围为 {*enabled, disable*}，配置在 PUSCH-Config 中。
- 当 AvailableSlotCounting 配置为 enabled 时，基于可用时隙进行 PUSCH 的重复传输。UE 确定的每个可用时隙均为一个传输时机，无论该传输时机上的 PUSCH 是否被舍弃，RV 都基于该传输时机进行循环。

4.2.3　上行 PUSCH 多时隙 TB 增强原理

多时隙传输块（Transport Block）的增强属于 PUSCH 覆盖的时域增强技术的一种，是基于传输的时隙数来确定 TBS（Transport Block Size，传输块大小），简称 TBoMS（Transport Block over Multiple Slots）。

在 LTE 和 NR R15 中，TBS 总是基于一个时隙确定的。终端根据收到的调度指示的 MCS 和资源块大小确定 TBS。5G 系统的数据传输需要根据不同的资源大小和 MCS 反推出 TBS。当调度不同的资源进行数据传输时，TBS 的大小随之变化。从编码器的优化角度考虑，编码器的输入比特长度有一定范围。CRC 长度为 24 比特，TBS 最小为 24 比特。

TB 包括的比特数量超过门限时，将会对 TB 进行码块分割得到多个编码块（Code Block，CB），而每个 CB 的大小不超过门限。在 NR 系统中，LDPC 码的码块分割门限为 8448 比特或 3840 比特。

对于覆盖增强的场景而言，TB 往往较小。在覆盖受限的情况下，TB 一般不需要分割。在固定速率 NR 语音业务下，典型的 TBS 约为 384 比特。NR 的 TBS 根据 MCS 的码率乘以资源可调制比特数之后再进行离散量化确定。而 NR 的 MCS 是基于线性计算的，主要为较大的资源分配和数据量的设计。调制阶数为 QPSK 的最大码率为 679/1024。对于单时隙，考虑每时隙的导频和控制占用了 3 个 OFDM 符号，因此 384 比特仍需要最少 2 个 PRB 的资源分配。并且，679/1024 的码率偏高，编码增益并不是最优。如果使用更低的码率，需要分配的 PRB 更多，这导致 NR 语音这样的低速率业务不能使用较少的时频资源进行传输。

更为突出的是，当低速率数据传输配置为多时隙重复的方式时，基于 R15 计算的 TBS 仍然和单时隙是一样的，因此仍然需要最少 2 个 PRB 传输语音数据。如果基于多个时隙的资源采用原来的计算方式的原则计算 TBS，就可以减少分配的 PRB 数目。减少 RB 传输可以直接提高数据传输的功率谱密度，这对上行功率受限的信道尤为重要。

通过仿真评估还发现，用某些码率和资源的多时隙确定 TBS 的 PUSCH 增强能够获得接近 2dB 的链路增益。多时隙计算 TBS 会产生更加合理的 PUSCH 编码映射[12]，产生的增益主要来自两点：第一是更好的编码比特分布。映射在 PUSCH 多个时隙上的系统比特和校验比特更加均匀。第二是比较合理的编码码率。原来为了传输特定数量比特采用过高的码率，甚至是采用较高阶调制的 PUSCH 会带来一定的性能损失。

如图 4-7 体现了采用 R15 的 TBS 确定方式和增强的多时隙确定方式的链路性能差异[13]。可以看到增强方式下同样的数据量的 PUSCH 能获得明显的增益，仿真的场景均为 4 个时隙的 PUSCH 传输。为了达到同样的数据量，R15 的 TB 确定方式下不得不采用 MCS14 这样的 16 QAM 调制。

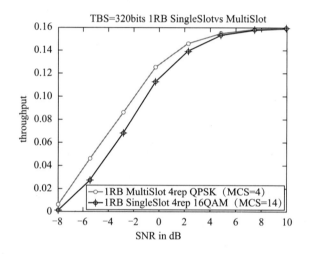

图 4-7　一个 PRB 下传统 TB 和多时隙 TB 链路性能比较

总之，多时隙 TB 的核心就是让 PUSCH 的上行在多时隙的情况下可以分配某些数据载荷以低阶调制和一个 PRB 带宽。这样能量更加集中，边缘的用户上行 SNR 更高且更加容易"穿透"。进一步地，多时隙的 TB 还能更好地体现编码增益，正如图 4-7 仿真分析所体现的。这两个方面的性能叠加，使得 PUSCH 覆盖明显增强。

理论上更窄的带宽还可以再集中能量提高覆盖。在覆盖增强的前期讨论中，也分析过子 PRB 级别的资源分配的可行性。候选的方案有半个 PRB 和子载波级别的分配，但因为窄带对终端的射频有额外的要求及标准影响较大等原因，NR R17 没有采纳。

有一个疑问，LTE 的所有版本都是基于单 Slot 确定 TBS，并没有做这类增强。这是因为 LTE 的 TBS 的确定方式是查表方式，每个 PRB size 下的每个 MCS 级别都对应了一个 TBS。针对 VoIP 类业务，LTE 的 TBS 表中为小 PRB size 的少量 MCS 项固定地设定为 384 比特的 TBS。通过少量固化 TBS 表项的方式，LTE 保障了这类业务的覆盖。

而 NR 系统为了支持灵活的符号级资源分配、多种子载波间隔，以及更大的数据量和范围等需求，难以使用查表的方式一一确定 TBS。

4.2.4　上行 PUSCH 多时隙 TB 确定的标准化

基于如上的增益，PUSCH 多时隙 TB 的确定增强成为 R17 标准的一部分。由于 R15/R16 中 PUSCH 简单的时隙重复也是多时隙的 PUSCH 传输方式，这给多时隙 TB 提供了标准化的基础。

另外，需要说明的是 R16 的 PUSCH 多时隙重复传输方式有两种：Type A 为时隙级；Type B 为符号级。后者的引入是为了支持 URLLC 低时延特性下的高可靠性传输。这种重复的方式更加灵活，但是资源确定的方式需要基于符号组的单位来确定。在前期的讨论中，Type A/B 的重复方式都作为多时隙 TB 确定时域资源的基础候选方案。经过讨论和比对，TypeB 需要终端处理更细颗粒度的资源，重复资源的开销不易计算，以及需要支持跨时隙边界的重复。这些对覆盖增强终端引入了不必要的复杂度。2021 年 8 月的 3GPP RAN1 第 106 次会议上最终确定了基于 TypeA PUSCH 重复作为多时隙 TB 的基础 [24]。

1. 资源分配

资源分配参数的使用方面，多时隙 TB 确定的方式是基于 R15/R16 的时域资源分配的参数进行扩展的。表 4-3 是一个 PUSCH 时域资源分配表，其中前几个参数，是基于 3GPP NR R16 规范 TS 38.214 和 TS 38.331。终端可以配置多达 16 个候选 PUSCH 时域资源项，每个资源项都配置了映射类型、K_2、S、L 等参数。而调度的 DCI 指向其中的一个资源项来确定此次 PUSCH 传输的时域资源。

2. 多时隙参数

R17 TB 时隙数是 R17 引入的用以确定多时隙 TBS，作为扩展参数配置在时域资源项中，在表 4-3 的最后一行（字体加粗的一行）。而原来有的 R16 时隙重复数重新定义为 TBoMS 级别的重复传输，即共 numberOfRepetitions × numberOfSlotsTBoMS 个时隙用于重复的 TBoMS 传输。基于配置，半静态的 R15 的时隙重复数 pusch-AggregationFactor 不在时域资源项中配置，但可以和 R16 的时隙重复数 numberOfRepetitions 相互替代使用。不过，R16 时隙重复数可以通过调度 DCI 选择，因此更加动态。

由于需要支持不同的帧结构，多时隙 TB 需要支持连续和非连续的物理时隙资源。和 R15 的 PUSCH 基于物理时隙计数的方式不同，多时隙 TB 的时隙数是根据可用的时隙来计数的。当半静态配置不允许有合适的符号传输时，这个时隙为不可用，时隙计数顺延。可用时隙定义同 4.2.2 节。

表 4-3　PUSCH 时域资源分配表

PUSCH 映射类型	映射 Type A 或 Type B
时隙级指示信息 K_2	与调度 DCI 的时隙相对位置
时隙内的起始符号 S 和符号数 L	S 和 L 联合编码
R16 时隙重复数	numberOfRepetitions
R17 TB 时隙数	**numberOfSlotsTBoMS**

3. TBS 确定公式

有了 TB 时隙数，基于时隙数和每个时隙的 RE 资源数就可以得到 TBS。R15 中每个时隙的资源，就是根据时域资源分配的 OFDM 符号去掉导频等开销计算出每个 RB 的 RE（调制符号）数 N'_RE。根据每个时隙中 RB 的个数估算出每个时隙分配的 RE 个数 N_RE：

$$N\_RE = \min(156, N'\_RE) \times n\_PRB$$

多时隙 TBS 只需要在上面公式的基础上乘以 TB 时隙数，得到多个时隙下的总 RE 数。而余下的过程都是根据 MCS 的码率乘以调制阶数再乘以总 RE 数计算出 TB，这一点 R17 和以前的版本一致：

$$N\_RE = \min(156, N'\_RE) \times n\_PRB \times numberOfSlotsTBoMS$$

R17 尽可能地使用统一的 NR TBS 计算公式，并且多时隙 TB 模式下仍认为每个重复时隙的导频等开销大致相同，重用原有的开销计算参数。

4. RV 的映射

按照 NR 的 PUSCH 信道编码方法，确定的 TB 经过信道编码后的编码比特将放入循环缓冲区，循环缓冲区的不同位置形成了不同的信道编码 RV 版本。[14] 在 R15 和 R16 的 Type A PUSCH 重复传输方式下，多个 RV 一般按照固定的顺序在不同的时隙中传输。但是多时隙 TB 的设计为了更多地传输系统比特，将一个 RV 版本连续映射到多个时隙中，如图 4-8 所示。

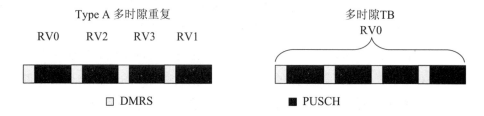

图 4-8　Type A 多时隙重复与多时隙 TB 的 RV 版本映射对比

　　这种 RV 映射的方式对终端的复杂度有一定的要求，作为相应的简化，多时隙 TB 只支持一个码块和单流的传输。根据 NR LDPC 信道编码器的限制，TB 不能超过 8424 比特。基于前面的分析，这个 TBS 仍然可以很好地满足 PUSCH 覆盖增强的场景。

　　在 TBoMS 级别的重复，还是采用多 RV 序列的方式，兼容原来的 Type A PUSCH 重复传输的 RV 序列。

5. TB 的速率匹配和交织

　　多个时隙下的资源联合确定 TB 的速率匹配。对于多时隙 TB，还需要确定速率匹配后的编码比特如何分配到不同的时隙。从最优的终端处理上考虑，R17 采用了时隙先后顺序的方式确定每个时隙的编码比特。如图 4-9 所示，循环缓冲区的每个比特分割给不同的时隙，每个时隙都对应起始点。

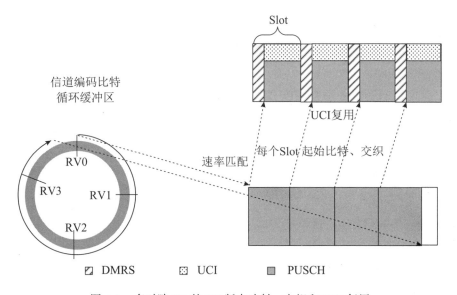

图 4-9　多时隙 TB 的 RV 版本映射、交织和 UCI 复用

　　分配的比特段在每个时隙里做独立的交织映射，这个过程也重用 R15 的方案。

　　由于数据信道还可能复用数目可变的 UCI（上行控制信息）比特，这会影响每个时隙的速率匹配。关于 UCI 比特复用在多时隙 TB 上曾经有两个选项在标准化中被考虑。

　　（1）所有的时隙的数据速率匹配并不考虑 UCI 复用。复用 UCI 与否，都不会影响每个时隙的编码后的数据比特选择。

　　（2）类似于级联的方式，每个时隙依次确定数据速率匹配，并且均考虑 UCI 复用后实际传输的数据编码后比特。每个时隙传输的数据编码后的比特紧接着上个时隙传输的最后比特。

　　后者的优势在于均匀映射编码后比特，不会因为 UCI 复用而损失数据的性能。

前者的实现复杂度较低。UCI 的复用涉及终端的多个下行控制信道的解读、上行控制信道的合并，以及实际的上行控制信道准备。由于不需要考虑复用 UCI 后的资源变化，这不需要重新确定下一个时隙的 PUSCH 比特的开始位置，这种方式对终端处理更加友好。但是缺点是在复用较多的 UCI 比特时，前面的时隙会有大量的系统比特被跳过，从而降低 PUSCH 的性能。但是从系统角度来看，性能损失可以通过合理的码率、UCI 复用规避等手段来降低。

经过讨论比较，3GPP 确定采纳选项（1）的方式，速率匹配时每时隙分配的比特并不考虑是否将要在数据上复用 UCI。

具体而言，每个 TBoMS 传输的可用时隙都会计算一个编码后循环缓冲区里的起始点。如上面的速率匹配过程可以用公式的方式体现，第 n 个 TBoMS 可用时隙从循环缓冲区选择的起始比特为 s_n：

$$
s_n = \begin{cases} k_0 & n = 0 \\ (s_{n-1} + H + \tau_{n-1}) \bmod N_{cb} & n = 1, \cdots, N-1 \end{cases}
$$

其中：

- k_0 为所传的冗余版本在 NR 上行编码器循环缓冲区的位置，根据 NR 编码协议[14] 的表 5.4.2.1-2 得到。
- N 为一个 TBoMS 传输分配的可用时隙数。
- N_{cb} 为循环缓冲区的长度。
- H 为可用于该 TB 在每个时隙中传输的编码后的比特数，公式的计算在 UCI 复用之前。
- τ_{n-1} 为编码器循环缓冲区定义的用于第 n-1 时隙的填充比特，由于填充比特不是实际传输的编码比特，因此需要忽略。

这个公式的计算在 UCI 复用的处理之前，等效于前面说的不考虑 UCI 复用比特的结论。

这个起始比特得到后，终端在每个 Slot 实际传输的数据比特和 UCI 比特则完全兼容 R15 的编码映射过程。

6. TB 的 UCI 复用，处理时间线。

当 TB 映射到每个时隙上后，每个时隙独立复用 UCI 比特。复用 UCI 比特的过程完全兼容 R15 的处理方式，主要体现在：对于每个时隙，当 HARQ_ACK 不超过 2 比特时，将 PUSCH 的资源直接打孔传 HARQ_ACK。而当 HARQ_ACK 大于 2 比特时，将 PUSCH 比特再次速率匹配用以传 HARQ_ACK。对于 CSI（信道状态信息）部分，完全采用速率匹配传输。

由于对多时隙 TB 的处理进行了简化，PUSCH 复用 UCI 的处理时间线延用 R15/R16 的定义。

尽管多时隙 TB 的处理基于可用时隙计算，仍然会有一些动态事件（如调度冲突）会导致可用时隙上的传输被取消，此时的处理相当于传输时隙被打孔。这个机制和 4.2.2 节的重复增强方案的 dropping 机制相同。

4.2.5　上行 PUSCH 多时隙联合信道估计原理

在 R15/R16 中，NR 支持对 PUSCH 传输进行灵活的 DMRS 配置。具体的，可以根据终端的信道状态，配置合适的 DMRS 符号数量。即使在 PUSCH 重复传输中，DMRS 增强仍然十分具有潜力。由于信道估计会显著影响 PUSCH 传输的性能，在 R17 中考虑对信道估计处理进行增强——多时隙联合信道估计。

应用多时隙联合信道估计的前提是，UE 在多个时隙上能够保证功率一致性和相位连续性。这样，gNB 在对 PUSCH 重复传输进行接收处理时，可以基于多个时隙中的 DMRS 进行联合信道估计处理，能够进一步提高信道估计的精度。如图 4-10 所示，基于联合信道估计处理的 PUSCH 重复传输，与 R16 的 PUSCH 重复传输相比，能够有 1 ～ 2dB 的性能增益 [15]（具体取决于进行联合信道估计的时隙数）。

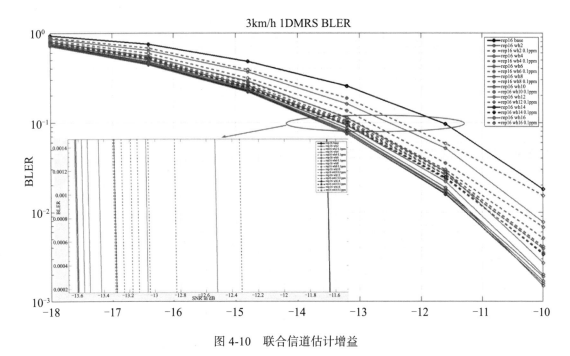

图 4-10　联合信道估计增益

联合信道估计原理示意图如图 4-11 所示。在 R15/R16 中，gNB 在进行 PUSCH 接收处理时，基于每个时隙独自进行信道估计。相应的，UE 在进行数据发送时，不需要考虑在多个时隙上保持功率一致性和相位连续性。而在 R17 中引入了联合信道估计，亦即可以基于多个时隙的 DMRS 进行信道估计，能够进一步提高信道估计的性能，但是相应的 UE 需要在多个时隙上保持功率一致性和相位连续性。

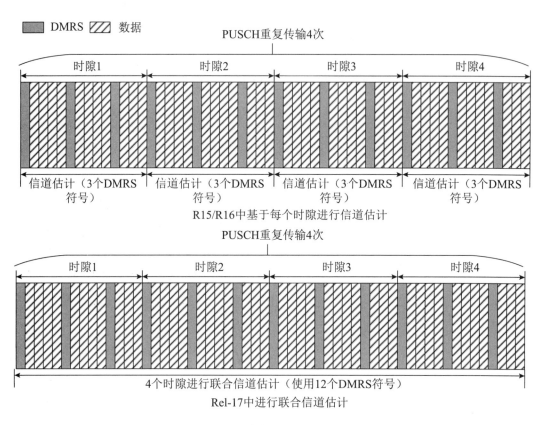

图 4-11　联合信道估计原理示意图

4.2.6　上行 PUSCH 多时隙联合信道估计标准化

在标准化"上行 PUSCH 多时隙联合信道估计"时，主要涉及联合信道估计的应用场景、联合信道估计的时间窗口、基于时隙绑定的时隙间跳频、联合信道估计的 RRC 配置等。具体的细节如下。

1. 联合信道估计的应用场景

在对上行 PUSCH 多时隙联合信道估计进行标准化时，RAN1 首先对联合信道估计的潜在用例进行了讨论，但这并不意味着联合信道估计最终可以应用到所有的潜在用例中。联合信道估计能够在哪些潜在用例中进行应用，取决于 RAN4 的决定。

在 RAN1#104[16] 会议上，RAN1 初步识别了以下 5 个潜在用例，其中 "back-to-back

PUSCH 传输"指的是相邻两个 PUSCH 传输之间的间隔为 0。

- 潜在用例 1：在一个时隙内的 back-to-back PUSCH 传输，包括一个 TB 的重复传输类型 B、不同 TB 的 PUSCH 传输。
- 潜在用例 2：在一个时隙内的 non-back-to-back PUSCH 传输。
- 潜在用例 3：在多个连续时隙中的 back-to-back PUSCH 传输，包括一个 TB 的重复传输类型 A、一个 TB 的重复传输类型 B、不同 TB 的 PUSCH 传输、多个时隙传输一个 TB 等。
- 潜在用例 4：在多个连续时隙中的 non-back-to-back PUSCH 传输。
- 潜在用例 5：在非连续时隙中的 PUSCH 传输。

经过多次会议的讨论，RAN1 建议在保证功率一致性和相位连续性的前提下，可以在以下场景中应用联合信道估计处理。

- 一个时隙内的 back-to-back PUSCH 传输，包括一个 TB 的重复传输类型 B（只适用于单层传输）。
- 多个连续时隙中的 back-to-back PUSCH 传输，包括一个 TB 的重复传输类型 A、一个 TB 的重复传输类型 B（只适用于单层传输）、多个时隙传输一个 TB。
- 多个连续时隙中的 non-back-to-back PUSCH 传输（在两个 PUSCH 传输中间没有其他上行传输），包括一个 TB 的重复传输类型 A、一个 TB 的重复传输类型 B（只适用于单层传输）、多个时隙传输一个 TB。

2. 联合信道估计的时间窗口

RAN1 为联合信道估计设计了一个时间窗口（Time Domain Window, TDW），UE 需要在时间窗口内保持功率一致性和相位连续性。在 RAN1#105[17] 会议中，RAN1 首先定义了一个最大持续时间，亦即 UE 根据相关要求，能够保持功率一致性和相位连续性的最大持续时间，这个最大持续时间是 UE 上报给网络设备的。

当在同一个 TB 的 PUSCH 重复传输类型 A 中应用联合信道估计时，所有的重复传输被一个或多个配置的时间窗口（configured Time Domain Window, configured TDW）所覆盖，这些 configured TDW 可能是连续的，也可能是非连续的。具体细节如下。

- 每一个 configured TDW 由一个或多个连续的物理时隙组成。
- configured TDW 的窗口长度 L 可以通过一个参数进行显式配置，L 的候选值可以是任意大于 1 且不大于最大持续时间的整数值。
  - 对于 PUSCH 传输，窗口长度 L 是基于 UL BWP 进行配置的。
  - 如果网络设备配置了 L，则 configured TDW 的窗口长度 L 不能超过最大持续时间；如果网络设备没有配置 L，则 configured TDW 的窗口长度 $L = \min$（最大持续时间, 所有 PUSCH 重复传输的持续时间）。

- 第一个 configured TDW 的起点是第一个 PUSCH 传输。
    - 对于基于物理时隙进行计数的 PUSCH 重复传输类型 A, 第一个 configured TDW 的起点是第一个 PUSCH 传输中的第一个物理时隙。
    - 对于基于可用时隙进行计数的 PUSCH 重复传输类型 A, 第一个 configured TDW 的起点是第一个 PUSCH 传输中的第一个可用时隙。
- 其他 configured TDW 的起点可以在第一次重复传输之前隐式进行确定。
    - 对于基于物理时隙进行计数的 PUSCH 重复传输类型 A, configured TDW 是连续的。其他 configured TDW 的起点是前一个 configured TDW 中最后一个物理时隙的下一个物理时隙。
    - 对于基于可用时隙进行计数的 PUSCH 重复传输类型 A, configured TDW 的起点是基于可用时隙进行确定的（组成该 configured TDW 的仍然是一个或多个连续的物理时隙）。其他 configured TDW 的起点是前一个 configured TDW 中最后一个可用时隙之后的下一个可用时隙。
- 最后一个 configured TDW 的终点是最后一个 PUSCH 传输的结束位置（最后一个 configured TDW 的长度小于或等于 L）。
    - 对于基于物理时隙进行计数的 PUSCH 重复传输类型 A, 最后一个 configured TDW 的终点是最后一个 PUSCH 传输中物理时隙。
    - 对于基于可用时隙进行计数的 PUSCH 重复传输类型 A, 最后一个 configured TDW 的终点是最后一个 PUSCH 传输中的可用时隙。
- 在一个 configured TDW 中, 可以隐式确定一个或多个实际的时间窗口（actual Time Domain Window, actual TDW）。
    - 第一个 actual TDW 的起点是 configured TDW 中的第一个 PUSCH 传输。
        - 具体的, 第一个 actual TDW 的起点是 configured TDW 中可用时隙上的第一个 PUSCH 传输的第一个符号（可以是根据 TDRA 表进行确定的）。
    - 从 actual TDW 的开始位置起, UE 需要一直保持功率一致性和相位连续性, 当满足以下任何一个条件时, 对应的 actual TDW 结束。
        - actual TDW 一直持续到 configured TDW 中的最后一个 PUSCH 传输的结束位置。
            - actual TDW 的终点是 configured TDW 中可用时隙上的最后一个 PUSCH 传输的最后一个符号（可以根据 TDRA 表进行确定）。
        - 发生了破坏功率一致性和相位连续性的事件。
            - actual TDW 的终点是事件发生前 PUSCH 传输的最后一个符号（可以

是根据 TDRA 表进行确定的）。

    – 当破坏功率一致性和相位连续性的事件发生时，是否会创建一个新的 actual TDW 取决于 UE 是否具有重启 DMRS 绑定的能力。

        · 如果 UE 具有重启 DMRS 绑定的能力，则在事件结束后会创建一个新的 actual TDW。

            * 新的 actual TDW 的起点是事件结束后可用时隙中 PUSCH 传输的第一个符号（可以是根据 TDRA 表进行确定的）。

        · 如果 UE 不具有重启 DMRS 绑定的能力，则直到 configured TDW 结束一直不会创建新的 actual TDW。

        · 当 UE 支持 DMRS 绑定时，如果是由于半静态事件破坏了功率一致性和相位连续性，则 UE 必须支持重启 DMRS 绑定；如果是由于动态事件破坏功率一致性和相位连续性，UE 是否支持重启 DMRS 绑定是一种可选的 UE 能力。

            * 如果一个事件是由 DCI 或者 MAC-CE 触发的，那么这个事件是一个动态事件，否则是一个半静态事件（跳频是一个半静态事件）。

需要注意的是，configured TDW 的长度对应时间窗口 L，窗口的起点和终点根据上述描述确定；在 actual TDW 对应的时间窗口内，能够实际应用 DMRS 绑定，并且 actual TDW 的持续时间总是小于或等于 configured TDW 的持续时间。在 actual TDW 中 UE 不会执行 TA 的调整。

破坏功率一致性和相位连续性的事件如下：

● 基于 R15/R16 碰撞规则的丢弃 / 取消传输；

● 在 TDD 频谱中，基于半静态 DL/UL 配置确定的 DL 时隙或者 DL 接收 / 监听；

● gNB 的 TA 命令；

● 对于常规 CP，两个 PUSCH 传输之间的间隔大于 13 个符号；

● 对于扩展 CP，两个 PUSCH 传输之间的间隔大于 11 个符号；

● 对于多个连续时隙上的 non-back-to-back PUSCH 传输，两个 PUSCH 传输之间的其他上行传输；

● 对于 multi-TRP 操作，如果同时配置了 DMRS 绑定和 UL 波束切换，对于 multi-TRP 操作，UL 波束切换是一个破坏功率一致性和相位连续性的事件（该事件被当作一个半静态事件）；

● 对于 multi-TRP 操作，不同功率控制参数的 PUSCH 重复传输（该事件被当作一个半静态事件）；

● 对于 HD-FDD RedCap UE，如果配置了 DMRS 绑定，基于 TS 38.213 中定义的

舍弃规则发生的 PUSCH 传输的丢弃 / 取消；

- 对于 HD-FDD RedCap UE，如果配置了 DMRS 绑定，两个连续的 PUSCH 传输之间存在与下行接收 / 监听重叠的符号（即使两个重复传输的符号均没有与下行接收 / 监听重叠）；

- 跳频处理。

下面结合图 4-12 和图 4-13 对 configured TDW 和 actual TDW 进行说明。

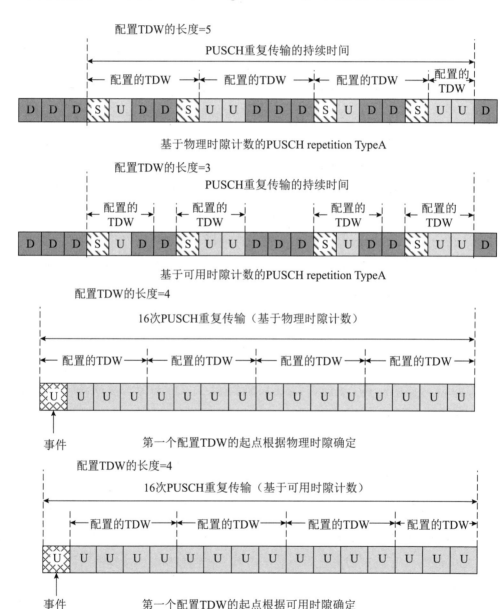

图 4-12　configured TDW 示意图

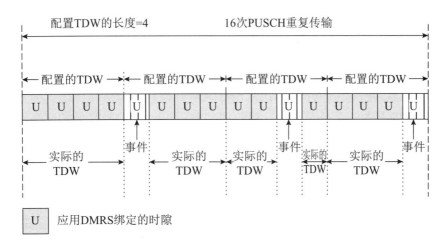

图 4-13　actual TDW 示意图

图 4-12 给出了 configured TDW 的示意图，可以看出窗口长度 L 仅适用于除了最后一个 configured TDW 之外的 configured TDW，最后一个 configured TDW 的窗口长度小于或等于 L（和最后一个 PUSCH 的结束位置有关）。对于不同计数方式的 PUSCH 重复传输类型 A，configured TDW 的确定方式不同：当基于物理时隙进行计数时，configured TDW 是连续的，前一个 configured TDW 中最后一个物理时隙的下一个物理时隙是下一个 configured TDW 的起点，并且第一个 configured TDW 的起点是基于物理时隙进行确定的；当基于可用时隙进行计数时，configured TDW 可以是不连续的，前一个 configured TDW 中最后一个可用时隙的下一个可用时隙是下一个 configured TDW 的起点，并且第一个 configured TDW 的起点是基于可用时隙进行确定的。

图 4-13 给出了 actual TDW 的示意图，可以看到一个 configured TDW 被分为多个 actual TDW。当发生了破坏功率一致性和相位连续性的事件时，一个 configured TDW 被分割成了多个 actual TDW。

对于 PUSCH 重复传输类型 B 和 TBoMS（包括进行重复传输和不进行重复传输的 TBoMS）处理，上述 TDW 的确定过程同样适用，不会再引入额外的标准化处理。

3. 基于时隙绑定的时隙间跳频

在进行联合信道估计的标准化时，还需要考虑如何在基于时隙间跳频的基础上进行应用。进行跳频会破坏功率一致性和相位连续性，因此当考虑联合信道估计时，时隙间跳频如果还是基于 R16 的处理，那么 actual TDW 最多只能有一个时隙的长度，无法实现多个连续时隙上联合信道估计的目的。因此，RAN1 标准化了一种基于时隙绑定的时隙间跳频处理，即不再基于 1 个 Slot 进行跳频处理，而是基于多个绑定的 Slot 进行跳频处理，具体称为跳频间隔（Hopping Interval）。

在基于时隙绑定的基础上进行跳频处理，同时应用联合信道估计，如图 4-14 所示。首先需要确定跳频间隔，然后在确定的跳频间隔的基础上确定 configured TDW，最后在确定的 configured TDW 的基础上确定 actual TDW（实际上是在 actual TDW 中执行 DMRS 绑定）。在每一个跳频的开始位置需要重新启动 DMRS 绑定（由于跳频会破坏功率一致性和相位连续性）。在配置上，跳频间隔和 configured TDW 的长度可以独立地进行配置，如果没有配置跳频间隔的话，则缺省的跳频间隔与 configured TDW 的长度相同（如果配置了跳频间隔，则只能根据该配置确定跳频间隔的长度）。

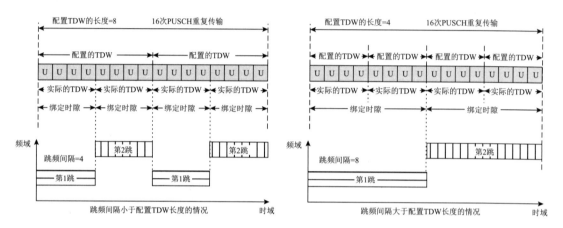

图 4-14 基于时隙绑定的跳频处理（联合信道估计）

4. 联合信道估计的 RRC 配置

在联合信道估计处理中，为 PUSCH 传输引入了以下 RRC 参数[18]。

- PUSCH-DMRS-Bundling：进行 DMRS 绑定和时间窗口的使能 / 去使能，候选值为 {enabled, disable}。
- PUSCH-TimeDomainWindowLength：基于 DMRS 绑定的 PUSCH 传输中，一般时间窗口（上文描述的 configured TDW）的长度，数值表示连续的时隙数。
  - 候选值为 {2,3,4,…,32}，基于 BWP 进行配置，位于 PUSCH-Config 中。具体配置时不能超过 UE 保持功率一致性和相位连续性的最大持续时间。
  - 对于 PUSCH 重复传输类型 A/B、TBoMS（进行重复或不重复），当没有配置该参数时，缺省值 = min（最大持续时间, 所有 PUSCH 重复传输的持续时间）。
- PUSCH-Window-Restart：一个一般时间窗口中，在破坏功率一致性和相位连续性的动态事件（由 DCI 或 MAC-CE 触发的事件）之后，UE 继续绑定 PUSCH DMRS 的能力。
  - 候选值为 {enabled, disable}，位于 PUSCH-Config 中。
- PUSCH-Frequencyhopping-Interval：UE 执行 R17 中基于时隙绑定的时隙间跳频

处理的连续时隙数。

- 候选值为 { 2, 4, 5, 6, 8, 10, 12, 14, 16, 20 }。对于 TDD 频谱，UE 不希望配置 {6,8,12,14,16}。
- 当没有配置该参数时，缺省长度与 PUSCH-TimeDomainWindowLength 相同。
- 该参数同时适用于 DG-PUSCH 和 CG-PUSCH。
  - 当时隙间跳频和 DMRS 绑定同时被使能时，PUSCH-Frequencyhopping-Interval 和 PUSCH-TimeDomainWindowLength 至少需要配置一个。

| 4.3　5G 上行控制覆盖增强 |

4.3.1　上行 PUCCH 动态重复增强原理

NR R15 PUCCH 支持重复传输。重复传输的时隙数为半静态配置，传输 PUCCH 要根据所配置的时隙数。NR R15 的 PUCCH 资源由多种 Format（格式）组成，支持不同的 payload（载荷）长度。在动态的下行调度 DCI 中，基站会为终端指示合适的 PUCCH 资源用于上行控制反馈。

以 PUCCH Format 3 为例，不同大小的 PUCCH payload 的覆盖性能不同。表 4-4 给出了 PUCCH Format 3 的覆盖性能比较。这里假设的工作点都是 1% 的误码率。

表 4-4　PUCCH Format 3 的覆盖性能比较

重复时隙数	信道模型 Urban_TDL-C_3km/h_4Rx		
	3bit	11bit	22bit
RP=2	-13.48	-10.82	-8.76
RP=4	-15.46	-12.8	-10.71
RP=8	-17.6	-14.52	-12.65

终端是移动的，在网络中的信道不断变化。如果 PUCCH 重复时隙数为半静态配置，所需的 PUCCH 资源无法很好地匹配信道的变化。如果让基站不断地重配 PUCCH 时隙数，则会带来过长的时延，这并不可行。实际的网络只能采用较大的重复次数配置来保障终端在小区中的覆盖，这样分配效率较低。仿真分析还发现，约 90% 的情况下即时的信噪比高于配置的重复传输时隙数要求的信噪比。而 70% 的情况下终端实际需要传输的时隙数只有配置的时隙数的一半，这带来了明显的时延和资源消耗。而动态确定重复时隙数可以精准地根据信道状况与承载比特调整时隙数，既保障了覆盖，也提高了上行资源效率。

除了信道的时变特征，频率选择性响应也是一个考虑因素。在终端所配置的上行 BWP 内，不同的 RB 的信道状态也会不同。NR PUCCH 频率资源的选择本身就是动态的。在调度的时刻是可以确定每一个资源的最优重传次数。

我们还知道，PUCCH 集合的选择是根据调度时确定的 PUCCH 承载比特数来确定的。对于 PUCCH 集合 1、2、3（承载 2 比特以上），高层信令可配置最多 8 个 PUCCH 资源。对于 PUCCH 集合 0（承载 2 比特以内），高层信令可配置最多 32 个 PUCCH 资源。从表 4-4 中的分析可以看出不同的承载比特数所需的 SNR 是不同的。而且，对于不同的 PUCCH Format，SNR 也不同。对于 Format 1，由于最高只承载 2 比特，工作点为 1% 误码率的 SNR 更低，且覆盖更远。半静态的配置时隙数是统一配置的，并不区分 Format，这会导致重复传输的资源效率比较低。有的 PUCCH Format 资源实际并不需要重复，所以动态确定重复时隙同样可以解决 Format 之间覆盖需求的差异。

动态确定 PUCCH 重复次数需要 NR 基站能够对上行带宽内的即时信道有精确估计。基站对 PUCCH 的解调还需要考虑到调度丢失的 DTX 检测问题。基站侧做得越好，PUCCH 的效率越高。对终端的复杂度要求则与 R15 相同。

4.3.2 上行 PUCCH 动态重复增强标准化

如图 4-15 演示了动态指示 PUCCH 的功能。具体的标准化方式中，支持 PUCCH 动态重复需要在调度 PDSCH 的 PDCCH DCI 域中直接或间接指示 PUCCH 的重复时隙数。NR R15 DCI 已经定义了较多的动态资源指示（如时域、频域等指示），重新扩展这些指示的定义也是可行的。

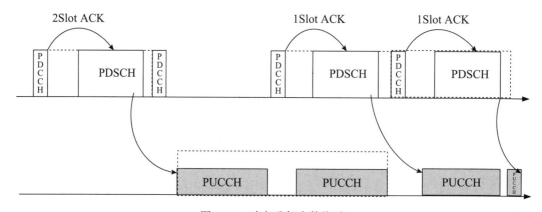

图 4-15　动态重复次数指示

在标准化的过程中，NR PUCCH 动态重复有以下候选方案。

方案 1：不增加专用 DCI 域，利用其他 DCI 域进行 PUCCH 重复次数的间接指示。

第一选择是使用 PUCCH 资源指示域（PRI）。R15 定义的 PRI 可以有 3bit，因此可以指示至少 8 个不同的 PUCCH 资源。PRI 的定义还取决于资源集合，对于第一个资源集合，PRI 会结合 DCI 所承载的 PDCCH CCE 的起始位置确定多达 32 个 PUCCH 资源。第一资源集合里面每个资源承载不超过 2 bit 控制信息。

方案 2：另一种方式是直接引入新的 DCI 域或者扩展原有 DCI 域用以指示 PUCCH 重复的时隙数。这种方式需要高层直接配置指示的重复次数，机制相对简单。

方案 1 的优势在于不会增加额外的 PDCCH 开销，在指示 PUCCH 资源的同时，还可以指示这个 PUCCH 资源所关联的时隙重复数。在第一资源集合中可以动态选择 32 个资源，这些资源都可以配置成不同的重复时隙数。方案 1 的缺点在于 PUCCH 资源指示的目的是为了规划多个终端的资源复用，如果不同的资源绑定重复次数，基站的调度规划将更加复杂。

方案 2 的优势在于可以让基站根据实测信道任意调整 PUCCH 的重复次数。带来的调度限制比方案 1 更低，然而 DCI 的开销不可避免地需要增加。

由于方案 1 开销较小且复杂度的增加不在终端侧，最终 3GPP RAN1#105 次会议[20] 确定使用方案 1。

PUCCH 动态重复时隙确定方式的配置，是在每一个 PUCCH resource 中加入 PUCCH-nrofSlots。PUCCH-nrofSlots 配置参数的取值为 {2, 4, 8}。当没有配置 PUCCH-nrofSlots 这个参数的时候，PUCCH 重复时隙数基于 R15/R16 的半静态配置参数 nrofSlots 进行确定。

4.3.3　上行 PUCCH 多时隙联合信道估计原理

PUCCH 多时隙联合信道估计基本原理和第 4.2.5 节讲述的 PUSCH 类似。

多时隙 PUCCH 联合信道估计对性能的提升较为明显，并且不带来额外的时频资源开销。对于 PUCCH 的不同 Format，RS 结构有各自的设计。因此不同 Format 受联合信道估计的影响有差异。

PUCCH 的覆盖考虑最多的一般是承载比特较多的长 Format，即 Format 3/Format 4。联合信道估计的方案有利于这两种 Format 的 RS 时域结构。对于这两种 Format，基站可通过高层信令配置上行信道是否使用额外 RS 做信道估计。未配置额外 RS 时，原则上 Format 3/Format 4 的每半部分可最多包括 1 列 RS。Format 3/ Format 4 配置额外 RS 后：

- 若时域符号数量不大于 5，每半部分包括 1 列 RS；
- 若时域符号数量大于或等于 5，每半部分包括 2 列 RS。

在配置 PUCCH 多时隙重复的情况下，时隙内跳频会被时隙间跳频或多时隙跳频取代。时隙内 PUCCH 的前半部分的 1 列 RS 与后半部分 1 列 RS 可以用于联合信道估计。但由于 RS 时域密度较低，跨时隙的信道估计可以进一步提高性能。考虑到 RS 的开销，以不配置额外 RS 为基准进行分析。

Format 1 采用 RS 与 UCI 交替时域映射的图样，且 RS 占用偶数位符号。跳频图样中两个跳频部分包括的时域符号尽量均匀。由于每个时隙甚至每个跳频部分都有密度较高的导频，多个时隙的联合信道估计带来的增益相对较小。

短 Format 实际上并不是覆盖增强终端主要使用的场景，在覆盖受限的情况下不太优先配置这些 Format。短 Format 最多两个符号，在进行多时隙重复时两个 PUCCH 的间隔太远，难以保持相位连续性以达到联合信道估计的增益。尽管标准中允许短 Format 做时隙间重复，但不要求基站侧联合多个时隙估计短 Format PUCCH。

如图 4-16 给出了 11bit 的 Format 3 的性能评估结果。可以看到，以多个时隙为单位进行跳频处理的联合信道估计，性能比时隙间跳频和时隙内跳频的增益还要高。在 1% 的 BLER（误块率）处，联合信道估计处理的性能比时隙间跳频好 1dB 左右。在进行性能评估时，对比的 3 个方案都是采用 4 个时隙进行重复。在联合的信道估计中，每两个时隙的 PUCCH 保持相同频率位置。仿真采用的是 3GPP 定义的 4GHz 频点下 TDL-C 信道。

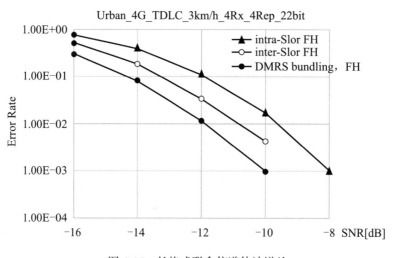

图 4-16　长格式联合信道估计增益

Format 3 的联合信道估计可以带来最大化的覆盖增益。从上面的分析可以看出，NR 本身支持的时隙间跳频也可以同时提高覆盖增益。联合信道估计要求估计的子帧尽量使频域连续。R15 的时隙间跳频图样是按前后顺序交替使用两组 PRB 位置，因此联合信道估计下，跳频的图样也需要改进。在评估的过程中使用图 4-17 所示的多时隙为单位的跳频方式。

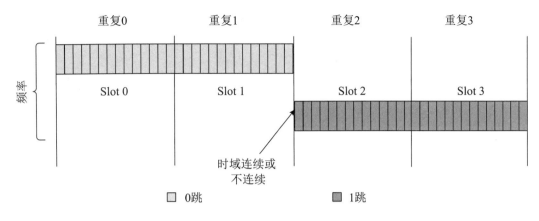

图 4-17　联合信道估计下的跳频图样

　　NR 的跳频一直只能支持两个跳频的位置。结合动态重复和联合信道估计，在重复时隙数较多的情况下更多的跳频位置也会带来进一步的增益。但考虑到和 R15 的兼容性更低，且更容易产生资源分配的碎片，覆盖增强的研究沿用两个跳频位置。

　　在进行联合信道估计时，终端除了在固定频域位置上动态发送多时隙的 PUCCH 外，还有以下少量限制。

- 保障频域上的相位连续：时隙间相位不连续是由于终端在实现时的多种因素造成的。终端可能收到定时调整命令。或者终端自主地在新的时隙调整定时、相位和频率。由于 R15 的时隙重复并未约束终端，这些终端的处理都会导致多个时隙间的信道估计不准确。在终端实现上也不排除时隙间由于射频和基带关断处理导致的不能联合估计。对高频波束赋形而言，终端的波束也不能在联合估计的时隙间切换。

- 终端的时隙间需要暂停功控：功控会导致时隙间信号幅度变化，从而造成信号不能联合估计。

　　以上这些限制对终端要求不高，但是必须进行约束。实际上终端这些约束和前面讲到的 PUSCH 联合信道估计相似，但是由于 PUCCH 的导频结构不同，具体的约束参数不同。

4.3.4　上行 PUCCH 多时隙联合信道估计标准化

　　基于上面的 PUCCH 联合信道估计的限制，NR 标准引入两种时域时长的概念：时域窗口（Time Domain Window）和跳频间隔（Hopping Interval）。

　　与第 4.2.6 节讲述 PUSCH 联合信道估计的原则一致，PUCCH 时域窗口引入的主要目的是约束终端在一定的时间内能够保持上行控制信号的相位连续和幅度不变。基站通过高层配置参数 PUCCH-TimeDomainWindowLength，指定终端在最长不超过这个时间单位内保持相位连续性和功率一致性。本节对 PUCCH 和 PUSCH 的跳频图样一起进行描述。

为了支持多时隙为单位进行跳频，引入了跳频间隔的概念。用于指定在一定数量的时隙内 PUCCH 保持在相同频率位置，以达到前面分析中提到的联合信道估计条件。跳频间隔通过高层配置 PUCCH-Frequencyhopping-Interval 参数来控制。

具体的跳频方式可由以下公式描述：

$$\mathrm{RB}_{\mathrm{start}}\left(n_s^\mu\right)=\begin{cases}\mathrm{RB}_{\mathrm{start}} & \left\lfloor n_s^\mu/H\right\rfloor\bmod 2=0\\\left(\mathrm{RB}_{\mathrm{start}}+\mathrm{RB}_{\mathrm{offset}}\right)\bmod N_{BWP}^{size} & \left\lfloor n_s^\mu/H\right\rfloor\bmod 2=1\end{cases}$$

其中：

- n_s^μ 为当前的时隙号；
- $\mathrm{RB}_{\mathrm{start}}$ 为激活的上行 BWP 中的传输 RB 的开始位置，根据调度信息计算的 PUCCH 的资源位置进行确定；
- $\mathrm{RB}_{\mathrm{offset}}$ 为两个跳频位置之间的偏移量；
- H 为高层配置的跳频间隔。

这样的跳频规则设计可以形成相对固定的跳频图样。对于 PUSCH 而言，跳频原则与 PUCCH 相同，但是配置参数独立。

和第 4.2.6 节讲到的 PUSCH 相同，终端在某些标准触发的事件下，无法保持相位连续性和功率一致性，所以实际保持相位连续性与功率一致性的时域窗口要基于配置的时域窗口与这些事件进行确定，包括不同优先级的信道冲突导致 PUCCH 取消发送，帧结构上下行限制，定时调整，跳频等。这些事件的定义都由终端标准过程体现，并且和 PUSCH 的事件定义相同。所以实际的时域窗口是变化的，且通常比被网络配置的时域窗口小。

结合跳频处理，实际时域窗口的确定过程为：先找到跳频间隔确定的分段起始位置，然后再计算配置的时域窗口（TDW），再根据各种标准触发事件确定实际的时域窗口。如图 4-18 所示，实际的多个 TDW 根据终端的确定过程产生。终端只需要在每一个实际 TDW 保持 PUCCH 的相位连续性和功率一致性，而基站在接收这些时隙上的 PUCCH 时，也只需要在实际 TDW 中进行多时隙的联合信道估计。实际 TDW 的确定在 4.2.6 节中有更详细的描述。

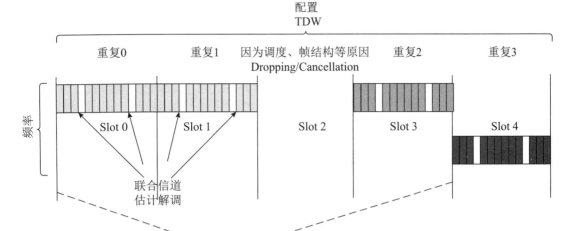

图 4-18　联合信道估计与跳频下的实际 TDW

PUCCH 联合信道估计的使能通过高层参数 PUCCH-DMRS-Bundling 进行配置。上面这些联合信道估计的参数都是配置在 PUCCH-config 中，因此也都是按照 BWP 进行配置的。当切换了激活 BWP 时，对应的 PUCCH-config 中的 bundling 生效。这样的设计可以很好地兼顾 FDD 和 TDD 的各种上下行配置，也能支持灵活的资源分配导致 PUCCH 传输中断的情形，能够尽可能地实现多种场景的 PUCCH 覆盖增强。

当高层未配置跳频间隔时，所配置的时域窗口就用于跳频间隔，使得联合信道的估计性能得到最大化。

4.4　5G 初始接入覆盖增强

4.4.1　Msg3 PUSCH 的重复传输请求

在 R17 标准的覆盖增强项目中，经过评估，除了正常 PUSCH 的覆盖需要增强外，用于承载 Msg3 的 PUSCH 的覆盖性能也是瓶颈，也作为覆盖增强的目标信道之一。因此，基于 PUSCH 重复传输类型 A 的 Msg3 PUSCH 覆盖增强是该工作项目的目标之一[19]。

Msg3 PUSCH 是否需要重复传输是基于终端的上行覆盖情况决定的。初始接入阶段，在终端发起初始接入之前，终端的上行覆盖情况可以通过其对下行信号的测量结果判断。在现有 NR 技术中的初始接入过程中，终端通过测量 SSB 得到的 RSRP 与网络配置的 RSRP 门限值进行比较，选择测量结果高于该门限值的一个目标 SSB，通过该目标

SSB 关联的 PRACH 资源发起随机接入。当终端测得的 SSB 的 RSRP 较低时，表明终端的上行传输的覆盖较差，需要向基站请求对 Msg3 PUSCH 的传输进行增强，以满足一定的覆盖要求。Msg3 PUSCH 的资源调度是通过基站发送的 RAR 携带的上行调度信息指示的。为了使基站能够正确地调度 Msg3 PUSCH 的重复传输，终端需要向基站请求 Msg3 PUSCH 的重复传输。由于 RAR 承载在 Msg2 中发给终端，终端通过 Msg1 请求 Msg3 PUSCH 的重复传输成为必然的选择。

对于终端来说，Msg3 PUSCH 重复传输请求的发送包括以下两个步骤。

（1）确定请求 Msg3 PUSCH 的重复传输。

下行信号的 RSRP 测量结果可以作为衡量上行覆盖情况的参考。当上行覆盖差到一定程度时，终端将向基站请求 Msg3 PUSCH 的重复传输，以增强 Msg3 PUSCH 的覆盖。否则，终端将不向基站请求 Msg3 PUSCH 的重复传输。在 RAN1#105 会议上通过了具体的确定请求 Msg3 PUSCH 重复传输的方法，即如果根据下行路损参考信号的 RSRP 测量结果低于一个门限值，则判定为需要请求 Msg3 PUSCH 的重复传输 [20]。在 RAN1#106b 会议上，确定了为终端请求 Msg3 PUSCH 重复传输引入单独的 rsrp-ThresholdSSB 门限值 [21]。

（2）发送 Msg3 PUSCH 的重复传输请求。

当确定需要请求 Msg3 PUSCH 的重复传输时，终端向基站发送 Msg3 PUSCH 的重复传输请求。终端在发送 Msg1 时，选择特定的 RPACH 资源，通过隐式指示的方式向基站请求 Msg3 PUSCH 的重复传输。这些特定的 PRACH 资源由网络配置，区别于传统终端使用的 PRACH 资源。对于基站来说，当检测到终端使用特定的 PRACH 资源发送 Msg1 时，则确定发送该 Msg1 的终端请求 Msg3 PUSCH 的重复传输。对于 R17 支持覆盖增强的终端来说，当请求 Msg3 PUSCH 的重复传输时，可以选择特定的 PRACH 资源发送 Msg1；当不请求 Msg3 PUSCH 的重复传输时，可以选择传统终端使用的 PRACH 资源发送 Msg1。

4.4.2　Msg3 PUSCH 的重复传输次数和指示

在 4.4.1 节介绍了终端如何确定 Msg3 PUSCH 重复传输的请求和如何将该请求指示给基站。本节将介绍基站指示 Msg3 PUSCH 的重复传输。

在标准讨论过程中，基站对 Msg3 PUSCH 初传的重复传输的调度产生了以下备选方案，在 RAN1#104 会议上通过 [22]。

● 方案 1：基站调度 Msg3 PUSCH 的重复传输，但不基于终端的请求。

■ 方案 1-1：终端通过 Msg1 指示给基站其支持 Msg3 PUSCH 的重复传输，由基站决定是否调度 Msg3 PUSCH 的重复传输,以及重复传输次数,并指示给终端。终端按照基站的指示进行 Msg3 PUSCH 的传输。

- 方案 1-2:终端不指示其是否支持 Msg3 PUSCH 的重复传输,由基站决定是否调度 Msg3 PUSCH 的重复传输,以及重复传输次数。当调度了 Msg3 PUSCH 重复传输并指示给终端时:

  - 对于不支持 Msg3 PUSCH 重复传输的终端,按照传统的方法发送 Msg3 PUSCH,不进行重复传输;

  - 对于支持 Msg3 PUSCH 重复传输的终端,按照基站的指示进行 Msg3 PUSCH 的重复传输,并在 Msg3 PUSCH 中指示给基站其进行了重复传输。

- 方案 2:基站基于终端的请求调度 Msg3 PUSCH 的重复传输。

  - 方案 2-1:终端通过 Msg1 指示给基站其支持请求 Msg3 PUSCH 的重复传输,由基站决定是否调度 Msg3 PUSCH 的重复传输,以及重复传输次数,并指示给终端。终端按照基站的指示进行 Msg3 PUSCH 的传输。

  - 方案 2-2:终端通过 Msg1 指示给基站其请求 Msg3 PUSCH 的重复传输,由基站决定是否调度 Msg3 PUSCH 的重复传输,以及重复传输次数,并指示给终端。当调度 Msg3 PUSCH 的重复传输时,终端可以决定是否进行 Msg3 PUSCH 的重复传输。如果终端决定进行重复传输,则在 Msg3 PUSCH 中指示给基站。

对于方案 1-1 和方案 1-2,基站需要判断终端是否需要进行 Msg3 PUSCH 的覆盖增强。一种方法是通过接收到的终端的 PRACH 信道,但是终端发送 PRACH 信道的功率是按照基站的目标接收功率设置的,基站难以通过 PRACH 信道的接收功率决定是否需要调度 Msg3 PUSCH 的重复传输以增强覆盖。

方案 2-1 和方案 2-2 都是基站基于终端的请求来决定 Msg3 PUSCH 的重复传输的调度的,差别在于当基站调度了 Msg3 PUSCH 的重复传输时,终端可以决定是否进行 Msg3 PUSCH 的重复传输。相比而言,方案 2-1 更加合理。经过讨论,方案 2-1 在 RAN1#104b 会议上通过 [23]。

在确定了基站根据终端的请求来决定 Msg3 PUSCH 重复传输的调度之后,需要解决基站如何指示 Msg3 PUSCH 的重复传输次数的问题。基站收到终端通过 Msg1 发送的 Msg3 PUSCH 的重复传输请求之后,在 Msg2 的 RAR 中指示 Msg3 PUSCH 的上行调度信息。在 RAN1#104 会议上通过了以下指示 Msg3 PUSCH 的重复传输次数的候选方案。

方案 1:RAR 中的上行调度信息。

方案 2:RA-RNTI 加扰的 DCI 格式 1_0。

方案 3:系统消息 SIB1。

其中，方案 3 作为一种半静态配置的方式不够灵活。方案 2 需要修改 DCI 格式中的比特的定义，标准影响稍大。方案 1，即通过 RAR 中的上行调度信息指示 Msg3 PUSCH 的重复传输次数是绝大多数公司的共识。现有的 RAR 中的上行调度信息包括的信息域见表 4-5。

表 4-5 RAR 上行调度信息域

RAR 上行调度信息域	比 特 数
跳频指示	1
PUSCH 频域资源分配 FDRA	14：授权频段 12：非权频段
PUSCH 时域资源分配 TDRA	4
调制编码方式 MCS	4
PUSCH 的功率控制命令 TPC	3
CSI 请求	1
信道接入——CP 扩展	0：授权频段 2：非授权频段

在标准讨论过程中，关于如何利用上行调度信息指示 Msg3 PUSCH 的重复传输次数，在 RAN1#105 会议上通过了以下几种备选方案：

- PUSCH 时域资源分配 TDRA，定义新的 TDRA 表格，包含重复次数。
- 调制编码方式 MCS 域。
- 功率控制命令 TPC 域。
- CSI 请求域。
- PUSCH 时域资源分配 FDRA。

以上复用的信息域中，基于 TDRA 表格的重复传输次数的指示方式在 NR 技术中的 PUSCH 重复传输中被采用，该方法需要的标准化工作较少。其他几种方式需要对各个信息域中的部分或者全部比特的用途进行重定义，用来指示 Msg3 PUSCH 的重复传输次数。信息域中的重定义的比特个数、重定义比特和剩余比特的含义都是需要考虑的问题，需要较多的标准化工作。基于以上的考虑，在 RAN1#106 会议上进一步缩减为 3 种备选方案：基于 TDRA、基于 MCS 和基于 TPC 的指示方法[21]。

对于复用的信息域如何指示重复传输次数，标准讨论过程中也有以下两种候选方案：

- 方案 1：
  - 当终端请求了 Msg3 PUSCH 重复传输，终端按照新的信息域定义进行解读。
    - 新定义的信息域包含重复次数 $K=1$ 和 $K > 1$。基站使用新定义的信息域指示请求 Msg3 PUSCH 重复传输的终端重复（$K > 1$）或者不重复（$K=1$）

传输 Msg3 PUSCH。

- 当终端没有请求 Msg3 PUSCH 重复传输时，终端按照旧的信息域定义进行解读。

- 方案 2：

- 当终端请求了 Msg3 PUSCH 重复传输时，终端按照新的或者旧的信息域定义进行解读。

- 基站指示信息域的解读方式。

- 当终端没有请求 Msg3 PUSCH 重复传输时，终端按照旧的信息域定义进行解读。

Msg3 PUSCH 的重复传输次数指示方法在 RAN1#106b 会议上进一步聚焦于以下两种候选方案[21]：

- 方案 1：基于 TDRA 信息域的方法。

- 候选的重复传输次数包括 {1, 2, 3, 4, 7, 8, 12, 16}。

- 方案 2：基于 MCS 信息域的方法。

- MCS 信息域的最高位 2 比特用于指示 4 种候选重复传输次数中的一种。4 种候选重复传输次数通过系统消息进行配置。4 种候选重复传输次数可以从 {1, 2, 3, 4, 7, 8, 12, 16} 中选择。

对于基于 TDRA 的指示方法，新定义的 TDRA 表格中的每种 TDRA 会绑定一个重复传输次数。对于一定的重复传输次数，基站并不能灵活地选择所有的 TDRA。部分公司担心基于 TDRA 的指示方法会对 TDRA 的灵活性造成限制，影响 Msg3 PUSCH 的时域资源调度的灵活性。同样，对于基于 MCS 的指示方法，由于可指示的 MCS 索引的减少，部分公司也关心对 Msg3 PUSCH 传输使用的 MCS 的选择的灵活性造成影响。

以上关于重复传输次数指示的方法，是用于基站通过 RARUL grant 调度 Msg3 PUSCH 的初传的重复传输次数指示的。当 Msg3 PUSCH 的初传没有成功时，基站会通过 TC-RNTI 加扰的 DCI 格式 0_0 携带上行调度信息调度 Msg3 PUSCH 的重传。标准首先在 RAN1#104b 会议上同意了通过 TC-RNTI 加扰 CRC 的 DCI 格式 0_0 携带 Msg3 PUSCH 的重传的重复传输次数指示。具体的指示方式上，采用与 Msg3 PUSCH 的初传的重复传输次数相同的指示方式，是绝大多数公司的共识。

综合考虑和基于 TDRA 和 MCS 的指示方法的优缺点和各公司的观点，在 RAN1#107 会议上最终确定采用以下基于 MCS 的指示方法[25]：

- 对于 RAR UL grant 调度的 Msg3 PUSCH 的初传。

- MCS 信息域的最高位 2 比特用于指示 4 种候选重复传输次数中的一种。4 种候选重复传输次数通过系统消息进行配置。如果系统消息没有配置该 4 种候选重复传输次数，则采用缺省值 {1, 2, 3, 4}。

- MCS 信息域的最低位 2 比特用于指示 4 种候选 MCS 索引中的一种。4 种候选 MCS 索引通过系统消息进行配置。如果系统消息没有配置该 4 种候选 MCS 索引，则采用缺省值 MCS 0 ～ 3。

● 对于 TC-RNTI 加扰 CRC 的 DCI 格式 0_0 调度的 Msg3 PUSCH 的重传。

- 采用与 RAR UL grant 调度的 Msg3 PUSCH 相同的机制指示重复传输次数，即通过 MCS 信息域最高位 2 比特用于指示 4 种候选重复传输次数中的一种。

- MCS 的最低位 3 比特用于指示 8 种候选 MCS 索引中的一种。

在 RAN1#107b 会议上进一步明确了 RAR UL grant 中的 MCS 域的最低位 2 比特和 TC-RNTI 加扰 CRC 的 DCI 格式 0_0 中的 MCS 域的最低位 3 比特所分别指示的 4 种和 8 种候选 MCS 索引的确定方法[25]。

● TC-RNTI 加扰 CRC 的 DCI 格式 0_0 中的 MCS 域的最低位 3 比特指示 8 种候选 MCS 索引中的一种 MCS 索引。

- 8 种候选 MCS 索引通过系统消息进行配置。如果系统消息没有配置该 8 种候选 MCS 索引，则采用缺省值 MCS 0 ～ 7。

● RAR UL grant 中的 MCS 域的最低位 2 比特指示 4 种候选 MCS 索引中的一种 MCS 索引。

- 4 种候选 MCS 索引为通过系统消息配置的 8 种候选 MCS 索引中的前 4 种。如果系统消息没有配置该 8 种候选 MCS 索引，则采用缺省值 MCS 0 ～ 3。

RAR UL grant 中的 MCS 信息域的最低位 2 比特和 TC-RNTI 加扰 CRC 的 DCI 格式 0_0 中的 MCS 域的最低位 3 比特的取值与所指示的 MCS 索引 I_{MCS} 的映射关系见表 4-6、表 4-7，其中高层参数 mcs-Msg3Repetition 用于配置 8 种候选 MCS 索引。

表 4-6　RAR UL grant 中的 MCS 信息域的最低位 2 比特与 MCS 索引 I_{MCS} 的映射关系

mcs-Msg3Repetition 被配置		mcs-Msg3Repetitions 没有被配置	
Codepoint	I_{MCS}	Codepoint	I_{MCS}
00	mcs-Msg3Repetition 中的第 1 个值	00	0
01	mcs-Msg3Repetition 中的第 2 个值	01	1
10	mcs-Msg3Repetition 中的第 3 个值	10	2
11	mcs-Msg3Repetition 中的第 4 个值	11	3

表 4-7 TC-RNTI 加扰 CRC 的 DCI 格式 0_0 中的 MCS 信息域的最低位 3 比特与 MCS 索引 I_{MCS} 的映射关系

mcs-Msg3Repetition 被配置		mcs-Msg3Repetitions 没有被配置	
Codepoint	I_{MCS}	Codepoint	I_{MCS}
000	mcs-Msg3Repetition 中的第 1 个值	000	0
001	mcs-Msg3Repetition 中的第 2 个值	001	1
010	mcs-Msg3Repetition 中的第 3 个值	010	2
011	mcs-Msg3Repetition 中的第 4 个值	011	3
100	mcs-Msg3Repetition 中的第 5 个值	100	4
101	mcs-Msg3Repetition 中的第 6 个值	101	5
110	mcs-Msg3Repetition 中的第 7 个值	110	6
111	mcs-Msg3Repetition 中的第 8 个值	111	7

MCS 信息域的最高位 2 比特的取值与所指示的 Msg3 PUSCH 的重复传输次数 K 的映射关系见表4-8，其中高层参数 NumofMsg3Repetition 用于配置 4 种候选重复传输次数。

表 4-8 MCS 信息域的最高位 2 比特与 Msg3 PUSCH 的重复传输次数 K 的映射关系

NumofMsg3Repetition 被配置		NumofMsg3Repetition 没有被配置	
Codepoint	K	Codepoint	K
00	NumofMsg3Repetition 中的第 1 个值	00	1
01	NumofMsg3Repetition 中的第 2 个值	01	2
10	NumofMsg3Repetition 中的第 3 个值	10	3
11	NumofMsg3Repetition 中的第 4 个值	11	4

在采用了基于 MCS 信息域的 Msg3 PUSCH 重复传输次数指示方法之后，关于终端如何解读 MCS 信息域的含义问题，在 RAN1#108 会议上确定了采用前述的方案 1[26]。

● 当终端请求了 Msg3 PUSCH 重复传输时，终端按照新的重用的 MCS 信息域的定义进行解读。

- 重用的 MCS 信息域的最高位 2 比特所指示的 4 种重复传输次数是否包含重复次数 $K=1$ 基于基站的配置，如表 4-8 所示。基站使用重用的 MCS 信息域的最高位 2 比特指示请求 Msg3 PUSCH 重复传输的终端重复或者不重复传输 Msg3 PUSCH。

- 当终端没有请求 Msg3 PUSCH 重复传输时，终端按照原有的 MCS 信息域的定义进行解读。
  - 基站为未请求 Msg3 PUSCH 重复传输的终端调度 Msg3 PUSCH 的非重复传输。

4.4.3　Msg3 PUSCH 的重复传输过程

在 Msg3 PUSCH 的重复传输过程中，除了 4.4.1 节和 4.4.2 节介绍的 Msg3 PUSCH 重复传输请求和重复传输次数的指示之外，还涉及以下几个方面。

1. Msg3 PUSCH 重复传输的可用时隙的定义

Msg3 PUSCH 的重复传输类型 A 将在多个时隙进行 PUSCH 的传输。在 TDD 系统中，时隙中的符号可以配置为上行符号、下行符号和灵活符号。Msg3 PUSCH 的重复传输可以在哪些时隙和符号的发送是需要标准明确定义的。

首先，在 RAN1#104b 会议上通过了工作假设，Msg3 PUSCH 的重复传输类型 A 的重复传输次数的计数是基于可用时隙的，即 Msg3 PUSCH 在一个可用时隙上的传输被计为一次重复传输。

在 NR 系统中，时隙格式的确定可以通过 TDD-UL-DL-Configcommon、TDD-UL-DL-ConfigurationDedicated 和 DCI 格式 2_0 确定。处于随机接入过程中的终端可能处于不同的状态，如 RRC_CONNECTED、RRC_IDLE 和 RRC_INACTIVE。不同状态的终端获得的时隙格式相关的信令是不同的，例如 RRC_IDLE 和 RRC_INACTIVE 状态的终端只能获得 TDD-UL-DL-Configcommon 信息，而不会配置 TDD-UL-DL-ConfigurationDedicated 和 DCI 格式 2_0。但是 RRC_CONNECTED 状态的终端除了 TDD-UL-DL-Configcommon 外，可能会获得更多的关于时隙格式的信令，如 TDD-UL-DL-ConfigurationDedicated 和 DCI 格式 2_0。这样就会造成不同的终端在被调度了 Msg3 PUSCH 重复传输时，它们确定的可用时隙可能不是相同的。例如一个时隙通过 TDD-UL-DL-Configcommon 指示为灵活时隙，而进一步通过 TDD-UL-DL-ConfigurationDedicated 或 DCI 格式 2_0 指示为下行时隙。这个时隙可能被 RRC_IDLE 和 RRC_INACTIVE 状态的终端认为是可用时隙，而被 RRC_CONNECTED 状态的终端认为是不可用时隙。

同时，如由这些信令指示的一个时隙为上行时隙，该上行时隙的 PUSCH 传输还可以被 DCI 格式 2_4 指示的取消指示 CI 取消。而 DCI 格式 2_4 并不是为所有终端配置的，没有被配置接收 DCI 格式 2_4 的终端也并不能根据 CI 指示确定可用时隙。

为了保持终端对 Msg3 PUSCH 重复传输的可用时隙的理解一致，RAN1#105 会议通过了以下结论：

- Msg3 PUSCH 重复传输的可用时隙不基于 DCI 格式 2_0 中的动态时隙格式指示。
- Msg3 PUSCH 重复传输的可用时隙不基于 TDD-UL-DL-ConfigurationDedicated。
- Msg3 PUSCH 重复传输的可用时隙不基于上行取消指示 CI。
- Msg3 PUSCH 重复传输的可用时隙基于 TDD-UL-DL-Configcommon。
    - 当一个时隙内分配用于 Msg3 PUSCH 重复传输的符号都是可用符号时，该时隙确定为可用时隙。
        - TDD-UL-DL-Configcommon 指示的上行符号为可用符号。
        - 研究如何使用 TDD-UL-DL-Configcommon 指示的灵活符号。

在 RAN1#106 会议上，可用时隙的确定的同时进一步达成了以下结论：

- Msg3 PUSCH 重复传输的可用时隙只基于 TDD-UL-DL-Configcommon 和 ssb-PositionsInBurst，不考虑其他 R16 定义的信令。
    - 如果 Msg3 PUSCH 重复传输的时隙中一个符号与 SSB 传输重叠，该时隙被认为是不可用时隙。

在 RAN1#107 会议上，可用符号的确定的同时进一步达成了以下结论：

- TDD-UL-DL-Configcommon 指示的灵活符号，如果其不与 ssb-PositionsInBurst 所指示的 SSB 所在的符号重叠，该符号可作为 Msg3 PUSCH 重复传输的可用符号。

2. Msg3 PUSCH 重复传输采用的冗余版本 RV

在 R15 标准中，Msg3 PUSCH 初传默认采用 RV 0。正常 PUSCH 的重复传输中每次传输采用的 RV 以序列 [0 2 3 1] 的顺序循环使用，RV 的起点通过调度 PUSCH 重复传输的 DCI 指示。

对于 Msg3 PUSCH 的重复传输采用的 RV，虽然通过 Msg3 PUSCH 重复传输的上行调度信息指示 RV 起点的方式更加灵活，但是基于尽量简化设计的考虑，通过的方案最大程度上沿用了 R15 标准中的 RV 确定规则。RAN1#104b 会议和 RAN1#105 会议通过了以下确定 Msg3 PUSCH 的重复传输采用的 RV 的方法：

- Msg3 PUSCH 初传的重复传输中的第一次传输采用 RV 0。
- Msg3 PUSCH 重传的重复传输中的第一次传输采用的 RV 通过 TC-RNTI 加扰

CRC 的 DCI 格式 0_0 动态指示。

- Msg3 PUSCH 的重复传输采用的 RV 按照固定 RV 序列 [0 2 3 1] 循环使用。

3. Msg3 PUSCH 重复传输的跳频

在 R15 标准中，Msg3 PUSCH 支持时隙内跳频。在采用了 Msg3 PUSCH 的重复传输之后，也可以考虑 R16 标准定义的 PUSCH repetition type A 所采用的时隙间跳频。关于 Msg3 PUSCH 的重复传输是否同时支持时隙内和时隙间跳频，各公司存在不同的观点。部分公司认为，时隙间跳频的性能增益优于时隙内跳频，同时支持时隙内跳频没有额外的增益，因此没有必要同时支持两种跳频方式，对标准的复杂度也有影响。经过讨论，在 RAN1#106b 会议上通过了采用 Msg3 PUSCH 的重复传输时，只支持时隙间跳频。调度 Msg3 PUSCII 的重复传输的 RAR UL grant 和 TC-RNTI 加扰 CRC 的 DCI 格式 0_0 中的跳频指示比特被重用于指示使能或者去使能时隙间跳频。

| 4.5 小 结 |

终端的覆盖性能是 5G 终端用户体验的一个重要指标。持续优化覆盖可以减轻 5G 网络部署的负担，加速部署进程。对于能力和功耗受限的终端，尤其是在物联网的场景下，功耗的补偿也是一个重要的增强动因。5G NR 在 R17 引入的上行重复增强、上行多时隙 TB、上行数据和控制信道多时隙联合信道估计，以及 Msg 3 的重复传输增强的技术方案使得 5G 网络中的上下行各个信道的覆盖更加均衡。

参 考 文 献

[1] RP-191533, Draft LTI on 3GPP final technology submission of 3GPP 5G solutions for IMT-2020, 3GPP TSG RAN, June 2019.

[2] 3GPP RP-193240, New SID on NR coverage enhancement, China Telecom, RAN#86, Sitges, Spain, December 9th-12th, 2019.

[3] 3GPP TR 38.830, Study on NR coverage enhancements, December, 2020.

[4] 3GPP TR 37.910, Study on self evaluation towards IMT-2020 submission, September, 2019.

[5] 3GPP TR 36.824, LTE coverage enhancements, June, 2012.

[6] 3GPP RP-202928, "New WID on NR coverage enhancements", China Telecom, RAN#90e, December 7th-11th, 2020.

[7] R1-2102113, FL Summary on Enhancements on PUSCH repetition type A, Sharp.

[8] R1-2106279, FL Summary on Enhancements on PUSCH repetition type A, Sharp.

[9] R1-2108616, FL Summary #5 on Enhancements on PUSCH repetition type A, Sharp.

[10] R1-2110596, FL Summary #4 on Enhancements on PUSCH repetition type A, Sharp.

[11] R1-2200789, FL Summary #4 on Enhancements on PUSCH repetition type A, Sharp.

[12] R1-2100732, TB processing over multi-slot PUSCH, InterDigital, Inc.

[13] R1-2100173, Supporting TB over multi-slot PUSCH, OPPO.

[14] 3GPP TS 38.212 v16.8.0 Multiplexing and channel coding.

[15] R1-2102409, Consideration on Joint channel estimation for PUSCH, OPPO.

[16] R1-2102161, Summary of email discussion on joint channel estimation for PUSCH, China Telecom.

[17] R1-2106152, Summary of email discussion on joint channel estimation for PUSCH, China Telecom.

[18] R1-2202759, Consolidated higher layers parameter list for Rel-17 NR.

[19] RP-210855, Revised WID on NR coverage enhancements, China Telecom.

[20] Final Report of 3GPP TSG RAN WG1 #105-e.

[21] Final Report of 3GPP TSG RAN WG1 #106bis-e.

[22] Final Report of 3GPP TSG RAN WG1 #104-e.

[23] Final Report of 3GPP TSG RAN WG1 #104bis-e.

[24] Final Report of 3GPP TSG RAN WG1 #106-e.

[25] Final Report of 3GPP TSG RAN WG1 #107-e.

[26] Final Report of 3GPP TSG RAN WG1 #108-e.

第 5 章
零功耗的终端技术演进

| 5.1 零功耗技术的需求和场景 |

自 20 世纪 90 年代以来，移动通信技术蓬勃发展。数字移动通信历经 2G、3G、4G 一直到当前的 5G，很好地满足了人们在语音通信、数字移动通信和移动宽带互联网通信等方面的需求。然而，随着社会和经济的发展，物联网通信需求逐渐兴起。从 2010 年开始，满足物联网相关的技术与标准逐步得以发展。其中，3GPP（3rd Generation Partnership Project，第三代合作伙伴计划）标准化了 MTC（Machine Type Communications，机器类通信）、NB-IoT（Narrow Band IoT，窄带物联网）和 RedCap（Reduced Capability，紧凑型终端）等一系列的物联网技术。这些技术通过采用小带宽、单天线、降低峰值速率、半双工、降低发射功率等技术，显著降低了物联网终端的成本和功耗。进一步地，通过引入 eDRX（extended DRX，增强的非连续接收）、PSM（Power Saving Mode，节能模式）压低了物联网等典型场景下终端的功耗。同时，这些低功耗技术可以支持大量物联网终端接入网络，从而满足大连接的需求。因此低功耗是这类技术的主要特征。在未来的演进中，接近零功耗的技术成为一个重要的方向。

5.1.1 低功耗终端技术

在 3GPP 的几代面向物联网的低功耗终端技术中，eMTC 是 4G LTE-M（LTE - Machine - to- Machine）的增强版本，是基于 LTE 演进的物联网技术。它也是一种低成本、低功耗的广域网技术。相比后来的 NB-IoT，eMTC 的覆盖能力略弱，目标 MCL（Maximum Coupling Loss，最大耦合损耗）是 156dB。eMTC 可以支持一定的移动性、语音业务和更高的传输速率，上下行射频带宽都是 1.4 MHz，能支持最大 1Mbps 的峰值速率。

最具代表的 NB-IoT 是一种低功耗广域网技术，具有低成本、低功耗、强覆盖、大连接 4 大关键特点。它在很大程度上基于 LTE 接入网络,其制定的空口和 LTE 可以很好地共存。NB-IoT 的覆盖目标是 MCL 为 164dB,大大增强了室内覆盖,而且能支持大量低吞吐量、低延迟敏感度的设备。NB-IoT 支持带内工作、独立工作、保护带工作三种工作模式,其上下行射频带宽都是 180 kHz,下行采用基于 15 kHz 子载波间隔的 OFDMA 技术,上行采用 SC-FDMA 技术,且支持单子载波(single-tone)和多子载波(multi-tone)发送。进一步增强的 NB-IoT 还增加支持多载波、定位、多播、唤醒信号、快速小数据传输等功能。

本书第 3 章介绍的紧凑型终端的标准化的缩写为 RedCap,全称是 Reduced Capabilit,它是基于 5G NR 的一种新技术标准,简单地说,RedCap 就是轻量级的 5G。在 5G 需求所描述的 IWSN(Industrial Wireless Sensor Network,大规模工业无线传感器网络)用例中,不仅包括要求非常高的 URLLC(Ultra-Reliable and Low Latency Communications,高可靠低时延)服务,还要求设备外形尺寸较小、支持完全无线传输及数年电池寿命的相对低端应用。这些应用的要求高于 LPWA(LTE-M/NB-IoT),但低于 URLLC 和 eMBB(Enhanced Mobile Broadband,增强移动宽带接入)。此外,5G 需求的智能城市场景中的监控摄像机,以及以智能手表、电子健康相关设备和医疗监控设备为代表的可穿戴设备用例等,也都存在设备体积小、功能简化和较低功耗的需求。迫切需要引入更低成本的简化 5G NR 终端。5G NR 的 R17 版本 Redcap 特性已在 2022 年初基本完成标准化内容。

在未来的技术演进中,零功耗通信技术使用射频能量采集、反向散射和低功耗计算等关键技术。零功耗通信通过采集空间中的无线电波获得能量以驱动终端工作,因此零功耗通信终端可以不使用内部电池,而是依靠外部能源,这是与前面几项技术的核心区别。进一步地,可采用反向散射和低功耗计算技术使得零功耗终端实现极其简单的射频和基带电路结构,从而极大地降低了终端成本、终端尺寸和电路能量消耗。因此,零功耗通信有望实现免电池终端,满足超低功耗、极小尺寸和极低成本的物联网通信需求。基于终端免电池的优良特性,我们称之为零功耗终端,对应的通信过程称为零功耗通信。

5.1.2 垂直行业的业务需求与驱动力

基于 NB-IoT 和 eMTC 技术的物联网已得到一定的测试和商用,如智能电网、智慧停车、智能交通运输 / 物流、智慧能源管理系统等,涉及智慧城市、智慧家庭、智慧工厂等众多垂直领域,快速推动了传统行业的升级改造。

NB-IoT 技术引入的一个重要场景为智能电网系统。如图 5-1 所示,在智能电网系统中,可以实现智能抄表、自主故障上报等功能。

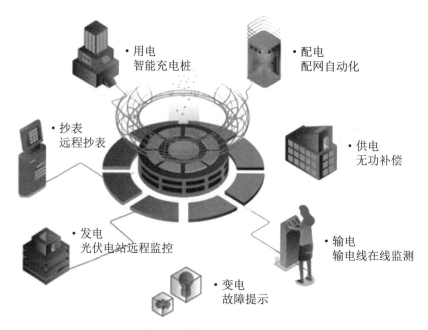

图 5-1　智能电网系统示意图

基于 eMTC 技术的物联网系统可以实现车辆跟踪、物品跟踪等，因而可应用于交通运输 / 物流行业、共享单车行业等，如图 5-2 所示。

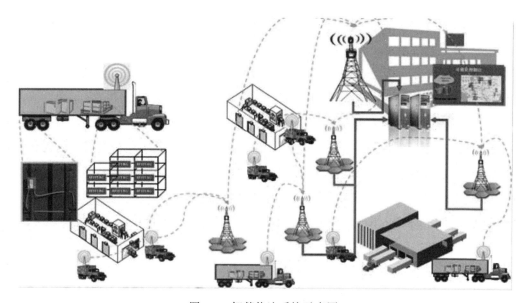

图 5-2　智慧物流系统示意图

基于同样的需求，更低的复杂度和功耗，甚至是零功耗驱动着终端面向更广泛的物联网和其他相关垂直行业应用场景。

如图 5-3 所示，相对于现有的 MTC、NB-IoT 及 RedCap 等技术，零功耗通信在终端的功耗、终端尺寸及终端成本等方面具有显著优势。例如，从功耗上有望将终端功耗从

NB-IoT 终端的数十毫瓦降低至几十微瓦，甚至数微瓦；从成本上有望将终端通信模组的成本从上述技术中最低的 NB-IoT 终端的十几元降低至 1 元，甚至更低。因此，基于上述与其他物联网技术明显的差异化特性，零功耗通信技术有望成为下一代物联网技术的重要候选技术。

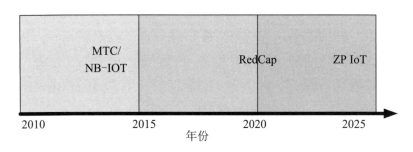

图 5-3　低功耗终端技术发展路线

5.1.3　零功耗技术的典型场景

零功耗通信致力于满足现有的物联网通信技术仍无法满足的通信场景，实现与现有物联网通信技术的良好互补，从而满足多层次、多维度的物联网通信需求。

场景一：工业传感网。

工业传感网的应用范围非常广泛，包括建筑自动化、工业过程自动化、电力设施自动化、自动抄表和库存管理、环境传感、安全、生产线监控等。在 IWSN 应用场景中往往会部署大量的传感器节点，这些节点可用于温度、湿度、振动监测、生产线监测、工业自动化和数值化管理、危险事件监测等方面。紧凑、低成本的传感器设备是实现 IWSN 大规模部署的关键，为了应对技术挑战并满足各种 IWSN 应用的需求，需要遵循低成本、小传感器节点的设计目标。

鉴于前述零功耗通信终端所具有的超低功耗、极小尺寸和极低成本的优点，零功耗通信在 IWSN 场景下将具有广泛的应用潜力。特别需要指出的是，零功耗终端免电池通信的特点，也可使零功耗通信拓展到传统的物联网通信技术无法涉及的应用场景。例如，在某些 IWSN 应用中，工业传感器节点可能部署在恶劣的环境和特殊的位置空间，甚至是在极端危险环境中进行部署（例如高 / 低温、移动或旋转部件、高振动条件、高湿度环境等）。在这些应用场景下：一方面，受限于工作环境，普通电池终端可能无法正常工作（受限于电池的理化特性对工作环境的要求）；另一方面，使用传统电源终端时高昂的网络维护成本或工作环境的限制使得网络维护无法执行，因此，使用常规电池终端无法满足这类应用场景下的使用需求。

在 IWSN 中应用零功耗通信技术，借助能量采集和反向散射等技术，传感器节点可以做到免电池、超低功耗，这将极大程度地解决传感器节点的生命周期问题，大大延长使用寿命。同时零功耗通信的免电池特性，也将大大降低传感器节点的维护成本甚至做到免维护。

因此，将零功耗通信技术与 IWSN 结合，能够极大地拓展工业传感网络的应用场景如图 5-4 所示，增加传感器节点使用时间，降低部署和维护成本。典型用例如下。

- 轮胎管理：在轮胎中嵌入零功耗标签（可以搭载相应传感器），利用标签收集和记录轮胎的基本信息[1]（如轮胎气压、轮胎寿命、品牌、工厂等），便于轮胎的生产、售后和使用管理。使用零功耗终端的显著优势是可以做到在不破坏轮胎、不移除轮胎的情况下进行数据收集和记录。
- 铁路轨道测量：在铁轨下部署零功耗设备[2]，配备相应的传感器，用来进行铁路轨道诸如压力、温度和其他信息的监测和采集。
- 环境信息采集：在一些特殊环境（例如高温、高压、极寒、辐射等）下进行信息收集。例如特高压电站、变电站等应用环境。

图 5-4　零功耗技术在工业传感网中的应用示例

1. 终端需求

零功耗物联网终端形态为电子标签，可集成存储器用于数据存取，集成传感器用于传感信息采集。由于一般是大规模应用（每个资产或者设备都会贴一个标签），其成本、功耗都需要重点考虑。

- 标签功耗：终端功耗小于 1MW，免电池，免维护。
- 工作环境：能够匹配特殊环境，在高温、高压、极寒、辐射等特殊环境下正常工作。
- 标签体积：极小体积，便于大规模应用。
- 通信距离：能够支持数十米到数百米范围的通信。
- 标签类型：纸质标签和抗金属标签。

2. 网络需求

- 基于蜂窝网基础设施，灵活部署：网络设备可部署于室外杆站，室内同 DIS（Digital Indoor System，室内数字系统）站间距部署，提供基础覆盖；可按需部署补盲或扩展覆盖。

- 覆盖要求：单站的覆盖距离要求（室内＞ 30m；室外＞ 100m）。
- 网络安全：基于授权的标签读取，保护隐私和数据安全。
- 连接需求：支持足够的系统容量，支持大量终端的数据读取。

场景二：物流和仓储。

随着经济的持续稳定发展，世界经济高度融合。随之而来的便是物流规模的进一步扩大。物流是商品流通供应链中非常重要的环节，在世界经济中占据重要地位，而仓储是现代物流的核心环节。

在物流和仓储应用场景中，大量的包装 / 货物需要频繁地在物流站或仓库（数万平方米）进行转移、储存、装卸和盘存。伴随着仓库订货、货物入库、货物管理和货物出库的发生，会产生大量的仓储信息，这些信息一般具有数据读取操作频繁、数据量大等特点。

为了对物流包裹 / 货物进行数字化信息管理，提升物流和仓储的管理效率，通常需要将通信终端标识贴在包裹 / 货物的包装表面用于物流信息的获取和物流全流程管理。因此，小巧的终端尺寸更加有利于行业应用。同时，由于货物的数目巨大及考虑使用的经济性和竞争力，快递或仓库供应商只能接受极低成本的通信终端。

如图 5-5 所示，仓储物流行业流程复杂、步骤繁多，它已经是一个自动化程度很高的行业，通过使用基于 RFID 技术的标签，管理员可以实现电子化的物品记录、查询和跟踪。但由于需要使用专用设备依次读取每个标签，这样的工作量仍然非常巨大。人们期待有更智能、更高效的通信技术出现来帮助实现真正的智慧物流和智慧仓储。

入库 ➡ 检品 ➡ 入库 ➡ 保管

出库 ➡ 检品 ➡ 捆绑 ➡ 出货

图 5-5　仓储行业示意图

零功耗设备本身具有成本极低、体积小、免维护、耐用、寿命长等特点。在物流和仓储中，利用零功耗设备来记录、保存、更新货物的信息，构建基于零功耗物联网的物流、仓储系统，能够进一步降低运营成本，显著提高物流和仓储管理的效率，有助于智慧物流和智慧仓储的实现，如图 5-6 所示。

图 5-6　智慧物流和智慧仓储中的零功耗标签

　　具体的，零功耗技术可以通过以下几个方面实现智慧仓储管理，并提高仓库效率和生产力，如图 5-7 所示。

- 批量读取：支持更大的零功耗标签同时读取数目。当货物到达仓库时，可以批量读取贴在货物上的无线标签（例如每秒读取千次级的标签），以准确获取商品信息，例如尺寸 / 质量、制造商、有效期、序列号编号、生产线等，可以帮助提高物流仓储效率和准确性。

- 大范围读写：支持更大的读写范围 [3]。在仓库内，部署一个或少数个网络设备，即可实现整个仓库的零功耗标签的通信覆盖。在货物或容器上贴无线标签，会保存其基本信息和在仓库内的位置信息，通过在仓库内设置中心网络节点，能够及时快速地对仓库中所有的货物进行识别，帮助快速盘点，便于管理者及时了解库存分布和总量，实现存储需求的快速预测。

- 搬运管理：能够对标签进行定位和信息更新 [4]。货物在仓库内移动时，网络设备能够及时识别并进行标签信息的更新。当需要挑拣相应货物时，在整个仓库范围内能够快速定位货物位置，大大提高货物的分拣效率。

图 5-7　零功耗技术在智慧仓储中的应用

1. 终端需求

　　零功耗物联网终端形态一般为简单电子标签，由于一般是大规模应用（每件货物都会贴一个标签），其成本、尺寸、功耗等方面需要重点考虑。

- 标签功耗：无源标签，不涉及更换电池等相关维护问题。
- 标签成本：由于物流和仓储中的货物数目巨大，需要极低成本。
- 标签体积：极小体积，便于大规模应用。

- 通信距离：能够支持数十米到数百米范围的通信。

2. 网络需求

- 基于蜂窝网基础设施，灵活部署：网络设备可部署于室外杆站，室内同 DIS 站间距部署，提供基础覆盖。可按需部署补盲或扩展覆盖。
- 覆盖要求：单站的覆盖距离要求（室内 > 30m；室外 > 100m）。
- 网络安全：基于授权进行标签读取，保护隐私和数据安全。
- 读取效率：货物数量巨大，需要同时检测大量标签（如每秒千次级别）。

场景三：智能可穿戴。

智能可穿戴场景以消费者为中心，通过物联网技术将消费者所穿戴的各种设备进行无线连接，在多个领域中（例如健康监测[5]、活动识别[6]、[7]、辅助生活[8]、移动感知[9]、智能服装[10]、室内定位[11]等）均得到了应用。目前主流的产品形态有以手腕为支撑的手表类（包括手表和腕带等产品）、以脚为支撑的鞋子类（包括鞋、袜子或者将来其他腿上佩戴的产品）、以头部为支撑的眼镜类（包括眼镜、头盔、头带等）。此外还有智能服装、书包、拐杖、配饰等各类非主流产品形态。

由电池驱动的智能可穿戴设备，续航时间往往比较短。如果开启更多功能，耗电量会进一步增加，使用者往往需要频繁地进行充电才能保证设备的正常使用，这将极大程度上影响用户的使用体验。

零功耗物联网终端具有极低成本、极小体积、极低功耗（免电池）、柔性可折叠、可水洗等优良的特性，特别适合智能可穿戴场景，易于为消费者相关行业（如幼儿园、服装厂等）所接受。一方面，零功耗设备通过能量采集的方式获取能量，不需要电池，这将从根本上解决智能可穿戴设备需要频繁充电的问题；另一方面，零功耗设备成本低、体积小，并且材质柔软，可水洗可折叠，极大地提升了佩戴的舒适度和用户体验。零功耗技术在可穿戴领域中的应用如图 5-8 所示。

图 5-8 零功耗技术在可穿戴领域中的应用

零功耗物联网在智能可穿戴领域中的一些应用如下：

- 健康监测：零功耗设备与传感器集成，镶嵌在腕带[12]或者鞋子、袜子等佩戴产品上，进行健康监测，及时反馈人的身体状况，对睡眠状况、体重信息、心率、血压等数据进行监测和收集。

- 定位、追踪: 零功耗设备可以与定位结合[13]，用于老人、儿童或者医院病人的监护，当发生走失时进行定位和追踪。舒适的材质可以优化佩戴体验，同时无源超低功耗的特征能够极大地延长使用时间。
- 便携支付：与个人信息绑定，能够用于乘坐公交、地铁、购物等的便携支付。

1. 终端需求

零功耗物联网终端形态为电子标签，可集成存储器用于数据存取，集成传感器用于传感信息采集。从穿戴角度考虑，应该具备小尺寸、免电池、防水性、灵活可折叠的外形。

- 标签功耗：无源标签，不涉及更换电池、充电等相关维护问题。
- 标签类型：纸质标签和抗金属标签，支持清洗，具备灵活可折叠的外形。
- 标签体积：极小体积，便于穿戴。
- 通信距离：能够支持数十米范围的通信。使用智能终端作为中继，1 ~ 2m 的通信距离。
- 业务连续性要求：满足周期性的传输需求，业务周期为数秒至数分钟。
- 连接数：支持数十到数百台设备连接。

2. 网络需求

- 灵活部署：对于可穿戴场景，由于使用者在大多数使用场景同时携带可穿戴设备和传统智能终端，因此可以考虑使用智能终端作为中继设备或网关设备用于收集和传输可穿戴设备采集的数据，或者与基站直连。
- 网络安全：基于授权的标签读取、保护隐私和数据安全。
- 激励信号：将用户携带的智能设备作为无源终端的能量激励信号，无须额外的激励信号，简化网络布局。

除了前面的场景，零功耗技术还有更多潜在的应用场景，这些场景都是电池类终端难以适用的。

| 5.2 零功耗技术基础 |

与已经出现了的 MTC、NB-IoT 为代表的万物互融的技术不同，零功耗技术功耗更低，是一种不需要电池的无线通信技术。结合低功耗传感设备，零功耗设备以独特的解决方案提供无线 IoT 设备来赋能万物互联。零功耗技术可以应用于各行各业和各种个人消费产品。

作为终端技术将来演进的方向，本节将介绍零功耗技术的各个方面。其中 5.2.1 节介绍零功耗技术的背景；5.2.2 节介绍零功耗技术原理和实现；5.2.3 节介绍零功耗系统技术基础；5.2.4 节介绍零功耗在网络中的应用。

5.2.1　零功耗背景介绍

作为一种无线通信技术，零功耗技术的最大特点是终端设备不需要携带电池，终端设备中微处理器等有源设备的能量来源为捕获并转化空间中的射频能量。相比于太阳能、机械能等能量收集方式，射频能量收集的优点为：①射频信号穿透能力强，可以穿透玻璃、木材、塑料等材质，这提升了终端设备的嵌入性及长久固定使用性；②射频能量稳定性强，在采用独立能量发射机（5.2.2 中介绍）的情况下，终端设备可以稳定地获取能量并完成指定任务。

相比于 Wi-Fi、蜂窝通信等无线技术，零功耗通信技术侧重于小数据量的传输。为实现更远的通信距离与更多样的终端功能，零功耗技术中最关键的两点为：①有效收集并转化射频能量；②降低终端自身的功耗。零功耗技术的进步需依托多个产业链的合作，如半导体产业发展、无线通信技术革新，以及无线通信标准制定。

零功耗技术中一个重要指标是能量（Energy），零功耗设备可以收集、转化多少能量，应用转化的能量可以完成多少运算决定了零功耗终端的性能。其中，运算效率与半导体技术有很大相关性。如图 5-9 所示，随着半导体技术的发展，微处理器的能量效率得到极大提升，或者说在同样的计算能力下，微处理器的功耗大大降低了。其中，效率是指在单位能量内（μJ）微处理器可以完成的运算执行（instructions）次数。零功耗设备仅仅依靠收集到的射频能量驱动。其有源器件的性能得益于半导体工艺的改进而有了指数级的提升。

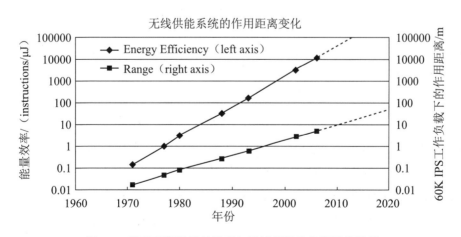

图 5-9　微处理器的能量效率与无线能量收集的通信距离

射频识别技术（RFID）是一种已经广泛商用的零功耗技术。射频识别（RFID 或 Passive UHF RFID）是一种利用射频能量收集与反向散射的无线通信技术。射频识别起源于二战中空军所使用的 IFF（Identification Friend or Foe）技术，当战斗机识别到被雷达检测后会主动采取飞行动作变化（如旋转），此种动作变化可以改变雷达反射信号的特性，地面站再通过检测反射信号判断战斗机是敌是友。苏联发明家李昂·特雷门于 1945 年发明了利用反向散射的世界第一款电子乐器"特雷门琴"，他也被尊崇为射频识别技术的奠基人。

现今无源射频识别技术被广泛使用于物流、资产管理行业，用于物品的追踪。一个 RFID 标签主要由两部分组成：天线与芯片。RFID 标签没有电池，非常轻薄，标签厚度小于 1mm，可以方便地贴附在被追踪物品上。标签的主体结构为天线，天线的尺寸由标签的工作频率决定。RFID 标签要贴附于不同种类的物品及应用于不同场景，天线设计及材质具有多样性。如图 5-10 所示是 Avery Dennison 出售的无源 RFID 标签。如图 5-11 所示为 Invengo 发售的纺织物 RFID 标签，可以用于衣服等可被洗涤产品。虽然同样是工作在 860 ～ 960MHz，标签的外形和材质却大不相同。

图 5-10　Avery Dennison 出售的无源 RFID 标签

图 5-11　Invengo 公司出售的纺织物 RFID 标签

射频识别为物品追踪提供了非常好的技术支持，然而射频识别技术提供的服务较为单一，主要还是物品的识别，即可以获知某物品是否存在于某空间。射频识别不能获取物品的状态，例如温度、湿度、压力等。射频识别的成本造价较高，虽然 RFID 标签的成本低，但是 RFID 读卡器的价格比较高，因此 RFID 主要应用于 ToB 的行业应用，在个人消费领域没有应用。

零功耗通信技术在 5G 乃至 6G 系统中将发挥更大的应用价值，利用射频能量收集、反向散射和低功耗运算等技术可以为 IoT 设备提供新的解决方案，推动物联网实现更大规模、更低成本、更低功耗的广泛部署，扩展至行业应用和个人消费的诸多领域，真正地借助零功耗技术促进万物互融新生态。

5.2.2　零功耗通信技术原理

零功耗设备主要结合射频能量采集技术、反向散射技术和低功耗运算技术，以实现设备节点不携带供电电池的优势。如图 5-12 所示，终端通过能量采集方式获得驱动自身工作的能量，采集后直接用于驱动逻辑电路、数字芯片或传感器件等，完成对反向散射信号的调制和发射，以及传感信息的采集与处理等功能。

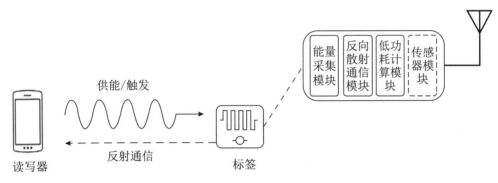

图 5-12　零功耗通信基本原理图

零功耗标签可能是零功耗系统中重要的组成部分，多数的商业应用及学术研究都是围绕着标签的技术演进而迭代的。零功耗标签的系统架构与形态取决于具体技术的选取。其中，最重要的技术为：①能量收集；②反向散射通信。

1. 能量收集

射频能量收集是一种相对古老的技术，从特斯拉开始，科学家们便尝试采用无线射频的方式传送能量。除了零功耗标签，现今广为研究的无线充电都利用了原理类似的能量收集技术。

射频能量收集技术的原理是通过电磁感应原理实现对空间电磁波能量的采集，如图 5-13 所示。能量收集的核心目标是将空间中的电磁波（主动或被动发射）转化为可以被存储于能量介质的直流电，提升转化效率（存储能量与可收集到无线信号能量的比率）为衡量一个能量存储装置重要的指标。

图 5-13 中仅用一个二极管就可以将"交流"的射频能量转化为"直流"能量，并将此能量存储于电容中。"交流"转"直流"的技术与平常电子设备的充电器原理类似，这里射频能量收集的不同在于：①接收射频能量信号的最前端为天线而非线圈；②射频能量的工作频率高；③空间中的射频能量的能量密度小。

从天线与射频电路的设计角度出发，能量收集中的天线，射频电路设计与传统无线接收机的原理与目的相同，即通过天线、射频电路的设计实现接收能量的最大化。

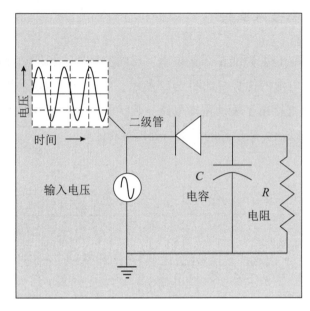

图 5-13　能量收集示意图

在天线收集到射频能量（交流）后，需要将交流能量转化为直流能量。这一步是能量收集系统中最重要的一步。相比于电子设备的充电器，射频能量频段较高（＞100MHz），这需要单向道通设备（二极管）可以快速地切换频率，现今独立的能量收集整流器往往使用肖恩二极管，主要在于其可以快速地切换速率。另外，空间中的能量密度低，因此用于能量收集的器件需要采用低泄露电流的器件。例如，RFID 标签普遍能量收集灵敏度为 −20dBm。在这种能量密度下，能量收集效率为 10% 左右，因此对于器件的漏电性有较高要求。肖恩二极管漏电性较好，所以也是其广泛使用的另外一个原因。

对于整流器的研究有很多，从射频能量到直流电源的转换，不同电路设计和工艺对效率的影响较大。整流器的恰当使用可以让射频能量更好地转化为稳定的直流电压（RF-DC），而一般输出电压较低时还需要进一步地直流转换升压（DC-DC），以产生可供驱动数字逻辑电路的电压。电压调节器和电压监控器也是经常用到的帮助升压和稳压的器件，常使用级联二极管—电容器的方式将电压升至可用水平。比如多级 voltage doubler，二极管肩负的两个任务：①将交流转化为直流；②将电压提升至理想状态。由于系统中的芯片往往需要一定电压才可以驱动起来，因此需要用一些办法将交流射频电压转化为可供芯片使用的直流电压。还有一种方式是采用集成的 DC-DC 转化芯片。有些 DC-DC 转化芯片不仅可以起到升价的目的，还可以起到能量管理的目的，即可以控制能量的收集与释放。采用不同结构，如 voltage doubler 或 DC-DC converter 的方式主要需要考虑所需性能与架构。

上文所述，能量收集中最关键的是考虑能量收集的效率。能量收集的效率与四部分有关：①天线（及射频电路匹配）效率；②整流器效率；③ DC-DC converter 效率；④能量释放到负载的效率。将四个效率相乘便得到了整个系统的效率，如图 5-14 所示。

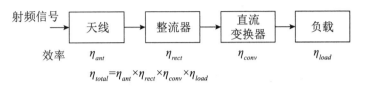

$$\eta_{total} = \eta_{ant} \times \eta_{rect} \times \eta_{conv} \times \eta_{load}$$

图 5-14　射频能量效率的计算

从天线与射频电路的设计实现出发，能量收集中的天线和射频电路设计与传统无线接收机的原理与目的相同，即通过天线射频电路的设计实现接收能量的最大化。天线射频电路的设计属于工程设计，需要基于所需要的频率、所需要的产品结构，以及产品所需表现力给出最优的设计。

我们可能很容易想到如果将每一个步骤优化便可以得到最优的能量收集效率，然而现实并没有这么简单，因为在能量收集中包含了高频信号、低能量处理与非线性器件，所以这三个组成部分也会有相互影响。以天线射频电路设计为例，普通的天线射频设计只需要考虑在不同频率的阻抗匹配（一般匹配到 50M），但是在能量收集中需要考虑选取合适的负载阻值，虽然都可以通过射频匹配的方式将电路匹配上，但是不同的负载对于能量转化的效率影响非常大。整流器中的二极管为非线性器件，其阻抗会在不同输入能量下发生变化，因此天线、射频的设计不仅需要考虑频率，还需要兼顾所收集能量的能量值范围。设计整流器时，相同的整流器对于不同的能量有非常明显的效率变化。在低能量密度下，单阶二极管能提供优秀的效率。综上所述，射频能量部分的设计不能仅考虑一两个点，而是需要从全局仔细分析产品的要求与局限，然后进行一个定制化的设计。

2. 反向散射

反向散射技术是一种无须有源发射机而实现信号传输与编码的无线技术。类似于雷达原理，电磁波在到达物体表面时有一部分会被反射，被反射信号的强弱取决于此物体的形状、材质与距离。从雷达的角度讲，每个物体有其雷达截面（RCS，Radar Cross-Section）[15]，标签（tag）通过改变其 RCS 实现对反射信号的调制。反向散射发射机调制接收到的 RF 信号以传输数据，而无须自己生成 RF 信号。

反向散射技术（Backscattering）于 1948 年由 Stockman 首次提出 [16]。但由于一些限制，传统的反向散射通信不能广泛应用于数据密集型无线通信系统。

首先，传统的反向散射通信需要将反向散射发射器放置在其射频源附近，从而限制设备的使用和覆盖区域。

其次，在传统的反向散射通信中，反向散射接收器和射频发射源位于同一设备中，即阅读器（reader），这会导致接收和发射天线之间的自干扰，从而降低通信性能。

最后，传统的反向散射通信系统是被动操作的，即反向散射发射机仅在反向散射接收机询问时才传输数据。

最近，环境反向散射通信（Ambient Backscatter Communication，AmBC）[17] 已经成为使能低功耗通信的一项更有前途的技术，它可以有效地解决传统反向散射通信系统中的上述局限性，使得 AmBC 技术在实际应用中得到更广泛的采用，如图 5-15 所示。

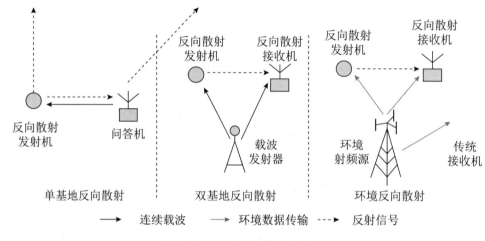

图 5-15　AmBC 系统示意图 [18]

系统一般包括三个部分：环境射频源［Ambient Radio-Frequency (RF) Source］，反向散射设备（Backscatter Device，BD）和读写器（Reader）。在环境反向散射通信系统中，反向散射设备可以利用从环境 RF 源［例如电视塔、FM 塔、蜂窝基站和 Wi-Fi 接入点（AP）］广播的无线信号来相互通信。进一步地，通过分离载波发射器和反向散射接收器，反向散射设备的 RF 组件数量被最小化，并且设备可以主动运行，即反向散射发射器可以在从 RF 源采集足够能量时无须接收机启动即可发送数据。

零功耗设备（如反向散射标签）接收读写器发送的载波信号，通过 RF 能量采集模块采集能量，用于低功耗处理模块的供能。获取能量后，反向散射标签驱动相应电路对来波信号进行调制，并进行反向散射，如图 5-16 所示。

在反向散射通信系统中，负载调制是电子标签经常使用的传输数据方法。负载调制通过对电子标签振荡回路的电参数（如电阻或电容）按照数据流的节拍进行调节，使电子标签阻抗的大小和相位随之改变，从而完成调制的过程。

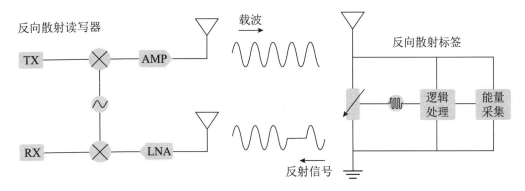

图 5-16　反向散射通信原理图

负载调制技术主要有电阻负载调制和电容负载调制两种方式。在电阻负载调制中，负载并联一个电阻，称为负载调制电阻，该电阻按数据流的时钟接通和断开，开关的通断由二进制数据编码控制。在电容负载调制中，负载并联一个电容，取代了由二进制数据编码控制的负载调制电阻。电阻负载调制电路原理图如图 5-17 所示。

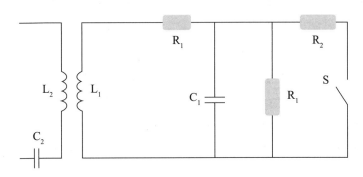

图 5-17　电阻负载调制的电路原理图

以电阻调制实现 ASK（Amplitude Shift Keying，振幅键控）调制的过程为例，终端通过切换负载反射系数可以在吸收和反射状态之间转换。在吸收状态，即终端实现了阻抗匹配，射频信号完全被终端吸收，使得终端不向空间辐射射频信号，接收侧接收到的信号将是低电平信号，该状态可代表位"0"。相反，在反射状态下，即终端通过切换电路阻抗，使得电路阻抗不匹配，部分 RF 信号被反射，接收侧接收到的信号将是高电平信号，因此该状态表示位"1"，一个 ASK 调制的信号波形如图 5-18 所示。可见，终端以简易的阻抗切换方式即可实现对入射射频信号的 ASK 调制，从而实现与接收机的通信。从接收机角度看，ASK 信号可以通过低复杂度包络检测和比较器实现信号检测。

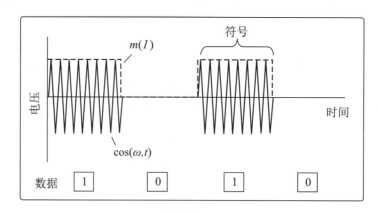

图 5-18　ASK 调制波形示意图 [19]

　　类似地，终端也可以通过调整电路的电容，实现对电路调谐频率的改变，使得终端辐射的信号频率随着电容的变化而变化，从而实现 FSK（Frequency Shift Keying，频移键控）调制。尽管与 ASK 相比，FSK 需要额外的残余频偏估计处理，但它在 BER（Bit Error Ratio，误码率）性能方面优于 ASK。此外，FSK 可实现多个设备频分复用。

　　因此，反向散射通信巧妙利用阻抗调制实现了极低复杂度的信号调制和传输。相对而言，反向散射终端无须复杂的射频结构，如 PA（PowerAmplifier，功率放大器）、高精度晶振、双工器及高精度滤波器，也不需要复杂的基带处理，例如仅需要对信号进行包络检测，而不需要复杂信道估计和均衡运算。因此，反射散射技术使得简易的终端实现成为可能。零功耗通信技术的主要特点是通过调制来波信号实现反向散射通信，同时它还可以通过能量采集获得能量以驱动数字逻辑电路或芯片（如 MCU，Microcontroller Unit，微控制单元或传感器芯片），实现对信号的编码、加密或简单计算等功能。

　　射频能量的转化效率往往不足 10%，决定了驱动数字逻辑电路或芯片用于计算的功耗要求不能太高。如图 5-19 所示为 1 μJ 能量可支持计算的次数的变化。虽然随着工艺的改进和设计的优化有所提高，每微焦耳能量可使用于计算的次数有所增多，但是仍不能满足复杂的计算。

　　而针对零功耗通信系统设计，可从以下几个方面考虑实现低功耗计算。

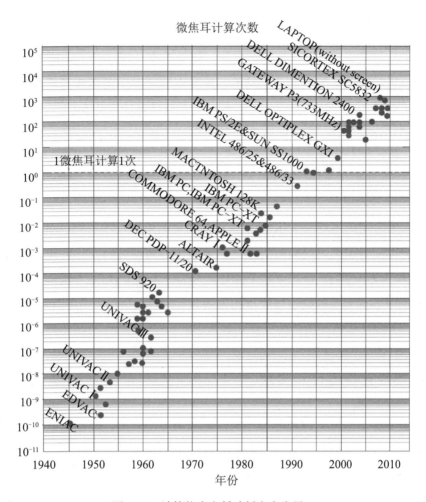

图 5-19　计算能力向低功耗方向发展 [20]

1. 低功耗接收机

零功耗设备从功能需求上可以分为两类：一类主要功能类似 beacon 的广播发射，为降低结构复杂度和降低功耗，可以不实现接收机功能；另一类是考虑设计简单低功耗的接收机，例如采用比较器实现简单的 ASK/ 解码功能，如图 5-20 所示。

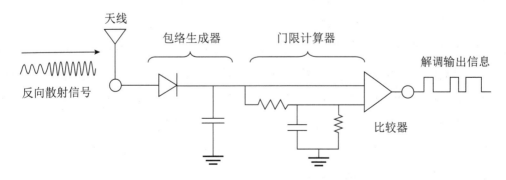

图 5-20　采用简单比较器的低功耗接收机

2. 低功耗芯片

低功耗芯片一般包括 MCU 和传感器等。驱动数字处理芯片的电路一般有最低的输入电压要求。这就要求采集到的能量满足一定的电压要求。采集到的能量，并不能完全用于反向散射和低功耗计算。目前比较成熟的用于低功耗计算的 MCU 一般的功耗在 uW 级别。选择低功耗的 MCU 和传感器芯片，实现低压驱动的电路设计，是实现低功耗计算的关键和挑战。

3. 简单编码和调制

反向散射常采用的 ASK、FSK 的方式可由简单的电路设计实现。对于编码技术，反向不归零、曼彻斯特编码是反向散射系统中最常用的两种编码方式。此外，还有单极性归零（Unipolar RZ）编码、差动双相（DBP）编码、米勒（Miller）编码、利差动编码、FM0 编码等简单易于实现的编码方式也比较适合反向散射通信。采用简单的编码和调制，可在很大程度上降低零功耗通信的计算功耗。

5.2.3 零功耗系统设计和实现

广义的零功耗技术可以被理解为终端设备无须主动充电，即终端设备可以自主地获取能量用于驱动其含有的有源器件。由于相对广义的定义，学术界及工业界对零功耗技术的研究也产生了不同形态的终端设备及相对应的系统。其实从终端设备角度讲主要形态分布存在三个差异点：①获取能量方式；②无线通信方式；③能量存储方式。本节将概述不同终端形式下的零功耗系统。

1. 被动获取能量，主动发射

被动获取能量可能是零功耗终端理想化的运行模式。在此种模式下，零功耗系统中只需要零功耗终端，无须增加主动能量供给设备。这种模式的一个背景是环境中存在大量电磁波，如蜂窝网及广泛使用的 Wi-Fi 网络。零功耗设备可以"二次利用"这些能量用以本身的功能。当然零功耗系统可利用太阳能、机械能等被动方式获取能量，本节重点讨论依靠射频能量作为能量源的方式。由于空间中的电磁能量不稳定，而且多数为被调制过的射频信号，此种模式下终端设备发射不能使用反向散射技术，而是需要依赖传统的发射机设计。同时因为环境中的射频能量弱、不稳定等特点，此种终端设备往往需要采用电池用于较长时间的能量收集，往往是经历很长时间（数小时或数天）的能量收集才可以积攒够发射一段信号的能量。此种模式的优点是系统构建成本低，不需要特定的能量供给装置；缺点是反馈的不可控性及延时性。

2. 被动获取能量，被动发射

这种模式下零功耗终端设备获取能量的方式与上面介绍的相同，都是收集环境中的射频能量。但是发射模式采用反向散射的"被动式"发射模式。近年有部分研究对于调制过的射频信号的"二次"调制，以反向散射的方式在被动能量收集的情况下"发射"信号。很明显，这种模式是技术革新。由于反向散射的功耗需求远远小于主动发射，从而降低了终端设备的功耗需求，因此终端设备无须携带电池，可以采用电容的方式存储能量。此种模式下零功耗系统只有零功耗终端和接收设备。

3. 主动能量收集，主动发射

在这种模式下，系统中需要一个能量发射装置为其主动提供能量，这种能量发射装置往往在一个单一频点发射一连续波（CW，Continuous Wave），零功耗终端从此 CW 中获取能量。零功耗系统的发射方式为传统形式的主动发射，此种方式的优点为零功耗终端的工作状态稳定。由于采用主动发射的模式，零功耗终端发射功能灵活。但是主动发射需要的功耗较大，所以从通信角度讲存在一定延时性。

4. 主动能量收集，被动发射

此零功耗系统主要包括三种硬件单元：①零功耗节点设备（通常被称为标签）；②读卡器，用于无线通信的收发；③能量提供发射机（通常被称为 CW 发射机），用于为节点设备提供能量。CW（连续波）发射机也可以被集成于读卡器内，如被广泛使用的 UHF（Ultra High Frequency）RFID 系统。下面给出了两种系统架构的示例，如图 5-21 所示。CW 发射机集成与分离的系统架构使用于不同的应用场景，在特定的应用场景可选取适合的系统架构。

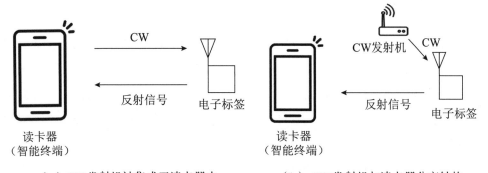

（a）CW 发射机被集成于读卡器内　　　　（b）CW 发射机与读卡器分离结构

图 5-21　零功耗通信设备系统组成

5. 技术实现

如图 5-22 所示为零功耗通信设备硬件结构，硬件结构中包含天线、阻抗匹配网络、射频能量收集装置、能量管理装置、解码器、编码器、微处理器、传感器、存储器。其中标记为深灰色的为可被封装在一块芯片中的结构，可以采用 SiP（System in Package）的封装技术。如果采用 SiP 技术，天线、传感器均在芯片外。由于微处理器自带存储器，外接存储器为可选项，也可采用芯片内或芯片外两种集成模式。如果天线采用 complex conjugate matching（复数共轭匹配）的方法，芯片内的阻抗匹配系统也可以被取代。

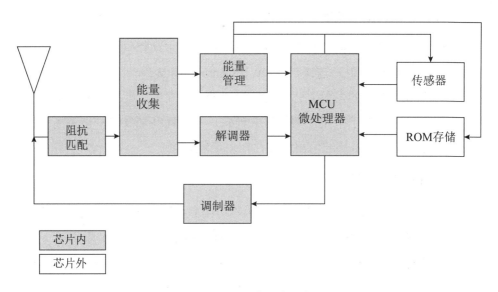

图 5-22　零功耗通信设备硬件结构

5.2.4　零功耗技术在网络中的应用

零功耗通信的突出技术优势是免电池通信。由于使用射频能量采集、反向散射和低功耗计算等关键技术，终端可以做到免电池，支持极低硬件复杂度，因此零功耗通信能够满足超低功耗、极小尺寸和极低成本的需求。可以预见，零功耗技术无论面向垂直行业的工业传感器网络、智能交通、智慧物流、智能仓储等网络，还是面向个人消费者的智能穿戴、智能家居的家庭网络，都有着广泛的应用。

零功耗技术与传统蜂窝通信和侧行通信结合，可以发挥重要的作用。

1. 基于蜂窝网络的零功耗通信系统

基于蜂窝的零功耗通信系统可以支持零功耗终端的大规模部署和集中控制，旨在解决点对单点、点对多点通信需求的传统技术（如 RFID）的通信距离短、部署成本高、系统效率低的问题。得益于蜂窝网络在覆盖和资源利用上的优势，基于蜂窝的零功耗通信系统可以大范围、集中式地管理网络中的零功耗终端，可以极大地提高系统效率，节省部署成本。因此，基于蜂窝的零功耗通信系统特别适合于某些应用场景。在工业传感器网络场景中，终端的部署环境严苛、数量巨大，使用传统有源终端部署和维护成本高。基于蜂窝的零功耗通信可以远程、集中式地管理零功耗终端，进行控制和信息交互。在物流和仓储场景中，大量货物需要进行识别、跟踪、盘点等。相比于现有的基于二维码或 RFID 的方式，基于蜂窝的零功耗通信系统可以克服现有的光学识别、短距识别的低效和低可靠性，极大地简化识别过程，节省人力和设备的投入，降低成本。在智慧农牧业场景中，通过蜂窝网络可以在农场内管理携带零功耗终端的牲畜，包括统计、定位、追踪等。其他基于蜂窝的零功耗通信系统适用的场景还包括可穿戴、医疗、交通等。

如图 5-23 所示，基于蜂窝的零功耗通信系统可以包括以下几种通信方式。

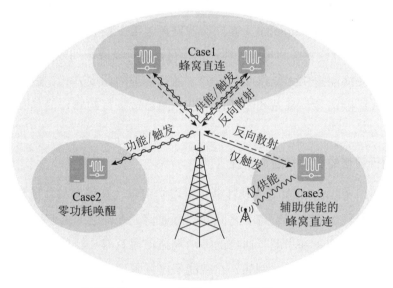

图 5-23　基于蜂窝的零功耗通信系统

1）蜂窝直连

基站和零功耗终端直接进行通信。基站向零功耗终端提供无线供能信号和触发信号。无线供能信号用于向零功耗终端提供能量；触发信号可以携带发给零功耗终端的控制信息；零功耗终端通过反向散射的方式将信息传输给基站。

2）零功耗唤醒

鉴于零功耗终端的极低功耗的优良特性，零功耗终端可以与传统终端进行结合，并承担和完成一些低功耗操作，从而辅助实现传统终端的节能，例如零功耗终端可以作为传统终端唤醒接收机（Wake-Up Radio，WUR）。其中，基站在需要与传统终端通信时，首先发送唤醒信号，零功耗终端在检测到此唤醒信号时唤醒传统终端。对丁传统终端来说（特别是大多数时间处于 RRC idle/RRC inactive 的 IoT 终端），通过这种方式可以节省传统的监听寻呼等操作带来的功耗，从而可以实现显著的节能效果。

3）辅助供能的蜂窝直连

零功耗终端不仅可以从与其通信的基站获得无线供能，也可以从第三方设备获得供能。通过无线供能的方式获得能量，供能信号到达终端的强度需要满足一定的门限，如 -20dBm 或 -30dBm（终端具备储能能力时），这就造成了在供能信号发射功率受限的情况下，网络设备发射的供能信号覆盖的范围较小，一般在几十米到 100 米的范围。从蜂窝小区的覆盖范围来看，无线供能的覆盖范围远小于信息传输信号的覆盖范围。因此，无线供能信号的覆盖范围是瓶颈。通过更多的网络节点实现无线供能可以显著提高覆盖范围，从而尽可能地提升零功耗通信的小区覆盖。为此，可以使用网络中的其他节点用于无线供能，潜在可以使用的供能节点包括网络中的智能手机、Relay（中继）节点、CPE（Customer Premise Equipment，客户前置设备）等。在必要的情况下，也可以部署专用供能节点。这些节点发送的传统无线通信信号（如同步信号、广播信号、数据信道等）可以用于为零功耗终端提供无线供能，或者，基于合理的调度方式，这些供能节点可以发送专用的无线供能信号。基站和零功耗终端之间通过下行的触发信息和上行的反向散射进行信息的交互。

2. 基于侧行通信的零功耗通信系统

基于侧行通信（Sidelink）的零功耗通信可以实现零功耗终端与其他类型终端（如智能手机、CPE 或其他 IoT 终端设备）之间的侧行通信。终端之间的侧行通信可以不依赖蜂窝网络进行直连通信。基于侧行通信的零功耗通信也具有广泛的应用场景，特别适合低成本短距离通信需求的场景。例如，在智能家居场景中，智能终端与零功耗终端之间的侧行链路直连，可以实现寻物、家庭资产管理、环境监测、智能控制等功能。在智能可穿戴场景中，零功耗侧行通信也可以实现对零功耗可穿戴设备数据的信息读取或智能控制。

基于侧行通信的零功耗通信系统包括以下几种通信方式。

1）Sidelink 直连

零功耗终端与智能设备直接进行通信。智能设备向零功耗终端发送供能信号和触发信号。零功耗终端通过反向散射的方式将信息传输给智能设备，实现侧行通信。其中，智能设备可以是手机或者控制节点（如 CPE），对应如图 5-24 所示的基于侧行通信的零功耗通信系统框图中的 Case1-1 和 Case1-2。

2）辅助供能的 Sidelink 直连

为了实现零功耗终端与智能设备的 Sidelink 直连，零功耗终端的无线供能信号可以不直接来源于智能设备，而是来源于第三方设备。如图 5-24 中 Case2 所示，零功耗终端与手机的 Sidelink 直连所需要的无线供能信号来源于控制节点，零功耗终端接收智能设备发送的触发信号，并通过反向散射的方式将信息传输给智能设备。

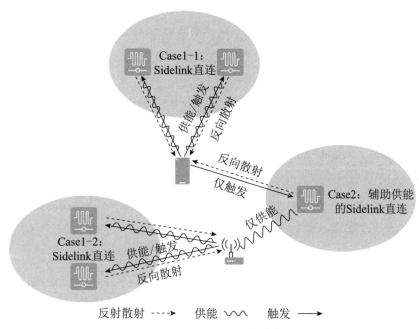

图 5-24 基于侧行通信的零功耗通信系统

3. 零功耗通信的覆盖

在部署时，需要考虑采用合适的通信频段。总体而言，零功耗通信可以使用非授权频段和授权频段。使用非授权频段工作，频谱资源在满足规范要求的情况下可以自由灵活使用，因此可以降低运营成本，扩展零功耗通信系统的应用。使用授权频段工作，可以充分利用现有运营商的频谱资源，规范允许的授权频段上的系统发射功率较高，有利于实现蜂窝覆盖及相对较远距离覆盖。运营商可以合理规划授权频段的使用，从而避免其他系统与零功耗系统之间的干扰，因而有利于构建相对可靠的零功耗通信网络。因此，在设计零功耗通信网络时，非授权频段和授权频段都需要考虑。

与传统通信一样，零功耗通信网络的网络覆盖受限于网络设备发射功率、工作频段、设备天线增益及设备接收机灵敏度等多方面的影响。然而，特别需要指出的是，零功耗通信网络的覆盖与无线供能信号的功率水平密切相关。

具体地，对于前向链路（从网络节点到零功耗终端设备的下行链路），考虑到驱动低功耗电路需要几微瓦到数十微瓦，因此零功耗终端接收的射频信号的信号强度应

在 -20dBm（10 微瓦）以上。值得注意的是，该数值远大于传统终端的接收机灵敏度（-100dBm 左右）。如果终端具备一定的储能能力（例如可以配备储能电容），则零功耗终端接收的射频信号的信号强度可以放松至 -30dBm，此时终端可以通过较长时间的能量采集来储备工作时使用的能量，这就要求网络设备需要发送高功率的无线信号以满足覆盖需求。另外，网络节点的传输功率受地区法规的限制，如 ISM（Industrial Science Medical，工业科学与医疗频段）波段最大的 EIRP（Equivalent Isotropic Radiated Power，等效全向辐射功率）为 36dBm（允许传输功率为 30dBm，天线增益为 6dBi）。因此，前向链路只有 50dB 的链路预算，通信距离相对有限。

对于后向链路（从零功耗终端到网络节点的上行链路）。由于终端电路消耗，反向散射信号的信号强度通常比入射信号（供能信号）低 3 ~ 5 dB。而通信距离会受到网络节点接收机灵敏度的限制。在 3GPP 实现的典型网络节点中，接收机灵敏度可以达到 -100 ~ -110dBm 的水平。可以看出，反向链路的链路预算约为 80dB，比前向链路的链路预算多 30dB。

综合上述分析可见，零功耗通信网络的覆盖受限于前向链路中的无线供能信号的覆盖，即前向链路将成为网络覆盖瓶颈。

在典型的射频识别系统中，使用 ISM 频段，最大覆盖范围不超过 10 米。从 5.1.3 节典型用例可以看出，在某些用例中，服务覆盖距离需要达到百米级。例如在某些 IWSN 场景下需要覆盖整个工厂，在智能物流、智能仓储场景下需要考虑覆盖整个物流站或仓库。这种情况下可以使用授权频段，授权频段的允许传输功率比 ISM 频段提高至少 10 dB，可转化为前向链路覆盖扩展约至少 3 倍（考虑前向链路覆盖受限）。因此，这也印证了使用授权频段有利于构建满足垂直行业需求的零功耗通信网络。此外，使用的频段越低，越有利于提升零功耗通信网络的覆盖范围（见表 5-1）。

终端的天线增益也影响零功耗通信网络的覆盖，而且既影响前向链路的覆盖，又影响反向链路覆盖。在某些应用场景中，零功耗终端的体积和成本相对不受限制，为了追求更大的覆盖范围，零功耗终端可以使用高增益的天线（例如 12dBi 的天线增益），以提升上行 / 下行通信的距离。

在某些应用中，如果终端允许使用常规电池，则零功耗终端的下行覆盖将极大拓展，此时下行覆盖距离将不再受限于能量采集的信号强度门限，而是受限于更低的零功耗终端下行接收机灵敏度。基于目前的研究，零功耗终端下行接收机灵敏度可达 -50/-60dBm，甚至更低 [14 ~ 19]。

表 5-1 给出了链路预算的初步估计，其中考虑了工作频段、发射功率、传播损耗、网络设备天线增益、零功耗设备天线增益、反向散射系数（终端反射信号与供能信号的信号强度比值）等因素的影响，对零功耗通信距离进行初步评估，见表 5-1（通过弗里斯

方程计算，假设使用自由空间传播模型）。

表 5-1　链路预算的初步估计

系统参数	Case1	Case2	Case3	Case4	Case5	Case6	Case7
工作频段 (GHz)	2.4	0.7	0.7	0.7	0.7	0.7	0.7
网络节点							
（1）天线发射功率 (dBm)	36	36	36	36	36	36	36
（2）天线增益 (dBi)	8	8	8	8	8	8	8
（3）接收机灵敏度 (dBm)	−100.00	−100.00	−100.00	−100.00	−100.00	−100.00	−100.00
（4）最大后向链路通信距离 (m)（在零功耗设备接收到的信号强度刚好可以满足工作需求时）	176.89	606.48	191.78	1917.84	606.48	60.65	606.48
零功耗终端							
（5）天线增益 (dBi)	2	2	2	12	12	2	2
（6）接收机灵敏度 (dBm)	−20	−20	−30	−20	−30	−40	−40
（7）最大前向链路通信距离 (m)	19.85	68.05	215.19	215.19	680.48	680.48	680.48
（8）反向散射传输损耗 (dB)	5.0	5.0	5.0	5.0	5.0	5.0	5.0
（9）低噪声放大系数 (dB)	0.0	0.0	0.0	0.0	0.0	0.0	20.0

对表 5-1 进行分析，可以得到以下结论。

（1）在零功耗工作频段为 700MHz 时，考虑基本假设，即网络节点下行信号发送功率为 36dBm，天线增益为 8dBi，零功耗设备的接收机灵敏度为 −20dBm，天线增益为 2dBi。通过计算可以得到最大前向链路的通信距离（通过对网络节点的下行信号进行能量采集以驱动零功耗设备工作的最大距离）为 68m（如表 5-1 Case2 所示）。

（2）在其他条件相同的情况下，使用更低的频段能够增大覆盖范围。如表 5-1 Case1 和 Case2 所示，使用 2.4GHz 的工作频段，最大前向链路通信距离为 20m，当零功耗终端接收到的信号强度刚好可以满足工作（接收信号强度为 −20dBm）时，最大后向链路通信距离为 176m；使用 700MHz 的工作频段时，最大前向链路通信距离增大到 68m，最大后向链路通信距离增大到 606m。

（3）采用储能单元，降低零功耗设备对接收信号强度要求的阈值，可以增加最大前向链路的通信距离。如表 5-1 Case2 和 Case3 所示，当工作频段、网络节点天线发射功率、天线增益等条件一致时，具有储能功能的零功耗设备的接收机灵敏度为 −30dBm，此时最大前向链路通信距离可以从 68m 增加到 215m，扩展了约 3 倍。

（4）使用高增益的天线，能够有效提升前向链路的覆盖。如表 5-1 Case3 和 Case5 所示，使用高增益的接收天线（Case5 使用 12dBi 的接收天线增益），最大前向链路通信距离可以从 215m 增加到 680m，扩展了约 3 倍。

（5）随着零功耗设备的接收机灵敏度进一步提高，前向链路的覆盖可以得到提升，但是后向链路（从零功耗终端到网络节点的上行链路）的通信距离逐渐降低，如表 5-1 Case2 和 Case6 所示，这是由于零功耗设备接收到的信号，在进行反向散射传输时，会进一步发生损耗，导致上行信号（零功耗终端反向散射发送给网络节点的信号）的信号强度过低。

（6）在具备高灵敏度接收机的零功耗设备中集成低噪声放大器（Low Noise Amplifier，LNA），能够有效弥补后向链路的通信距离，如表 5-1 Case6 和 Case7 所示，通过集成 LNA，使得最大后向链路通信距离从 60m 增加到 600m。

应注意，在表 5-1 中的最大后向链路通信距离，是考虑零功耗设备接收机满足接收灵敏度阈值的情况，即零功耗设备接收到的信号刚好可以通过能量采集驱动设备工作时，反向散射通信的最大距离。当接收信号的信号强度增大时，能够支持的最大后向链路的通信距离是大于表 5-1 中计算的值的。

4. 零功耗通信与传统通信的系统共存

参考窄带物联网的系统共存方式，NB-IoT/eMTC 与 NR 也可能有三种系统共存的方式：带内部署、保护带部署和独立部署模式。由于传统 4G/5G 终端的接收机灵敏度相对零功耗终端要低很多，研究零功耗通信系统与现有 4G/5G 蜂窝通信网络的共存干扰问题十分必要（见图 5-25）。

由前述零功耗设备能量采集和反向散射等特性可以发现，零功耗通信系统与现有 4G/5G 系统共存研究，最重要的是分析共存对二者接收机性能的影响，包括接带内灵敏度（In Channel Sensitivity，ICS）、最大输入功率（Maximum Input Level）、邻带选择性（Adjacent Channel Selectivity，ACS）、阻塞（Out-Of-Band and Narrow-Band Blocking，In-Band,）及杂散（Spurious Response）等指标要求。

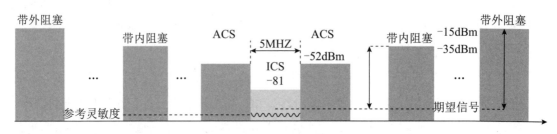

图 5-25　基本接收机射频指标要求示意图

不论零功耗设备部署在带内、保护带或独立模式，向零功耗终端发送的下行信号或零功耗终端的反射信号，也可能会落到 4G/5G 终端的邻带或者带内，形成邻带干扰或带内阻塞。此时干扰信号应满足4G/5G终端的接收机射频指标要求，否则将降低接收机性能，导致接收机灵敏度的回退（MSD）（见图 5-26）。

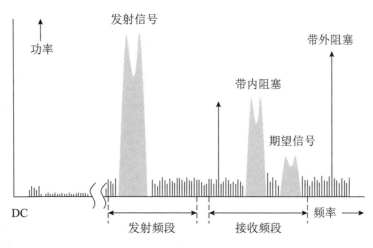

图 5-26　接收机阻塞示意图

特别的，若采用带内模式，首先需要避免系统间的同频干扰，亦即带内干扰。目前的研究发现，零功耗终端采集无线能量的入射功率（Input Power）一般为 -20dBm，需要评估能量源的发射信号和反向散射的信号是否会对同频段上的其他 4G/5G 终端造成同频干扰。例如，从无线供能的角度看，网络需要发送较强的信号以使得零功耗终端的接收功率在 -20dBm 以上，如此强的信号可能导致在使用带内部署时，影响现有终端的最大输入功率，如现有协议要求的最大输入功率为 -15dBm，因此需要评估对现有终端的影响及如何规避相关影响。

如果零功耗设备与4G/5G终端同设备部署，那么共存问题会更加复杂，还需要考虑谐波和互调等信号带来的额外干扰对二者接收机性能的影响。此外，还有与其他 Wi-Fi、蓝牙、北斗 GPS 等系统的共存问题，也需要根据实际工作频段和模式具体分析。如果零功耗设备以独立设备的形式存在，那么上述共存问题会简单很多，只需要满足上述发射机 / 接收机邻带和带外杂散辐射的射频指标要求即可。

5.3　零功耗通信技术的标准化展望

5.3.1　零功耗通信对网络服务的要求

如前所述，零功耗终端自身不提供能量，因此在通信之前，零功耗终端需要接收无线供能信号进行能量采集以获取工作所需要的能量。为了支持零功耗终端在 5G 网络中进行通信，5G 网络需要提供向零功耗终端进行无线供能的服务。相对于传统通信网络，如何采用合理的方式向零功耗终端有效供能，从而提供合适的网络覆盖下的数据业务是零功耗通信特色的核心服务。

所幸的是，5G 网络中有丰富的网络节点和设备，如基站设备、终端设备、中继设备等，这些网络节点均具备无线信号的发射功能，因此可以利用这些设备向零功耗终端进行无线供能。

1. 基站供能服务

当零功耗终端部署于蜂窝网络时，可以采用基站直接向零功耗终端发送供能信号。在这种情况下，基站设备每一次与零功耗终端通信之前，均需要向零功耗终端设备发送无线供能信号以使得终端获得足够的能量从而处于激活状态。在通信过程中，无线供能信号也需要持续发送以使得终端获得维持正常工作所需的能量。例如，在下行通信过程中，终端一方面接收基站发送的下行信号进行下行信号接收，另一方面也需要接收无线供能信号获得维持终端进行下行信号接收、信号解调等操作所必需的能量。当然，由于携带信息的下行信号本身也携带无线能量，因此也可以用作无线供能信号。同样的，在零功耗终端向网络设备发送数据的上行通信过程中，也需要持续向零功耗终端发送无线供能信号。此时，一方面，无线供能信号提供零功耗终端进行数据获取（如从传感器或存储器读取数据）、编码等操作所需要的能量；另一方面，无线供能信号也用作终端反向散射的载波信号，使得终端可以在无线供能信号基础上进行反向散射，从而完成上行信号传输。

无线供能信号既要经历下行信道，经过反向散射后，反向散射的上行信号又要经历上行信道。特别是对于无源零功耗终端，无线供能信号在到达终端时，其信号强度不能小于 −20/−30dBm。这些要求和限制使得提供满足需求的网络覆盖范围是构建零功耗通信网络的重要挑战。如 5.2 节的分析，采用基站直接向零功耗终端供能时，网络的覆盖距离相对较短，通常适用于构建小区半径几十米至 100 米的蜂窝小区。这样的小区形态适合于覆盖物流中心、仓储站、工业厂房等场景。

2. 专用节点供能服务

为了进一步提升网络覆盖，从而拓展在更多场景下的物联网应用，如大型工业厂房、农牧业应用场景，可考虑部署专用的无线供能节点对零功耗终端进行供能。如 5.2.4 节图 5-23 中 Case3 所示。专用的无线供能节点负责在基站与零功耗终端通信时发送无线供能信号从而执行网络的无线供能功能。采用这样的设计，无线供能与零功耗通信两个功能实现了解耦。通过蜂窝网络中分布式部署的无线供能节点提供无线供能，缓解了无线供能对网络覆盖带来的挑战，从而可以提供相对较大的网络覆盖。此外，专用供能节点主要用于完成无线供能的功能,因此其设备复杂度和部署成本将远低于基站设备。总体上,使用专用供能节点形成了一种较为经济地部署大覆盖范围的零功耗通信网络的方式。

3. 手持终端供能服务

针对面向个人消费者的智能可穿戴网络或智能家居网络等应用场景一般为短距通信,如智能可穿戴网络小于 5m 的覆盖距离要求,智能家居一般为 10 米左右的覆盖范围。以智能终端或 CPE 等节点为中心的零功耗通信网络提供了一种非常有吸引力的短距离个人通信网络。在这些场景中,可使用智能终端或 CPE 这些中心节点向零功耗终端提供无线供能。采用智能终端或 CPE 等节点,使用满足规范要求的发射功率也足以提供足够的零功耗通信覆盖范围(参考 5.2.4 节计算)。

4. 数据传输和定位服务

在提供了供能服务的前提下,网络需要为零功耗终端提供类似于传统物联网的数据服务,这种数据包括网络和终端之间的双向数据,数据率数十万 bps 即可满足常规的传感器等终端的需求。

同时,在未来的智慧物联网场景中,一个网络覆盖区域中所有可能采集的实体都可以连接上零功耗物联网终端,设备和物品场内各处的数据采集和位置将被全程接收,终端的定位都可以实时完成。

5.3.2　零功耗通信对网络架构的影响

零功耗通信网络对传统网络进行演进升级,但是会根据零功耗通信技术与其他通信技术的差别做一定的改变。

1. 网络架构简化需求

随着用户数量增加及海量物联网设备的使用,网络规模得到了快速扩展,业务需求也呈现出多样化的特征,这样导致网络架构越来越复杂。支持零功耗终端的通信网络的核心网主要需要完成对海量零功耗终端的管理,因零功耗终端数目巨大且功能简单,可以考虑引入专门的网元对其订阅信息或用户信息进行管理。核心网还应支持零功耗终端的注册、鉴权和认证,重点解决这些设备的网络侧安全需求。

但是,现有复杂的网络架构已经不能适应零功耗通信的特性,主要原因如下。

- 复杂的网络架构会给零功耗通信带来高额的运营成本,从而阻碍了零功耗通信的发展。
- 复杂的网络架构也会影响零功耗终端的功耗消耗,从而对零功耗终端的能耗提出了新的挑战。

- 复杂的网络架构也使网络部署过程复杂、灵活性差，不利于零功耗通信网络的简单快速部署。

为了降低网络的部署成本、功耗及运营成本，零功耗通信的网络架构需要采用简化的网络架构。简化的网络架构可以精简网元的类型合并网络功能，使得符合零功耗通信需求的网络架构网元部署简单，不同网元类型之间的接口协议也尽量精简。

2. 支持简化的信令控制或者传输通道架构

首先，零功耗通信不需要有个性化的 QoS 需求，信令交互大幅减少，对于需要发送的小数据，又可以在移动性管理中进行发送，这样就可以实现减少单独的数据通道建立等信令交互。核心网可以不必为每个零功耗终端建立控制面和用户面承载，而是主要依据数据包中包含的信息，或者基站指示的信息，将收到的每个数据包直接路由到应用层中。

或者，采用在零功耗终端上配置缺省目的数据中心，那么零功耗终端可以采用无状态的方式进行发送，进而在网络的触发下发送上行数据。网络则针对零功耗通信或业务建立专用数据通道，从而避免针对每个终端建立专属的零功耗数据通道。

零功耗通信很多时候只需要进行简单的局部通信，为了实现这样的功能，可以在基站上部署简单的非接入层处理功能，这样可以实现与空口的一体化通信，简化的网络传输通道如图 5-27 所示。

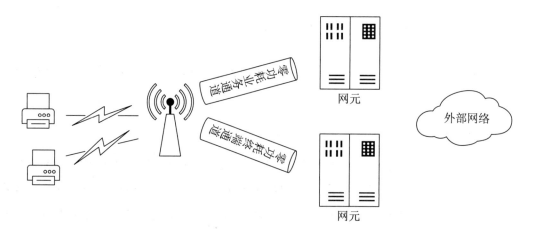

图 5-27　简化的网络传输通道

3. 支持分级控制的网络架构

零功耗终端可以应用在物流和仓储中，零功耗终端由于功耗受限，可以采用分级的网络架构，如图 5-28 所示。例如，零功耗终端先将数据发送到物流或者仓储的某个数据缓存点（数据缓存点可以安装或者部署在物流的交通工具或者仓储内部），物流或者仓储的数据缓存点定期或者定量将零功耗终端上报的数据集中上报至网络。对于下行数据，也可以由网络先将数据发送至物流或者仓储的数据缓存点进行缓存，再由数据缓存点定时或者通过寻呼触发将下行数据发送至一组零功耗终端。

图 5-28　分级控制的网络架构

另一方面，零功耗通信终端可以和普通终端一样，接入 5G 通信网络的核心网，这就要求 5G 核心网有能力完成对零功耗通信终端的管理。因零功耗通信终端数目巨大且功能简单，可以考虑引入专门的（独立）管理节点对其订阅信息或用户信息进行管理，这样既可以避免对普通终端管理的影响，也便于支持一些专用于零功耗终端的特殊功能。

4. 支持灵活高效的网络选择功能

零功耗通信主要使用在工业传感网、物流及智能家居中，所以零功耗通信可以不考虑漫游场景等复杂的网络环境，选网需求减弱，因此零功耗终端可以执行灵活高效的网络选择功能，从而最小化零功耗终端的功耗。

5.3.3　零功耗通信对 RAN 标准的影响

标准中 RAN（无线接入网）侧的考虑主要在提供接入技术的两大方面：RAN 无线供能信号和数据传输信号。二者在某些场景下可以结合成一个信号设计。

1. 零功耗 RAN 无线供能信号

正如 5.3.1 节所述，供能服务是零功耗网络的主要特征。网络新增的供能信号在 RAN（无线接入网）侧。从供能信号设计的角度，无线供能信号至少需要考虑以下几个方面。

1）提供足够的无线电能量

对于无源零功耗终端，无线供能信号在到达终端时，其信号强度不能小于一定的强度如 -20dBm 或 -30dBm（终端具备储能能力时）。

2）无线供能的效率

从信号波形上看，虽然任何波形的无线电波均可以为零功耗终端提供能量，但可以进一步探讨针对零功耗终端不同的波形进行无线功能的效率的差异，并基于此设计合理的波形。

3）无线供能的稳定性

在零功耗终端工作时，需要向其提供稳定的无线供能。连续的正弦波由于幅度恒定，可以提供稳定功率的无线电波。有些情况下，例如使用携带信息的下行信号进行无线供能时，供能信号为调制波形。基于信源比特的变化对信息比特进行编码导致下行调制波形难免出现信号幅度的变化。从供能稳定性角度要求供能信号的调制波形不能出现过长时间的低功率水平的信号。因此，这客观上要求在编码方式和调制方式的选择上需要考虑对供能的影响，从而设计合理的供能信号保证无线供能的稳定性。

4）与其他系统的兼容

当零功耗通信系统与其他系统同频段部署时，需要考虑对其他系统的影响。例如，通常无线供能信号需要以较高的功率发送，因此需要考虑对邻系统的干扰。在蜂窝系统部署，特别是与其他系统共存时，当可以使用现有其他系统的无线信号波形进行无线供能时，可以扩大无线供能的信号来源，也可以使得基站或智能终端不改变信号波形即可实施无线供能。因此从无线供能角度，与其他系统的兼容性也是值得研究的问题。

5）与反向散射调制的兼容

当无线供能信号用作反向散射的载波信号时，无线供能信号的波形设计一方面需要考虑提供足够的无线电能量，另一方面需要考虑对反向散射时调制的上行信号影响。例如，当反向散射调制使用 ASK 或 PSK（Phase Shift Keying，相移键控）时，单一频点的正弦波信号是较为理想的选择。而已经经历幅度或相位调制的供能信号再进一步经历反向散射（如 ASK 或 PSK）调制时，将产生更复杂的混合波形，需要仔细评估其对基站解调的影响。再例如，当反向散射采用 FSK 调制时，供能信号保持稳定的频率对于 FSK 调制可能是必要的。

6）与下行触发信号的兼容性

当下行无线供能信号与携带触发命令的下行信号分开发送时，需要考虑彼此之间的干扰，例如可以通过优化资源配置来避免干扰。如果这两种信号一起传输，需要考虑如何同时满足触发信号解调需求和供能需求，使得二者达到最优。

7）无线供能资源的调度

无线供能功能的引入将对无线网络资源管理和分配产生重要影响。与现有无线网络中的时域资源、频域资源及码域资源等资源维度一样，无线能量也成为零功耗通信网络一个新的资源维度。零功耗通信中的网络节点可基于通信需求按需分配（发送）或调度无线电能量，从而使得免电池的零功耗终端形态依然可以完成无线通信功能。从能源的管理来看，零功耗通信网络使得传统的网络中各终端均自备电源的分布式供能形态演化为由网络中心节点集中式供能的形态。从能源消耗的角度看，集中式供能将使得无线网络的能源利用更加高效，规避了在无通信业务中无谓的能量浪费，真正做到按需分配使用能量。

2. 零功耗 RAN 终端数据传输信号

在零功耗通信场景中，由于零功耗终端极简的终端结构、极低的终端能力及极低的数据传输功耗约束，因此需要设计合理的调制与编码方式。针对零功耗终端的数据资源分配一方面要考虑上述因素的限制，另一方面也要考虑多样化通信场景带来的挑战。

1）零功耗通信的调制与编码

随着无线通信技术的发展和元器件工艺的提升，越来越复杂的信号调制技术得以在新的通信系统中使用。例如，除了支持 BPSK、QPSK 等低阶调制方式及 16QAM、64QAM 等高阶调制方式，256QAM 甚至 1024QAM 等超高阶的信号调制技术也得以在 LTE、NR 系统中采用。类似的，以前向纠错为特征的信道编码技术也得以快速发展，卷积码、Turbo 码、LDPC 码及 polar 码 [21] 相继在 LTE、NR 系统中得以采用。这些调制和编码技术为支持 LTE、NR 实现超宽带超高速的数据传输起了关键作用。

在面向物联网的 MTC、NB-IoT 及 RedCap 等技术中，虽然终端的能力相对 LTE 终端或 NR 终端有显著的降低，但基本继承了这些传统的调制或编码方式。例如，MTC/NB-IoT 可以支持 BPSK、QPSK 和 16QAM 等调制方式，以及 Turbo 码和卷积码，而 RedCap 也可以支持 BPSK、QPSK、16QAM 和 64QAM 及 LDPC 码、Polar 码。

然而，这些对于普通的终端常用的调制和编码方式，对于零功耗终端而言却是极大的挑战。零功耗终端具有极简的射频和基带结构，同时零功耗终端需要以超低功耗的方式进行数据传输。因此，对于零功耗终端可使用的信号调制和编码方式均会带来较强约束与限制。具体而言，极简的射频和基带结构使得零功耗终端难以同时实现相位和幅度调制和解调制，因此 QPSK、QAM 调制难以支持。尽管具备出色的信号编译码性能，Turbo、LDPC、Polar 及 Convolutional 等前向纠错信道编码方式也难以支持追求极低复杂度和极低功耗的零功耗终端。

开关调制技术可以与反向散射技术有机结合起来，使得终端以极其简单的硬件结构实现 ASK、FSK 或 PSK 等调制方式，从而实现反向散射的方式的数据传输。使用开关调制技术，零功耗终端在硬件上仅需要具备调整其电路阻抗、电容或相位延迟的能力，即可实现信号的调制与反向散射传输。另外，简单的 ASK、FSK 或 PSK 等信号也使得信号解调制可以通过简易的硬件结构实现，例如可以通过一个比较器实现对 ASK 信号的解调制，在规避了复杂的基带信号处理的同时，也极大地降低了终端功耗。

零功耗终端的信道编码也需要与零功耗终端的软硬件能力匹配，因此，较为合适的编码方式为基础的二进制编码，包括反向不归零（NRZ）编码、曼彻斯特（Manchester）编码、单极性归零（Unipolar RZ）编码、差动双相（DBP）编码、米勒（Miller）编码，脉冲间隔编码（PIE）等方式。这些编码方式基带处理简单，一般使用高低电平转换的方式来表示比特"0"和"1"，因此也可以很好地与 ASK、FSK 或 PSK 这些简易的调制方式结合。

在此基础上，我们可以进一步探索在满足终端极简硬件和极低功耗约束的条件下，是否可以进一步支持更复杂的信号调制技术及编码方式，如 QPSK 等。此外，可以研究在零功耗终端低成本和低复杂度硬件约束的前提下，如何提升抗干扰能力，扩展（上行）传输距离，进一步可以提升（上行）数据速率。基于蜂窝的零功耗通信场景，将基站作为反向散射信号的接收端，则接收端没有功耗和复杂度的限制，可以支持多天线或复杂的解调制技术。因此，一方面，我们可以寻找更简单但能保证一定可靠性的上行编码与调制技术，另一方面，可以考虑使用其他性能更好，但复杂度主要位于解调制端（即基站）的编码与调制技术。

2）多址方式

针对不同的应用场景，零功耗通信系统需要支持不同数量的终端。在零功耗网络的覆盖范围内，多个终端可能被同时激活并与网络设备通信，因此，如果不引入合理的多址方式，多个终端的反向散射信号在同频点上会产生相互干扰，此时网络无法区分不同的终端和正确解调各终端的反向散射信号。因此，零功耗通信系统需要支持高效多址方式，常用的多址方式包括 TDMA（Time Division Multiple Access，时分多址复用接入）、FDMA（Frequency Division Multiple Access，频分多址复用接入）、CDMA（Code Division Multiple Access，码分多址复用接入）及 NOMA（Non-Othogonal Multiple Access，非正交多址复用）等。

TDM 可以作为零功耗通信的一种候选多址方式。零功耗通信系统在时域上划分为多个时间单元。不同终端可以基于不同时间延迟在不同的时间单元上进行反向散射通信。不同的时间单元会将不同终端的反向散射信号隔离，从而避免了终端反射信号之间的相互干扰。TDM 仅需要确定一定的时间延迟并基于该时间延迟进行通信，因此对于零功耗终端而言，TDM 是简易可行的多址方式。

3）零功耗 RAN 无线供能信号和数据传输信号结合

当零功耗终端部署于蜂窝网络时，应结合蜂窝技术设计下行携能信道或信号，以便进一步提高发射器端的能量收集效率。具体的，可能包括以下研究：

● 基站同时充当射频能量源，优化基站下行信号设计，基站下行信号可以同时携带

能量和下行数据 / 信息。

- 设计专用的能量传输信号，或与已有的蜂窝系统下行信号进行复用。
- 下行采用优化的简单编码机制，例如 OOK 编码，尽量简化接收端的复杂度。
- 优化波束机制，例如把波束变窄，使得能量聚集，提高下行信号的方向性及载能效率，还可以减小设备间接收冲突。

| 5.4　小　　结 |

2022 年之后的 5G 标准仍将持续演进，最重要的方向是全面扩展垂直行业应用的需求。随着演进，5G 的终端已经不局限于智能无线电话的形态。垂直行业的应用强化了 5G 终端的轻小、灵活、低功耗和无处不在的需要。5G 的终端技术在能效设计上必然进行革新的设计去适应这些垂直行业，特别是物联网的应用场景。低能耗的紧凑型终端设计，还带动了终端的覆盖增强以保障终端在蜂窝类网络中的用户体验。最终 5G 终端的极低能耗技术，将会带动终端的供能方式的变革。本章基于这个趋势，从场景需求、技术原理和特征，以及标准化的影响方面探讨了这一未来的零功耗终端技术。

参 考 文 献

[1] Bharat P V, Sihna N, Pujitha K E. Tire pressure monitoring system using ambient backscatter technology containing RF harvesting circuitry[J]. International journal of advance engineering and research development, 2014, 1(6): 1-11.

[2] Papp A, Wiesmeyr C, Litzenberger M, et al. A real-time algorithm for train position monitoring using optical time-domain reflectometry[C]//2016 IEEE International Conference on Intelligent Rail Transportation (ICIRT). IEEE, 2016: 89-93.

[3] Akbar M B, Morys M M, Valenta C R, et al. Range improvement of backscatter radio systems at 5.8 GHz using tags with multiple antennas[C]//Proceedings of the 2012 IEEE International Symposium on Antennas and Propagation. IEEE, 2012: 1-2.

[4] Liu W, Huang K, Zhou X, et al. Next generation backscatter communication: systems, techniques, and applications[J]. EURASIP Journal on Wireless Communications and Networking, 2019, 2019(1): 1-11.

[5] A. Pantelopoulos, N. G. Bourbakis. A survey on wearable sensorbased systems for health monitoring and prognosis, IEEE Trans. Syst., Man, Cybern. C, Appl. Rev., vol. 40, no. 1, pp. 1–12, Jan. 2010.

[6] E. Sazonov, Wearable Sensors: Fundamentals, Implementation and Applications. Amsterdam, The Netherlands: Elsevier, 2014.

[7] O. D. Lara and M. A. Labrador, "A survey on human activity recognition using wearable sensors," IEEE Commun. Surveys Tuts., vol. 15, no. 3, pp. 1192–1209, 3rd Quart., 2013.

[8] D. Dakopoulos and N. G. Bourbakis, "Wearable obstacle avoidance electronic travel aids for blind: A survey," IEEE Trans. Syst., Man, Cybern. C, Appl. Rev., vol. 40, no. 1, pp. 25–35, Jan. 2010.

[9] X. Zhang, Z. Yang, W. Sun, et al. Incentives for mobile crowd sensing: A survey, IEEE Commun. Surveys Tuts., vol. 18, no. 1, pp. 54–67, 1st Quart., 2016.

[10] K. Hartman, Make: Wearable Electronics: Design, Prototype, and Wear Your Own Interactive Garments. Sebastopol, CA, USA: Maker Media, 2014.

[11] R. Harle, "A survey of indoor inertial positioning systems for pedestrians," IEEE Commun. Surveys Tuts., vol. 15, no. 3, pp. 1281–1293, 3rd Quart., 2013.

[12] Yetisen A K, Martinez-Hurtado J L, ünal B, et al. Wearables in medicine[J]. Advanced Materials, 2018, 30(33): 1706910.

[13] Wang K, Gu J F, Ren F, et al. A multitarget active backscattering 2-d positioning system with superresolution time series post-processing technique[J]. IEEE Transactions on Microwave Theory and Techniques, 2017, 65(5): 1751-1766.

[14] Valenta C R, Durgin G D. Harvesting wireless power: Survey of energy-harvester conversion efficiency in far-field, wireless power transfer systems[J]. IEEE Microwave Magazine, 2014, 15(4): 108-120.

[15] Nikitin P V, Rao K V S, Martinez R D. Differential RCS of RFID tag[J]. Electronics Letters, 2007, 43(8): 431-432.

[16] H. Stockman, "Communication by means of reflected power", Proc. IRE, vol. 36, no. 10, pp. 1196-1204, Oct. 1948.

[17] Van Huynh N, Hoang D T, Lu X, et al. Ambient backscatter communications: A contemporary survey[J]. IEEE Communications surveys & tutorials, 2018, 20(4): 2889-2922.

[18] Lu X, Niyato D, Jiang H, et al. Ambient backscatter assisted wireless powered communications[J]. IEEE Wireless Communications, 2018, 25(2): 170-177.

[19] Dobkin D. The rf in RFID: uhf RFID in practice[M]. Newnes, 2012.

[20] Radio-Frequency Rectifier for Electromagnetic Energy Harvesting: Development Path and Future Outlook, Simon Hemour; Ke Wu, Proceedings of the IEEE;2014;102;11;10.1109/JPROC.2014.2358691.

[21] 3GPP TS 38.212 V15.9.0.